复旦中文系
文艺学前沿课堂系列

朱立元 主编

情感与行动
实用主义之道

Act and Affect: Paths of Pragmatism

〔美〕理查德·舒斯特曼 著

高砚平 译

商务印书馆
The Commercial Press

2018年·北京

Richard Shusterman

Act and Affect: Paths of Pragmatism

Copyright © 2018 by Richard Shusterman

The copyright of the Simplified Chinese edition is granted by the Author.

本书中文简体翻译版权由作者本人授权出版。

理查德·舒斯特曼（Richard Shusterman），1949年生，美国著名实用主义哲学家、美学家、人文学者。早年于牛津大学获哲学博士学位，从事分析哲学，后转向美国实用主义哲学流派。曾任天普大学哲学系主任，现任佛罗里达大西洋大学施密特杰出学者（Dorothy F. Schmidt Eminent Scholar）讲席教授、身心文化中心主任。舒斯特曼在哲学、美学以及身体美学方面著作颇丰，影响深刻，曾因文化哲学方面的贡献获法国学术棕榈骑士勋章。著有《文学批评的对象与实践》《艾略特的批评哲学》《实用主义美学》《哲学实践》《身体意识与身体美学》《生活即审美：审美经验与生活艺术》《通过身体来思考》《金衣人历险记》等，著作多译为法语、德语等多种语言，其中《实用主义美学》已被译成14国文字。

总 序

"复旦中文系文艺学前沿课堂系列"第一批（三本）书即将由商务印书馆出版，我感到欣喜，甚至兴奋。我觉得这是我们文艺学学科正在做的一件大事，一件有助于我们学科和我们的教学科研在国际化方面迈出实质性步伐的大事。

一开始，我们并不十分自觉。我们只是想到，复旦中文系文艺学学科的创建者蒋孔阳先生是我国的德国古典美学研究的开创者，我们应该继承他的研究成果，在新时代把中国的德国古典美学研究提高到一个新水平。这方面，极需要我们加强国际交流，了解国际学界相关研究的新动态、新成果。2015年，我在访德期间专门前往耶拿席勒大学，拜访了国际知名的黑格尔专家克劳斯·费维克（Klaus Vieweg）教授，向他发出了前来复旦中文系讲学的邀请。他愉快地接受了邀请。2016年10—11月，费维克教授如约来到复旦中文系，用英语为硕、博士研究生做了为期8周共16次的讲课。讲课主题是"1800年前后德国美学"，实际上主要讲的是黑格尔的艺术哲学。一位外国教授在中文系做了这么长时间的前沿专题讲课，这在复旦中文系、复旦文科院系乃至国内多数高校中还是不多见的。讲课的内容有不少国内学人不了解的新东西，受到学生的欢迎。因此，我们要求费维克教授将讲稿留下来，由我们负责翻译成中文版。这样，既可以记录国外学者在复旦讲课的精彩内容，也可以展示文艺学学科拓展国际学术交流的具体实绩。

　　由此，我们萌生了编辑出版"复旦中文系文艺学前沿课堂系列"的想法，因为我们接下来还将不断地邀请文艺学美学领域的其他专家来中文系做系列讲座。如果我们能够把每一位专家的系列讲座讲稿都整理、翻译出版，那么在三五年之后，将会形成一套有一定规模的书系，在国内产生较大的学术影响。目前，请国外著名学者做几个讲座，在我国高校是比较常见的，但是，请一位专家集中一段时间，做系列讲座，就不多见了。至于将他们系列讲座的讲稿以学者个人的名义翻译出版成中文版，近年来几乎没有看到。这类著作不同于一般的学术专著，它同时是现场教学的讲义或记录，是教学与科研结合的成果。于是，我们考虑用这种方式陆续、分批推出国外专家、学者在复旦中文系所做的系列讲座的讲稿汇集。这样，出版"复旦中文系文艺学前沿课堂系列"的构想就成熟了。这不但对于我们文艺学自身的学科建设和教学改革大有好处，而且对于高校文科密切了解国际学术前沿思潮、促进国际学术交流互鉴大有裨益。在我们将这个设想征求中文系领导的意见时，得到了他们的大力支持，出版这套书系的想法于是得以顺利实施。

　　继费维克教授之后，2017年4—5月、11—12月，应我们之邀，美国著名学者理查德·舒斯特曼（Richard Shusterman）、德国著名学者沃尔夫冈·韦尔施（Wolfgang Welsch）也先后来中文系讲学。舒斯特曼主要讲实用主义美学；韦尔施讲课内容比较广泛，古与今、理论与实践都涉及。他们的讲课同样受到学生欢迎。他们二位也都同意我们将讲稿译成中文出版。所以，在三位专家回国后，我们马上组织力量进行三本书的翻译，准备作为书系的第一批著作出版。翻译过程中，我们一直保持着与三位专家的联系，包括讲稿的章节次序安排、每一讲的标题和全书的总标题等等，都一一与他们商量确定。目前的书名，费维克的《黑格尔的艺术哲学》、舒斯特曼的《情感与行动：实用主义之道》和韦尔施的《美学与对世界的当代思考》最后都是由三位作者自己敲定的。

我们感到十分幸运的是，驰名中外的商务印书馆大力支持我们出版这套前沿课堂书系。当我们提出出版这套书系的设想时，商务印书馆上海分馆总经理贺圣遂先生马上给予热情肯定，并表示全力支持我们先出第一批三本书。由于种种原因，我们交稿时间晚了一些，但是商务印书馆马上安排了一系列具体出版事宜。现在估计，从交稿算起，四五个月三种书就能出齐，真可以说是"神速"了。这真是使我们既感动又感激。在此，我们谨向贺总和有关编辑表示衷心的感谢！

最后，我要说明，这套书系是开放的，第一批三本书仅仅是开了个头。未来两三年，我们还计划邀请几位当代有影响的国外学者来复旦中文系讲课，我们会继续出第二批、第三批讲稿。希望将来"复旦中文系文艺学前沿课堂系列"在国内高校和学界受到更多的关注和重视，产生较大的影响。

是为序。

朱立元

2018年6月1日

目 录

中译本导言　*1*

第一篇　实用主义的原则：身体、情感与行动　*1*

　　第一章　实用主义十原则　*3*

　　第二章　在"激越感"中思想：作为感受哲学的实用主义　*11*

　　第三章　实用主义的具身化哲学：从直接经验到身体美学　*49*

第二篇　实用主义美学：谱系与批评　*71*

　　第四章　爱默生：实用主义美学之根　*73*

　　第五章　C.S. 皮尔斯与身体美学　*86*

　　第六章　威廉·詹姆斯的实用主义美学　*109*

　　第七章　"实用主义美学"的发明　*129*

　　第八章　在实践与经验之间：布尔迪厄与实用主义美学　*152*

第三篇　实用主义、宗教与生活艺术　*179*

　　第九章　艺术与宗教　*181*

　　第十章　实用主义与东亚哲学　*203*

　　第十一章　作为生活艺术的哲学实践：文本抑或行动　*229*

中译本导言

中国读者熟悉我的哲学思想,多是通过我的实用主义美学与身体美学。这本新著,则旨在为我的实用主义哲学提供更加全面的认识。我的实用主义美学和身体美学正是内嵌于此框架之中,而且大多数主要路径也源出于此。因此,该书着力于解释的是,为何实用主义哲学不仅促生了我倡导的那种经验性的、行动主义的美学,而且也孕育了哲学作为一种生活艺术的观念,以及构成生活艺术之重要组成部分的身体美学。当然,身体美学又超出了哲学生活实践的范围,最终构建出一个跨学科领域,以探索身体在知觉、实践和表征中的用途,考究我们呈现、装饰身体的方式中包含的价值观。

实用主义美学和身体美学是实用主义哲学(起始于 19 世纪晚期)晚近的发展形式。本书在解释这种哲学如何最终滋生了独树一帜的美学和身体美学时,先是探究在我看来最核心、特别、有用的实用主义原则及其主要的方向或倾向,继而探讨三位实用主义先驱(C. S. 皮尔斯、威廉·詹姆斯和约翰·杜威)以及爱默生的美学观;爱默生是实用主义哲学的重要、持久的灵感来源,但他在实用主义哲学正式披名之前已经离世。该书在考察实用主义美学谱系学时显示,虽然实用主义美学深植于经典实用主义思想,实质上却是新实用主义的产物,直至实用主义复兴的 20 世纪末叶才得到广泛认可,乃有明确响亮的"实用主义美学"之名。为进一步阐明实用主义的性质,该书亦对 20 世纪最重要的理论家皮尔·布尔迪厄的批评予以分析、反驳，但布尔迪厄也认同实用主义的诸多核心观点，比如实践的重要性、习性、具身化，以及影响艺术创作与欣赏的社会政治因素等。最后，为深入认识实用主义，指明其意义和价值并不限于美学，更在于一般的文化理解，该书以实用主义之道探询艺术、宗教、文本性和生活，同时也将实用主义置入与非西方哲学，尤其是与东亚哲学的对话之中。

此书核心的阐说与主张，呈现于如下一系列文章，分作三篇。第一篇论及一般的实用主义，勾勒出基本原则和典型态度。在起始的短章中，我阐明自己倡导的实用主义的十条核心原则。第二章提出，虽然实用主义哲学通常等同于实践和行动概念（以及批评性地统治实践和行动的工具性思考），它实则也侧重情感（affect）或感受（feeling）。若无这种情绪的、情感的能量或冲动，我们定会丧失行动或持续思考的动力。这一章先是梳理经典实用主义哲学家（皮尔斯、詹姆斯和杜威）、18世纪美国哲学家乔纳森·爱德华兹、新实用主义哲学家理查德·罗蒂等人对情感一词的不同用法，之后探讨实用主义哲学家如何吸收认知科学的新发展，探索情感的认知用途，继而阐明有着实用主义渊源的身体美学（通过提升身体技能来锐化情感感受力、控制力）如何促进认知科学的发展并改善日常生活行动。第三章则通过梳理"身体"在经典实用主义和新实用主义中的角色，进而解释身体美学植根于实用主义哲学的方式和原因。

第二篇较为集中地谈论实用主义美学，通过追溯其谱系学来厘清主要观念，又假借来自对立视角的批评来检验其中一些观念。本篇始于考察重要诗人、散文家爱默生（也是詹姆斯的教父）的美学观，展示他如何生动呈现实用主义关于艺术和审美经验的诸多实用主义立场——杜威日后则以更哲学、体系性的方式做阐说与辩护。继之，探究首位引入实用主义概念的哲学天才皮尔斯的美学以及身体美学观念。虽然皮尔斯憾称自己远非美学专家，但显然承认美学的核心地位，并将其与逻辑学、伦理学并置而恭列为三种规范性学科。他提出，感性知觉，若其各因素的总和呈现了独特、直接的感受特质，则堪称审美，哪怕其呈现的感受并非愉悦。此外，皮尔斯论及知觉和内省的性质及其训练，更与身体美学之提高观察能力和反思意识的研究息息相关。

第六章的主题是皮尔斯友人威廉·詹姆斯。不同于皮尔斯，詹姆斯深谙艺术与审美理论，甚至自小沉浸画事。但跟皮尔斯一样，他也未曾专门探究过美学理论。原因在于，他认为审美哲学理论从未贴近艺术品中最重要、独特的部分，而正是这种特殊、不可界定、无以言传的特质，令作品之良莠高下立判。然而，从詹姆斯论及其他主题的著述，尤其是两卷本巨著《心理学原理》论注意力和意识流的篇什中，我们却可抽绎出他基本的美学观，且发现他关于意识统一性的理论，大约预备并塑造了杜威的审美经验统一性原则。

下一章转向杜威美学。我先是解释为何杜威从未使用实用主义一词来构造自己的美学，以及为何他使经验成为其艺术理论的决定性概念，随后批评性地分析这一论点，即审美经验的基本内核（无处不在的、统一的特质）是一切经验和思想的本质；继而阐明为何杜威反复拒绝"实用主义美学"概念，以及为何有待20世纪末叶的新实用主义来确立此概念，同时却又引杜威为渊源。

第二篇最后一章将布尔迪厄旨趣大异的艺术理论与实用主义美学并置相参。布尔迪厄批评实用主义的审美经验概念太过主观、不科学，也拒斥实用主义的修正主义理论和审美阐释，而以实用的实践和行动概念替代经验，将美学转变为解释艺术品起源的所谓艺术科学。布尔迪厄曾对我本人的思想（以及我的人生）产生过重要影响，我故而是怀着敬意回应他的批评的，我解释我们之间的不同，即学科模式和策略之不同，但也申说实用主义的多元论优势所在，它其实可以涵括布尔迪厄的起源解释及其他理解艺术的富有成效的方式。

第三篇即最后部分，是对实用主义某些议题的阐发，也转而更一般地考量实用主义，探索实用主义视角如何在今日渐趋世俗、全球化的世界中，为人生行为的重要哲学问题提供借鉴之用。开篇第九章旨在分析艺术与宗教之间千丝万缕的关联，先是解释 19 世纪末期以来，世俗化压力如何致使诸多西方思想家（包括一些实用主义哲学家）转向艺术，以艺术替代宗教，因为传统宗教的宇宙论、本体论或历史事实，于智识阶层而言已然不复可信。我继而指出，艺术的当代话语虽自谓世俗化，实际上却深受传统宗教观念的塑造，比如艺术与超自然或彼世的关联性。为此我集中分析了丹托艺术理论中的一个重要概念——"变容"（transfiguration），指明它实则含有深刻的宗教根源（耶稣神奇的超验性变容），继而探究实用主义哲学与禅宗如何给出更具内在性的"变容"观念，而此观念与彼世本体论全无关联，实是交互感知的效果而已。

实用主义与东亚哲学的关系，在第十章获得更加细致的探讨与展开。在这一章中，我多是在比较视域中关注中国古典哲学，以儒家为主，亦旁涉老庄。但目的却并不在观念之比较，而是希求在实用主义和中国哲学之间建立更加有力的对话。这有利于创造新的哲学思考来整合中西方思想，应对中美文化举世瞩目的新时代。身体美学乃其中一例。虽说身体美学侧重身体在知觉、思想、行动、伦理生活艺术中的重要性，但该书末章则指出，这并无意于排除或贬低书写在哲学实践和生活艺术之中的重要性。我们实际上需要在话语和非话语层面上齐驱并进；提升行为，亦提升语言，因为语言使用实是行为之一种。回到第一章阐明的原则：实用主义多元论。世界盘根错节，甚至我们颇为有限的回应，也令任何单维度哲学不知所措。须从工具盒中取用多样工具，并随世界状况之变化而积极发现新工具。哲思之业常在常新。

在收尾之处，我很乐意说明此书与中国的特殊关联。此书对艺术和情感的关注既是实用主义的，也是中国的。倘若说，中国古典哲学与实用主义皆强调实践和行动，是显而易见的，那么两者皆深切关注情感这一点，却有些含糊。我在中国的一次有趣经历或可证明。那是中国人民大学举办的《身体意识与身体美学》（*Body Consciousness*）的研讨会上，席间一位中国学者竟然说道，我更像一位中国哲学家，而不太像是美国实用主义哲学家。我问他何出此言。他回答说，因为我像中国人那样用"心"思想，以他之见，实用主义总是关注工具性的、实践性的、科学的理性，而罔顾感受于思想的意义。那么此书将会有力地显示，美国实用主义哲学家也是以"心"运"思"的，倘非如此，他们就断然不愿意去"思"了。

此书另一个重要的中国面向是，它的内容和结构是基于我 2017 年春天受邀复旦大学"高峰论坛"而做的系列讲座，复旦又筹划了它的翻译与出版。在此，对于复旦大学，尤其是朱立元教授、张宝贵教授和陆扬教授的种种慷慨支持，我深表谢意。此外，此书诚然译自我的英文文字，但完整的英文版本却尚不存在，我因此要特别感谢高砚平博士的悉心协助。她不仅翻译，且还从事繁重的编辑工作，遂使一系列独立的、偶或未经修葺的演讲稿转变为一部完整连贯的书。中国学者若从此书略有所获，也该对她表示感谢呢。

理查德·舒斯特曼

第一篇

实用主义的原则：身体、情感与行动

第一章
实用主义十原则

实用主义（pragmatism）是一种丰饶的、聚讼不休的、依然跃动发展的传统，见解纷争，甚至奠基者们亦各持己见。我并不佯称所有经典实用主义哲学家悉持以下十条原则，而是给出对这些原则的简要解释，以期对那些我认为尤其重要的实用主义视角做出概括性说明。原则之先后并非以重要性为序，唯服从于解释方便之需要。

一、实在的性质是变动的、开放的与偶然的

通过人的经验而认知的世界，并不是绝对固定或永恒的。无论个人经验抑或外部世界，其间的规律性和稳定性都处于变动的框架之内，且往往不为人知。甚至那些象征永恒的形式，比如山川，也一样是变动的产物，并因为侵蚀及其他自然、人为的力量而继续变动。偶然性意味着：可能性是生命的组成部分；行为和社会进程甚至自然规律皆具偶然性，而不是无意外、例外或偏离的绝对必然性。生活和社会世界中的事物或事件是偶然的，但这并不意味着它们是完全偶然、任意的，并因此不受任何可测、可知、可用的规律的支配。这即是为何尽管所有经典实用主义哲学家都强调偶然性（皮尔斯［C. S. Peirce］称之为"偶成

论"[tychism]），却都怀有对科学和科学方式的积极信仰。当代哲学家中的后结构主义者、后现代主义者（包括实用主义哲学家理查德·罗蒂［Richard Rorty］）也时而吸收这种"偶然性"[1]，但并未导致怀疑主义或相对论立场，而是不时地推进了新实用主义视角。

世界是开放的、变动的，这个实用主义观念的推论之一即是：事实不仅有待于发现，而且基本上由人的活动所塑造，人的活动不仅对人类社会，也对自然环境产生有意义的（包括平庸的）影响；而且，世界的开放的、可铸造的性质又鼓励积极行动的自由观念。另一推论是，哲学作为介入变动世界的人之活动，也可以改变世界。在此意义上，实用主义认为哲学不仅介入概念，亦介入实践。我格外受之鼓舞，而试图复兴哲学作为一种生活的具身化方式的古代观念。在此，我要指出，实用主义关于偶然性和变动世界（由偶然事件发展而来）的观念，颇受达尔文（Charles Robert Darwin）濡染。变动世界的观念也意味着可错论（fallibilism）的实用主义观念：当下的信念或确定知识总是有待于未来经验的改善或纠偏。这不同于怀疑主义。可错论主张，若非在经验中遭遇特定的理由，则不必一味怀疑或质疑信念本身。

二、即使在最理性的、认知性的寻求与概念中，人的行动和目标也是首要的

实用主义认为，人首先是行动的动物，然后才是理性思考的主体。人最初寻求知识，并非出于为真理而追求真理的理性主义目标，而是为实现生活目标而进行有效的行动。因此，按我的理解，实用主义者坚持

---

[1] Richard Shusterman, *Surface and Depth: Dialectics of Criticism and Culture*, Ithaca: Cornell University Press, 2002, p.204; *Practicing Philosophy: Pragmatism and the Philosophical Life*, New York: Routledge, 1997, pp.75-76.

理论与实践的统一，知识与行动的统一。理论源自于行动或实践经验中出现的问题，理论需要经受检验，看它如何在解释、预测、改善经验与实践中起作用。行动、生存和需求的满足，因此比真理和知识的观念更为基本。这说明，生活比真理更具首要性。生活中的成功举动并不要求认知的完美或真理的确证，而要求指引行动的良好信念。这即是为何实用主义诸家曾汲汲于替换真理的概念，代之以经确证的信念（杜威[John Dewey]），或善的信仰（詹姆斯[William James]），或通过连续的、批判性的、协作的、自我纠偏的探究方式接近真理（皮尔斯）。而且，信念并不是在意识的纯唯理论、心灵主义（mentalist）意义上被考虑的，而是被视作行动的指导——这是隐含的、不明晰的，但却是有效的。

三、非还原的、具身化的自然主义

我所赞同的杜威实用主义认为（詹姆斯和皮尔斯或多或少亦然），人类的智识和理性基于生存和改善的自然装备，而非来自上帝或某种超尘世的超自然天赋。理性是进化的产物，且继续演变。经典实用主义持有对人性的具身化理解，拒绝传统的激进的身心二元论。对皮尔斯而言，（拥有具身化感受的）有机体是人和符号的区别。詹姆斯则从身体感受的结构性背景角度解释了情感以及自我感、连贯思想、注意力和意识整体。在詹姆斯这里，唯有意志不是身体性的，杜威则走得更远，强调意志也是身体习惯的功能。[1] 经典实用主义之强调人类经验和认识的具身性，于我发展身体美学助莫大焉。

实用主义的自然主义并不旨在将精神现象还原成大脑的神经元反

---

1 Richard Shusterman, *Body Consciousness: A Philosophy of Mindfulness and Somaesthetics*, Cambridge: Cambridge University Press, 2008, ch.5–6.

应；认为精神生活源自身体的分子反应，但却不能还原为身体的分子反应。实际上，于实用主义而言，甚至灵性也是现实的、经验性的现象，虽然它同样源于自然并映现经验到的意义和行为的维度，而不是完全脱离具身化的物质性而存在的孤立的超尘世实存。认为心灵源自物质并由物质演化而来的观念亦与达尔文影响相关。身体性质与心灵之间本质上的连续性，跟自然与文化之间的连续性相辅相成。心灵并不是孤立的精神物质，而恰恰从自然环境和社会环境中整合能量、元素。在完整的人的意义上，心灵本质上是社会的，并映现交流和意义（语言使之可能）的网络。心灵的具身化性质则映现在实用主义赋予习惯的重要性上；习惯受自然环境、社会环境诸因素的塑造并整合诸因素，从而引领思想和行动。

四、反笛卡尔主义

许多实用主义原则建立在对笛卡尔（René Descartes）认识论倡导的核心观念的拒绝之上；笛卡尔认识论大体上规定了现代哲学的主流。实用主义反对的是笛卡尔式的对绝对确定性和不容置疑的知识的寻求，它认为可靠的信念是充分的，而在变动世界中寻求绝对的、不容置疑的知识是非理性的理想。笛卡尔寻求真理的策略是在方法论上质疑一切信念，直到它们被证明是确定的；实用主义则认为，质疑那些我们感到确定、无由怀疑的事物是不切实际的、无意义的（在心理学上亦难成立），反之，应该致力于研究我们真正怀疑的事物。如上所言，实用主义也反对笛卡尔的僵硬的本体论上的身心二元论。最后，笛卡尔认识论方法意义上的真理标准是基于个体心灵的批评意识之内的观念之明确与清晰，实用主义则坚持认为真理和知识本质上依赖于主体间性的、协作性的研究与交流。这导向第五个原则——共同体的重要性。

五、共同体

共同体是寻求更好的信念与知识、通过语言艺术实现意义的不可或缺的手段。它提供了传播、维持文化和语言的构架；没有文化和语言，我们的认知、技术与文化的成就不可能得到保存与发展。人际交流提供了纠正错误信念的手段，使得分享与批评别人的视点成为可能。而且，共同生活提供了个体进行自我理解所需要的对立面。通过他人，我们学会共同语言，既可以表达共同观念和价值，也可以表达我们与他人的差异；通过他人，我们也学会如何为自己发展出原创性的谈话与思考。从各人的不同视点观看同一事物，给予我们更加可靠的知识，因此皮尔斯将真理界定为共同体最终会达成的共识。在实用主义哲学这里，共同体不仅是认识的主题，也是审美、伦理、政治的主题。它促进实用主义最根本的民主倾向。如此，实用主义哲学家为民主制提供了认知的、伦理的和审美的论证。[1]

六、经验的、以经验为导向的立场

虽然当代的一些实用主义哲学家（如罗蒂）对经验概念持极端的批评态度，认为经验过于含糊，充斥着用来证明认识命题的纯然"给定"（given）的认识论神话，但是经典实用主义者却强调了经验概念，将它运用到各式各样的语境中，包括心灵哲学、科学、美学和宗教。[2] 经典实用主义强调经验是知识与评价的来源，这与它从结果做判断的观念相关，也因它尊重科学和科学方法。实用主义不同于狭隘的科学经验主

---

[1] Richard Shusterman, *Practicing Philosophy*, ch.2–3.
[2] James Kloppenberg, "Pragmatism: An Old Name for Some New Ways of Thinking", *Journal of American History*, vol.83, 1996, pp.100–138; Richard Shusterman, *Practicing Philosophy*, ch.1–2, ch.6.

义，它并不将真理和科学研究限定于自然领域，也不把文化、社会和伦理现象还原为单纯自然性的解释。实用主义哲学家不同于英国古典经验主义，不从具体的、原子论的感觉来考虑经验，他们认为直接知觉并不是纯粹的中立感觉，而受到既有的（大体上社会塑造的）欲望、信念、价值和概念的预先建构。实用主义哲学家同样不会视科学为一种价值中立的追求，人文价值无处不在。

七、前瞻性

虽然经验概念具有保守、滞后的用法（比如说，执着于往昔经验中获得的实践、规则和观念[1]），但实用主义对经验的使用却是前瞻性的。实用主义之判断观念的价值，乃是通过经验中相继而现的结果，而非过去的谱系或第一原则的明晰性。实用主义在实验意义上使用经验概念。对于实用主义的实验主义者而言，新旧观念皆可以从其经验的后果得到检验。经验世界充满变动，思想和行动不可能依赖于过去的智慧，必须要去应对新的变化，提高当下的生存条件。实用主义哲学同样赞扬概念改革领域的创造性。

八、改良主义

让事物变得更好的改良主义（meliorism）目标，可谓实用主义的要旨与独特取向。它的行动主义的改良主义取向，在某些方面堪与马克思主义相提并论，即认为哲学不只是解释世界，更重要的是改变世界。哲学可以通过概念的改革和观念的更新而有所作为，解构或回避各种障

---

[1] Richard Shusterman, "Aesthetic Experience: From Analysis to Eros", *The Journal of Aesthetics and Art Criticism*, vol.64, no.2, 2006, pp.217–218.

碍，让思想和生活向更多有希望的选择开放。在欧洲，我曾在一系列的译作和讲演中勤恳地倡导实用主义，却常被告知，实用主义是一种幼稚的哲学，因为它天真地认为哲学真的可以有所作为，世界真的可以变好；他们则认为，成熟的哲学理应关注永恒不变的真实，并满足于描述世界的现实。实用主义则假定世界是可塑的、人类本质上是行动的，故此激发出一种更为积极的改良主义态度。如果行动是本质，且世界在部分意义上受行动之规定，那么，以行动改善经验即是合理的，相信行动在某种意义上是有效的，也不无裨益。积极的改良主义思想（不同于天真的、乌托邦式的乐观主义）可以激发积极的结果。

九、总体主义

这里的总体主义（holism）指的是两种主要的实用主义观念。第一，从连续性而不是二元性角度来看待事物。除了身心之间、自然与文化之间、理论与实践之间的连续性之外，常识与科学研究、科学与艺术、思想和感受、伦理与美学之间的连续性在实用主义中也同样显著。其二，总体主义指的是信念、欲望、实践和目的的总体性。这些事物孤立地看并无意义，但在一个综合网络中相互联结并通过与这一网络中其他要素的关联，就产生了意义、价值或有效性。比如说，决定知觉信念的真理的并不是感觉如何清晰自明，而是这些感觉如何与整个背景信念、经验和感觉及我们正在经历的其他感觉相适应。行动的意义并不在于具体的行为本身，而在于包括意图、情境、预期的反应和行为的结果在内的整个语境功能。个体的身份并不是个体自主的产物，而是个体与别人的关系的产物。意义即语境的实用主义原则与阐释学传统息息相关。

十、多元论

虽然这是我在这里提到的最后一个原则,但它无疑是实用主义最核心的原则之一。一个开放、变动、偶然的世界暗含多样性,故而实用主义赞赏多元化,拒绝单一、恒常、笼统的真理或缺少变化与多样性的"团块宇宙"(詹姆斯)。人的实践是多样的,作为一种基于实践的哲学实用主义,更有理由是多元的。多元论对多样生活之道的尊重,也反映在实用主义之倡导民主制以及其他哲学问题上。譬如,虽然科学和认知推理对于实用主义哲学及其改良主义目标甚为关键,但与此同时,认知必然基于那些深埋于理性思考之下的习惯与感受,人类首先并最终是习惯和情感的生物。即使最理性的研究也依赖于习惯性意义和实践背景,从兴趣、好奇心和兴奋感中汲取能量。若无习惯和情感,生命必定是不可能的或沉闷的。这并不是说,我们应该变成非理性主义者或一成不变的原始主义者。习惯和感受可以是聪敏的,若给予更多关注,则可变得更加聪敏、有效、富有价值。

第二章
在"激越感"中思想：作为感受哲学的实用主义

哲学既以"认识你自己"为鹄的，就无疑拥有了沉思的美名；但心理学家们却频频将之与抑郁相联系。[1] 可是，倘若哲学家也喜怒无常，那么他的哲学似应表达不同的心情，而不只是抑郁。苏格拉底（Socrates）拥有一种灿烂的哲学欢悦，在面对不公审判之际依然保持着平静的喜悦。如果说，哲学家和哲学有着各种不同的心情，那么，从具体心情入手梳理某个哲学运动，是否有其价值呢？这种可能性将在这里通过实用主义得到探明，首先是聚焦于奠定实用主义声名的詹姆斯，接着论及其他经典和当代的主要实用主义哲学家。在心情问题之外，这一章也将更为一般地论及实用主义乃是一种感受哲学，情感是其关键，这不仅源于其经验性价值，也因为它通向行动与理性认识。考察了经典实用主义和新实用主义中的心情和感受问题之后，结论部分会探讨美国哲学中的情感传统及未来，指出其深植于18世纪爱德华兹（Jonathan Edwards）的宗教思想，且经由身体美学的发展，潜在地为当代认知科学领域做出贡献。

---

[1] 比如见 Susan Nolen-Hoeksema and J. Morrow, "Effects of Rumination and Distraction on Naturally Occurring Depressed Mood", *Cognition & Emotion*, vol.7, 1993, pp.561-570。联系"认识你自己"这一哲学的重要劝告，关于此论点的研究，见 Richard Shusterman, "Self-Knowledge and its Discontents", 收入 *Thinking through the Body: Essays in Somaesthetics*, Cambridge: Cambridge University Press, 2012。

一

　　从友人皮尔斯那里获得基本的方法论洞见之后，詹姆斯以生动的方式、独特的个人风格，令实用主义哲学魅力四射却又充满争议。他雄辩合宜，表述充满激情而辞藻华丽。詹姆斯描述实用主义的显著方式是"激越感"（the strenuous mood），是指为改善经验而愿意经受艰险的、充满活力的心情。在《绝对与激越的生活》一文中，他写道："我所辩护的实用主义或多元论，必须返回到某种最终的勇猛，一种无确证或无担保之下生活的意愿。"黑格尔（G. W. F. Hegel）的一元论以抚慰人心的视角，相信绝对性可以最终解决一切问题，调和一切冲突、分裂和恶（故鼓励采取"道德休假期"[moral holidays]），詹姆斯却坚持偶然的多元论视角，他的"实用主义偏好的"是"激越感"。詹姆斯解释道："事实上多元论需要这种心情，因为多元论的拯救世界，要靠世界上各部分能量的提升。"他得出结论，于实用主义多元论者而言，"道德休假期……只是暂时的喘息，无非是为了明天的战斗而重振精神"。[1]

　　如果说，实用主义意味着真正的行动与实践，且詹姆斯（以及先辈皮尔斯）也正是借着实践观念来明确界定其新的哲学，那么为什么却要引入心情这一模糊的、情感性的概念呢？

　　詹姆斯声称实用主义该名称的"历史，可以告诉你什么是实用主义"，他说，"此词源自希腊词 πρᾶγμα，意为行动，现在的'实践'和'实践的'皆源于此"，他慷慨赞扬皮尔斯是将实用主义一词引入哲学的

---

[1] William James, "The Absolute and the Strenuous Life"，收入 The Meaning of Truth: A Sequel to Pragmatism，重印于 William James: Writings 1902-1910, ed., Bruce Kuklick, New York: Vintage, 1987, pp.940-941。詹姆斯承认，实用主义哲学家要求持续的激越情绪不断尝试，而对于虚弱的、懒惰的或"无可救药的病态的灵魂"却未给出任何"拯救的讯息"，"以实用主义观之"，这其实是"（实用主义）的自卑"。

第一人。皮尔斯提出，既然"信念其实是行动的准则"，那么，"为了发展一种思想的意义，我们就只需要确定它适合产生什么样的行为：对我们而言，行为是全部的意义"。[1] 其实皮尔斯先是在实践意义上以"祈使语气"（imperative mood）阐述他的实用主义原则："想一想是什么在影响我们构想一个对象，而这些影响又在想象中具有实践意义。那么，对这些影响的构想也是我们有关这个对象的全部构想。"[2] 不过他后来也不遗余力地以"陈述语气"（indicative mood）从行动角度表达这种原则："任何符号的全部智识旨趣，在于所有理性行为的一般方式的总和之中，这些理性行为根据不同条件而作用于不同的环境与欲望，继而对符号的接受产生影响。"[3]

同样，行为的实践意义也是詹姆斯另一个著名的实用主义原则的核心：理论之间的差别，唯有当它们可能在实践中亦显现出差别，才是可信的。正如他在首次引入实用主义的豪伊森（Howison）演讲中指出的："如果不能产生差别，也即无差别可言。没有什么抽象真理中的差别不表现在具体的事实，以及随之而来的某人某时某地以某种方式发生的行为。"换言之，"如果思想的某一部分在思想的实践结果中不产生任何影响，那么，这一部分就不是这思想意义中的恰当因素……某真理何谓的最终检验，实际上是它所指示或启发的行为"[4]。

实用主义认为行动（而不是理性）是一切思想和意义的最终结构性根基。这可追溯至达尔文的洞见，即人类是活的有机体，生存斗争对行

1　William James, "*Pragmatism*: *A New Name for Some Old ways of Thinking*"，收入 *Pragmatism and Other Writings*, New York: Penguin, 2000, p.25；下文相同出处简称 P。
2　见 C.S.Peirce, *The Collected Papers of Charles Sanders Peirce*, 8 vols, Cambridge: Harvard University Press, 1931–1958, vol.5, para.402；下文简称 CP。
3　CP, vol.5, para.438.
4　William James, "Philosophical Conceptions and Practical Results", *University Chronicle*, University of California, vol.1, no.4, 1898, pp.287-310；引自 p.292。这句话在《实用主义》(*Pragmatism*, 1907) 书中略有重复，*Pragmatism*, p. 27。

动的要求远远高于思想，思想的核心作用乃是提供更好的行动。人类的本质是积极的生命活力而不是理性的反思。但是，这种倡导行动的首要性以及实践高于思想的哲学的自相矛盾之处在于：哲学在本质上是静观的活动，它的反思、审思的姿态要求与行动保持某种批评性的距离，这实际上却是对行动的某种抑制。梅洛-庞蒂（Maurice Merleau-Ponty）在解释何为"哲学跛脚"时说道："既然哲学在行动中表达，那么它仅仅在不再与表达对象冲突时才成为自己……因此，它是悲剧的，因为它与自身相冲突。它从来不是严肃的职业……倡导行动的哲学家也许离行动最远，因为深刻地、严谨地谈论行动，无异于说他没有行动的渴望。"[1] 思想对行动的压抑，也是文学的老生常谈，最著名的文学表达要属哈姆雷特的抱怨："顾虑使我们全变成了懦夫，决断的本色被思想的苍白投影蒙上了一层灰色"，因此，我们的"事业……失去了行动的名字"。（第三幕，第一景）而且，即使思想不压制行动，深思熟虑也腐蚀行动，让行动滞缓或踌躇不前。

假如思想并非行动的有效动力，那么行动的心理能量从哪里汲得？詹姆斯的答案是情感：我们的激情本性，我们的感受、情绪（emotion）或心情（mood）。这一答案来源于他自己的生存危机体验，正是这一答案将他从漫长的抑郁症中解救出来。詹姆斯的抑郁本质上是哲学的，而对科学的物质因果性普遍原理的恐惧又加剧了这种抑郁，因为科学原理确定地排除自由意志的运用，也就剥夺了克服抑郁困境的意志力。詹姆斯在一本札记中记录了他如何发现克服"危机"的策略："我的自由意志的首次行动将是信仰自由意志。接下来的日子，我会放弃单纯的思辨和静观的忧思（Grübelei）（虽然我的本性从中获得了最大的快乐），我

---

[1] Maurice Merleau-Ponty, "In Praise of Philosophy", 收入 *In Praise of Philosophy and Other Essays*, trans., John Wild, James Edie, and John O'Neill, Evanston, IL: Northwestern University Press, 1970, pp.58-59.

会自觉培育道德自由的感觉，读合适的书，行动。"但是，从何处汲取能量打破这个静观习惯（和心情）呢？詹姆斯的答案是（追随 A. 贝恩［Alexander Bain］[1]）"充满激情的原动力（initiative）"，此是摆脱旧习惯而获得（新）习惯的必要条件。[2]

我们的情感或激情天性是认知和意志行为之间的纽带，甚至存在于思想意志当中。如果说，感受是思想和行动之间的必要桥梁，那么心情则提供了一般的情感方向从而选择性地塑造感受。如果我们想要一种哲学，可以超越单纯的行动分析、倡导行动的首要性并可以有效地促成具体行动，那么，应该追寻一种情感强烈的、积极的、充满能量的哲学。对詹姆斯而言，这即指"激越"的哲学。"激越"一词意味着蓬勃的行动能量和强大的努力，源自拉丁和希腊语中意指积极、活力、敏锐、渴望、行动的强力的词语。

詹姆斯追随尼采（Friedrich Nietzsche），认为哲学虽然宣称自身的理性和普遍客观性，说到底却是哲学家如何通过自身经验及个性的棱镜而观看实在的个性化表达。詹姆斯在论及"激越心情"的《多元的宇宙》中如此写道："哲学是人的本性的表达，关于世界的各种定义无非是人的个性对世界采取的审慎回应……是对生命的整个压力……的诸多视角，诸多感受方式，皆经由一个人的全部性格和经验，……是一个人最佳的工作态度。"无疑，激越心情是他偏爱的哲学态度。[3] 远在著作被贴上"激越"标签之前，他就把这种背景心情或感受称作积极的、振奋性的力量。在 1878 年致妻子艾丽斯（Alice）的信中，他以生动的身体语

---

[1] A. 贝恩 1818—1903，苏格兰哲学家，英国经验主义哲学家。他是首位将科学方法引入心理学的人。

[2] 见 *The Letters of William James*, ed., Henry James, Boston: Atlantic Monthly Press, 1920, vol.1, pp.147-148。

[3] William James, *A Pluralistic Universe*, 收入 *William James: Writing 1902-1910*, ed., Bruce Kuklick, p.639。

汇描写道：

> 我身上的典型性情中有一种紧张的张力感，这仿佛是，我一边持守自己，一边信任外物各司其职终会形成完满的和谐，但并无"保障"。给予保障——这种态度刹那间来到我的意识，太滞重、太麻木。挪开保障吧，我瞬间感到某种深深的热切的福祉，一种苦涩的去行动去受苦的意愿，它转译成了我的胸骨（不要笑，它对于我是整个事情的本质）的刺痛，虽然这只是心情或情绪，难以言表，但是它向我论证自身，足可以是我决定一切行动和理论的最深刻原则。[1]

这段话清晰地勾画了詹姆斯惊世骇俗的情绪身体理论，尤其是其第一本著作《心理学原理》（1890）中的著名论断[2]：身体性变化不仅是心情的结果，而且是心情的组成部分。

如今多半是因为近期神经科学的发展，这一理论在一段长时间的沉寂之后再度受到青睐。这些研究也再次确认了詹姆斯的直觉，即强烈的感受为行动及思想提供了重要的动力。正如神经科学家 A. 达马西奥（Antonio Damasio）指出："心情/感受，注意力和记忆力如此亲密地相互作用，以致它们构成了外在行动（运动）和内在行动（思想活动、推理）的能量之源。"[3]

詹姆斯在建构哲学和生活的基本态度的过程中，甚至在公开确认实用主义是一门哲学并宣称自己的忠诚之前，就曾反复重申激越心情。他

---

[1] *The Letters of William James*, vol.1, pp.199–200.

[2] William James, *The Principles of Psychology*, Cambridge: Harvard University Press, 1983；下文简称 PP。

[3] Antonio Damasio, *Descartes' Error: Emotion, Reason, and the Human Brain*, New York: Avon, 1995, p.71；下文简称 DE。

在《心理学原理》一书中分析意志时，将"轻率的、粗心的心情与清醒的、激越的心情"相对立，并解释后者如何有效地推动我们进行明确的行动。[1] 这种对立在《道德哲学家和道德生活》(1891)重现，詹姆斯说："人的道德生活中最深刻的差别，实际上是懒散和激越。"前者令我们从"当下的不适中退缩回来"，而"相反，激越却使我们对当下的不适保持漠然，直至实现更高的理想"。激越感提升能量，从而"更强大地生活，从生存游戏中汲取最高的热情"。如果在某些时候，人们"需要狂野的激情来唤醒它"，那么激越感的在场反过来会提升这种强烈的兴奋感。[2]

在《宗教经验之种种》(1902)中，詹姆斯再次强调激越感如何为行动提供必要的鞭策。"对充满能量的个性的构成而言，兴奋感是极其重要的"，因为压抑时常阻碍行动，而"它有一种冲破压抑的力量"。他又将它等同为"诚挚"(earnestness)，即"充满能量地生活的意愿，虽然能量也带来痛苦……；因为激越感降临于某人，目标就是冲破某些东西，不管是人还是物"；而"一个人的低等自我以及猥琐的软弱，必定往往是其目标和捕获物"。[3] 在《实用主义》中，詹姆斯用"郑重"(seriousness)而非"诚挚"来描述这种改良主义的、激越的努力，虽然说"一个真正的实用主义者……愿意生活在不确定的可能性的图式之中……愿意献身于自身构造的理想"[4]。将激越等同于严肃，可以追溯到《心理学原理》。他这么描写："这种特殊的心情叫作郑重，充满能量地生活的意愿，纵然能量也带来痛苦"[5]，这预示他在《宗教经验之种种》中将其描述为"郑重"。

---

1 PP, p.1140.
2 P, pp.260–262.
3 William James, *The Varieties of Religious Experience: A Study in Human Nature*, New York: Penguin, 1985, p.264.
4 P, p.130.
5 PP, p.942.

如果说，激越感是詹姆斯实用主义的核心，而且（通过其强烈的、促发行动的能量）提供了从思想到行为的有效桥梁（这使得激进的行动哲学显得不那么自相矛盾），那么，激越感（以及理论的和实践的结果）是否也在其他实用主义思想家中出现呢？实用主义哲学是一种有效的哲学或行动的、实践的哲学吗？实用主义诸家如何理解心情与感受的作用，如何在表现激越感的力量概念中运用情感维度呢？

二

什么是心情？心情是模糊、不确定的，因此有别于明确的感受或外显的情绪，同样，"心情"这一概念也是模糊、模棱两可的。它的含义因为双重的语义学之根而倍显复杂。它既源自日耳曼语 Mut，表示情感；又源自拉丁语 *modus*，表示方式、方法。语法上的 mood（语气，包含祈使语气、陈述语气、虚拟语气等）源自 *modus*，则指一种风格、方式或表达。当然，我们可以将情感语调与不同的语法语气相联系（虚拟语气是怀疑或好奇，祈使语气是缺乏耐心），但是这种语法概念（譬如，皮尔斯用广义上的语气对范畴三段论进行传统的分类）与我关注的情感的、心理学意义上的 mood（心情）并无实质关联。

无论是在日常话语中，还是在学界内部，心情与感受或情绪这些表示情感的词汇之间的区别都是十分模糊、有争议的。我所谈论的实用主义哲学家也并未特别费力区分这两个术语。[1] 不过，来看一看普通的区分方式，也许不失有益。一般认为，比起情绪或感受，心情更加具有蔓延、持续和一般的特征；情绪和感受是有目的的（本质上涉及某物），心情则"没有实质的目的性"，因为它的存在可以不必涉及具体事物，

---

[1] 关于这一问题的详细讨论，见 C. J. Beedie, P. C. Terry, and A. M. Lane, "Distinctions between Emotion and Mood", *Cognition and Emotion*, vol.19, no.6, 2005, pp.847–878。

仅仅是为各种意识状态提供"调子或色彩",虽然这些意识状态可以具有目的的对象,诸如因遭受忽视而愤怒(或焦虑)或因过失而羞耻的情绪。[1] 人们认为,情绪比心情更清晰、更确定、更强烈,其出现更捉摸不定,消失也更陡然。最后,一种常见的观点认为,情绪与感受的表现更是身体性的或生理性的,而心情却是认知的、心理的,更接近于心灵而非身体作用。虽然我关于心情的讨论会集中在实用主义用法以及英语中的含义,但还是应该指出,最后一种区分应该受到质疑,因为有关mood(心情)的词汇(如"humeur"或"humor")可以追溯到古代理论,比如体液决定个性、外貌和态度。

经典实用主义哲学家并未把"心情"单辟出来,将它与情绪、感受放在一起讨论,视心情为情感一般维度的一部分。在詹姆斯的两卷本巨著《心理学原理》中,"心情"甚至未出现在索引部分,"感受"和"情绪"则恭列其中。但詹姆斯在书中频繁使用它,还提及各类心情。除了激越或郑重的心情,放松或懒散的心情,还有"虔诚的心情""宿命的心情""不适的心情""功利的心情""心灵的阴性心情",以及更为一般性的"情绪性的心情"或"精神性的心情",但也并未做出真正的界定。此外,他也未明确区分那些明显对立的心情,如,"习惯性心情"与"瞬间性心情","器质性心情"(organic mood)与"精神性心情"。

这些一般性分类并不都具有独立的界定性本质。或者说,这些分类指示的每一种心情都应该具有自己特殊的构造,因为它们皆有自己的情绪性的、身体性的表达。詹姆斯在论情绪的章节中,声称我们的"心情,情绪,激情……实际上由那些通常称作是其表现或结果的身体变化所构成",因此,如果"身体变得麻木,那么我们也会被驱逐在情感生活之外"。[2] 举例说,每一种快乐情绪都有特殊的身体表达,有赖于感受

---

[1] John Searle, *The Rediscovery of the Mind*, Cambridge: MIT Press, 1992, p.140.
[2] PP, p.1068.

者的身体习惯、体质、环境条件以及快乐的对象或起因。这就是为什么詹姆斯认为我们不应该消耗精力去区分各种不同的情绪。心情分类也不例外（不同个体的虔诚心情的身体表达是不一样的）。与其去尝试界定心情为何物（以及各种心情是怎样个体化的以及分类的），不如以实用主义的方式聚焦于心情何为。譬如，在三位实用主义之父皮尔斯、詹姆斯和杜威那里，心情何为？我出于清晰解释的需要列出以下六点，它们之间也略有叠合。

1. 心情使感受力染上色调，赋予经验以基本的调性。詹姆斯注意到了心情如何塑造感受力并改变对感知之物的理解。当我们"处于不同的器质性心情时"，我们的经验就随之变化，"明亮的、激动人心的事物忽然间变得令人厌倦、呆板、无趣了"。[1] 调性的作用是非常基本的，以致皮尔斯用心情概念来描述他关于经验的根本原则——"三分法"。他巧妙地、系统地将它运用到多重领域。在解释自己如何广泛使用三分法时，他声称，"第一性、第二性、第三性的观念……是如此宽泛，甚至可以是心情或思想之调性"。[2] "第一性"基本上被界定为"在场性"（presentness），即最具体意义上的直接性、直接的"感受"，无任何概念性或关系性的东西掺杂其中。[3] 为了解释这一概念，皮尔斯引入"诗意心情，它接近那种境界：在场者显现为眼前之物"，"无关缺席者，无关过去与未来"。[4]

如果说，第一性是感受性的，那么第二性就是以"挣扎的元素"为特征，即现实将"抵抗"呈现在我们的直接感受包括欲望之中。[5] 要感受激越的努力或挣扎，皮尔斯说，"想象你自己在做一种强烈的肌肉运动，

---

[1] PP, p.226.
[2] CP, vol.1, para.355.
[3] CP, vol.1, para.304.
[4] CP, vol.5, para.44.
[5] Ibid.

比如你用劲抵住一扇门","没有这种抵抗的经验",就没有办法感知这种努力感。[1] 皮尔斯的要点是,现实把它的"野蛮力量"强加到我们的直接意识之中,由此激发我们奋力迎接这种抵抗,从而诱发出一种采取行动的激越感。[2] 第三性涉及介于第一性的直接性与第二性的强劲努力之间的调和的关系,是一种通过思想和再现的方式去处理抵抗的关系。

2. 心情在实用主义理论中的第二种作用,是思想的构造离不开它与心情的可感的亲密性。这种构造作用不仅包括思想要素的选择,而且包括它们在经验中的表达、区别、定位、排序和统一。是什么在意识流(詹姆斯将此隐喻与机械的、分裂的思想链相对立)中引领着观念的联想方式?是什么让思想运行在所需的轨道上并聚焦于所选择的主题及其意图呢?对詹姆斯而言,它来自一种背景可感的品质,一种具有"可感的关系边缘"的"兴趣感","无论这心情如何模糊,它还是一样会起作用,为各种表现穿上亲合性可感的外衣,在可能的时候进入心灵,染上跟心灵无关的乏味或失调的感受"。[3] 心情拥抱那些与其调子或可感趋势相契合的观念、那些"推进"其兴趣或其关注的观念,同时拒绝那些"阻挠主题"或与之不协调的观念、那些与心情的"可感亲合的边缘"相违背的观念。这些构造思想边缘的最重要的因素并不是认知性的,而是情感的、审美的,是"对和谐与不和谐、正确或错误的方向的感受"[4]。

在这一点上,杜威追随詹姆斯,对于背景心情的直接的质性感受不仅成为其美学的基础,而且也成为其整体经验理论和连贯思想的基础。杜威认为,心情提供可感的特质,通过选择适合心情的对象,把感知的内存整合成一个连贯的经验整体,正如它为思想得出结论的进程提供方

---

[1] CP, vol.5, para.45; vol.8, para.330.
[2] CP, vol.5, para.315.
[3] PP, p.250.
[4] PP, pp.250 251.

向性的趋势、焦点和能量。"任何主导的心情都会自动排除一切与之不契合的事物……它的触角会延伸到那些与之相近的事物，那些滋养并实现它的事物。唯有当情感消亡或分裂成碎片之际，与它相异的质料才会进入意识。"[1]心情通过选择进行构造，为此，杜威强调，心情的主要作用是赋予思想和经验以统一，而统一的范式化表达正是艺术作品越来越丰富的整体性。杜威声称，心情是情感的背景，塑造着艺术创造和艺术欣赏："艺术家和观众皆始于所谓一种总体的屈从，一种包容性的质性的整体"，对此，他借用席勒（J. C. F. von Schiller）论诗性创造的话，将之描述为"心灵的特别的音乐性心情"，这预构了"诗歌中的观念"以及对它在诗歌各部分中的表达。杜威还坚持认为，心情不仅"是最先到来的，而且各部分之间的分别清晰出现之后，它依然是底基；事实上，这种分别也是心情本身的分别"[2]。

简言之，杜威认为心情提供构造性的、隐含的背景，当代心灵哲学家则认为心情是理解何物可以前景化为思想内容的必需。心情的弥漫性的、笼罩性的特质使我们感知到，经验中哪些因素应该被表达为或前景化为意识的关注对象。比如，怎样的语词或形象应该被择取为创制一首诗的恰当之物，抑或在阅读注意力中得到突显；作品中哪些观点应该彰显出来以及如何安排。"正是经验的不确定的、无所不在的特质，将意识集中关注对象的所有确定要素联结起来，使其成为整体。"[3] "最好的证据是，我们对某物是否相关的感觉，是一种直接的感觉"，不是"反思的产物"，即使我们利用反思来阐述、判断那些被感知为相关或不相关的事物的价值。因为反思本身需要被引导，而引导它的必定是背后经

---

[1] John Dewey, *Art as Experience*, Carbondale: Southern Illinois University Press, 1987, p.73；下文简称 AE。

[2] AE, pp.195-196.

[3] AE, p.198.

心情构造的统一特质,这种统一特质是可以"直接"感知的。[1] 心情的丰富的、活跃的和统一的力量在艺术作品中尤其突出,且本质上规定了审美经验,杜威进而认为心情的统一背景特质乃是所有连贯思想和经验之必需。这就是为何他明确地将审美经验标举为理解作为整体的经验的钥匙。[2]

而且,对杜威而言,这种质性感受为审美经验的诸因素和诸阶段及其整合的趋势提供了充满活力的能量和情感的色彩:"它生动有力,它是艺术品的精神。"[3] 作为一种"模糊和不确定"的背景,它虽然无法被命名或表述为作品的具体部分,但它塑造、选取、整合并激活所有这些部分;作为"作品得以构造和表现"的灵魂或精神,它为作品"打上个性化的印记"。如同皮尔斯的第一性,这种"无所不在的性质贯穿于艺术作品的诸部分并将其联结成个性化的整体,它只能在情绪上被'直觉'",也即,"只能被感觉到"或"被直接经验到"。[4]

3. 心情依据观念与它的情感的和谐度来选择观念,由此,心情不仅塑造知性内容而且也塑造情绪。这解释了心情为何绵延持久。心情择取那些与其相契相系的联想。"同一个对象,在欢乐与悲伤的心情面前,唤起的并不是同样的联想。"詹姆斯写道:"事实上,最明显不过的是,精神压抑的时候,我们完全无法拥有一连串欢乐的意象。风暴、黑暗、战争、疾病的形象、贫穷、沉沦,不懈地折磨着我们忧郁的想象力。"相反,"那些乐天派"会发现思想"一刹那蹈向鲜花和阳光"。甚至同一个人也会对同一对象引发不同感受,倘若他处于不同心情之下。詹姆斯坦言,他对《三个火枪手》的情绪反应发生过剧烈的转变,他曾因疾病

1　AE, p.198.
2　AE, p.278.
3　AE, p.197.
4　AE, pp.196–197.

郁郁寡欢而无法欣赏其中"欢乐的动物精神"[1]。

杜威追随詹姆斯，不仅注意到"心情如何自动地排除一切与之不相契合之物"，而且也注意到这个问题跟意志相关。因为，在实用主义看来，我们本质上是行动的造物而非理性的造物（因为生存更要求行动而非思想），我们的意识是隐隐地冲动的，且因此，我们的天然倾向是将任何来到脑海的念头付诸行动。假如心情依据它如何适应与强化心情的调性与方向来进行观念的选择，那么，通过引入与其调性相反的、不协的思想来打破这种心情，就需要某种特别的努力，需要一种特殊的感受来保住意识中的相反观念并冲破前一种主导心情。因此，与认为意志是使用理性去克服感受与欲望的古典观念相反，实用主义意识到，意志力恰恰可以产生足够的感受或欲望，从而将"明智行动的想法保持在心灵之中"，尤其是当主导的心情与此想法不契合或试图摒除、窒息它的时候。[2]

4. 实用主义认为，心情不仅塑造观念和情绪，还塑造信念，即我们持以为真的、引领行动的观念。因为，是感受而非理性使我们相信某事；詹姆斯认为，我们对现实的基本感知，更多是情感问题，而非反思问题。在通常意义上，"当我们说，一物比另一物更像是真实的，或更可信，这里的真实意味着与情感、行动生活的关系"[3]。一般而言，"信念与当下主导意识的情绪投合时"，我们相信；若情感诉求异常强大，则不合理的信念也可坚守。于大多数人而言，"拿激情想象，就是去信仰"，批判性地遏制、抵抗这种情绪性的推力，正是"教育的最高目标"与自律所在。[4] 在此，杜威极似他的老师詹姆斯："衡量思想中冒出来的

---

[1] PP, p.543.
[2] John Dewey, *Ethics*, Carbondale: Southern Illinois University Press, 1985, p.188；下文简称 E。杜威此处引用了詹姆斯《心理学原理》中的《意志》一章，见 PP, p.1167。
[3] PP, p.924.
[4] PP, pp.936—937.

想法，其标准并不在于思想是否与事实相一致，而是它是否与情感相契……是否与占主导的心情相一致。"[1] 实用主义诸家中，詹姆斯最为激进地确信情感力量。他甚至宣称（在我看来是错的）："当出现任何观点冲突与视点差异的时候，我们必定相信我们较有感觉的一方。"[2]

5. 对于詹姆斯而言，感受不仅在信念习惯中压倒理性，甚至决定着我们对理性及其力量的感知。作为心理学家兼哲学家，詹姆斯声称，一个哲学家晓得他找到了理性的概念或答案，这情形就如同他"通过某种打动他的主观性标记"，通过詹姆斯的"理性的感觉"（the sentiment of rationality）发现其他的东西。这是"一种舒适、平安、放松的强烈感觉"，因为孜孜以求的简单、秩序、统一和清晰，悄然而至。"从困惑状态向理性领悟的过渡，充满了放松与喜悦"，詹姆斯将这种喜悦等同于出于逻辑本性的两种主要审美需求：统一与清晰。[3]

詹姆斯似有先见之明。他进而言之，感受作为思想的动力，为理性思考提供了必要的能量和焦点。"如果大脑集中注意力的活动是理性思想的基本事实，那么，为何强烈的兴趣或凝聚的激情使得思考变得更加真切、深刻……当我们不'凝聚'时，思想是散乱的；但充满激情时，我们从不离题，连贯而重要的思想奔涌而来。"[4] 当代神经科学家确

---

1 John Dewey, *Reconstruction in Philosophy*, Carbondale: Southern Illinois University Press, 1982, p.83 于皮尔斯而言，虽然他认为批评性的科学方法是解决科学信仰的最好方式，但他还是意识到，在日常事务中大多数人并不使用这种方法，而是依赖于本能的、情绪的、习惯性的反应，这是进化过程的残留物，因此一般而言，很难适应我们的实际需要。
2 William James, "On a Certain Blindness in Human Beings", 收入 P, p.268。"注定信仰"的观念在他的语境中是双重的：我们并不只是在心理上被迫去相信，而且感受也具有认知上的保障，因为对一件事感受越多的主体比超然的旁观者事实上要"知道得多"（同上）。我对这一观点的批评，见 *Body Consciousness: A Philosophy of Mindfulness and Somaesthetics*, Cambridge: Cambridge University Press, 2008。
3 William James, "The Sentiment of Rationality", 收入 *Collected Essays and Reviews*, London: Longmans, 1920, pp.84, 99。我对詹姆斯理性理论中的审美基础的详细讨论见本书第六章《威廉·詹姆斯的实用主义美学》。
4 PP, pp.989-990

证此论。既然并不存在一个供人类大脑内存聚集并同步运行的地方,所谓"笛卡尔式的剧院",那么,人类的思想其实是通过对"大致相同的时间窗"中不同区域的形象进行"时间上的联结",进而"对不同的大脑区域中的神经活动进行同步"。这要求"在不同区域维持集中精力的活动,以便完成有意义的结合、推理和决定"[1]。情绪、感受和心情(本质上具有身体维度)的情感性能量,不仅是"持续运行记忆和注意力的助推器",而且"通过强调某些选择"而促进"思考",与之同时,根据它们与背景情绪的适应程度以及其隐含在模糊的身体感受或"身体性标记"之中的方向感,清除其他选择。[2] 正如达马西奥所言,完全的理性主义的冷血,就像他那些大脑受伤的病人的冷血,使得记忆的"精神风景"不仅"无比呆板",而且"变化太快、太不稳定,缺少推理过程要求的时间……",所以"脱轨"或失去方向,无法获得有效的理性结果。[3]

6. 对于经典实用主义理论而言,心情通过情感性力量刺激行动。前已述及,激越感导致的强烈、充满能量的效果,更可以促进这一功能。思考本身并不产生行动。反思、思虑和推理实际上抑制行动。杜威(在詹姆斯之后)坚称:"思考天然地导致抑制效果。思考拖延欲望的执行,引发新的思虑,并改变那个初始想要的行动的性质。"[4] 詹姆斯断言,"意识就其本性而言是冲动性的",因此自然地导向行动。这是因为他将意识等同于感受而非单纯的思想,并将感受等同于能动的推动力。此外,他又附加一个条件,意识的感受"必须充足、强烈到……可以激起行动","某些感受的强度事实上低于(行动的)释放点"。[5] 激越感产生强

---

[1] DE, pp.94–96.
[2] DE, pp.174, 198.
[3] DE, pp.51, 172–173.
[4] E, p.189.
[5] PP, pp.1134, 1142.

烈的感受，足可激发想法的实行，同时也提高意志力；杜威认为，"意志的真正能量"的实现，不在于用批判性思想的压抑性效果来压制欲望，而是通过将欲望与"思想揭示的更好目的"相联系，从而融合"思想与欲望"，最终用"充满思想的愿望"引导行动。欲求感"提供动力"，因为"单纯的思考不会导向行动；思考唯有被生命冲动和欲望裹挟时，才可能拥有行动的实质与分量"。[1]

在这里，行动不是在实践任务的意义上狭隘地建构的。于实用主义哲学家，理论研究（无论是科学或普通问题的解决）本身正是一种需要能量的行动。实用主义对"研究"的界定性说明，其实由皮尔斯最先提出。他将研究描述为破除疑惑的激烈斗争。这迥异于笛卡尔的描述。不同于那种怀疑一切不确知事物的笛卡尔式的怀疑，皮尔斯坚称，"必定有一种真实的、活生生的怀疑，无此，一切讨论皆是徒劳"[2]。我们并不需要绝对的逻辑确定性："当（真实的）怀疑停下来，主体的精神行动也就告终；假若行动还在继续，那也会是漫无目的之举。"[3]

皮尔斯所谓"真实、活生生的怀疑"，带有明确的情感和感知维度。这深植于达尔文的身体性遗产，即我们有一种借助信念破除怀疑从而去行动的需求。因为我们必须为生存而行动，而且需要引导行动的信念，所以待在一种真实的怀疑状态中是无法生存的。因此，在感知的、身体的层面上，怀疑被体验为干扰性的烦恼，有机体必须想方设法移除它，要么通过获得信念来终结这种烦扰人的、麻痹性的怀疑状态，要么通过行动带来安宁。"怀疑是一种不适的、不满意的状态，我们竭力从中摆脱而踏入信念状态；后者是一种平静的、心满意足的状态，我们希望长居此间而不变动"，因为它引领行动并安抚我们。"怀疑一点儿都不具有

---

[1] E, p.190.
[2] CP, vol.5, para.376.
[3] Ibid.

这种行动的效果，只是刺激我们去探索，直到怀疑本身被解除。"[1]

皮尔斯继而明显地将"研究"界定为为了终止怀疑的懊恼感而进行的挣扎。"怀疑的懊恼引发了一种要去抵达确信状态的挣扎。我将这种挣扎叫作'研究'，虽然必须承认，它并不一定是贴切的名称。"[2] 那么，怀疑就是一种我们试图去战胜的不舒服的、烦人的心情，克服怀疑的挣扎要求激越心情去维持持续的探索，从而重归愉快的信念情绪。事实上，研究的真实目标不是寻求真知，而是获得一种振奋感，一种更为平静、愉快的确信感。"怀疑的懊恼是挣扎着去获得信念的唯一直接动力。当然，对我们而言最好的是，信念真的可以引导行动从而满足欲望；这一想法将使我们拒绝任何看起来无法确保这一结果的信念。但是它唯一能做的是创造怀疑而非信念。因此，有了这种怀疑，挣扎开始，并随着怀疑的结束而终止。"[3] 当然，一旦信念通过探索而确立，其他问题或新的怀疑也会接踵而至。

三

一切研究，包括哲学研究，都是一场消除怀疑的挣扎吗？对某些人而言，纸上谈兵的哲学思考，看起来接近于思辨好奇心作祟下的轻描淡写，或全神贯注的静观——静观的希腊语 theoria 本身就包含了"理论"（theory）之义。尽管今日哲学的流行形象是自由闲散的思辨，但是激越心情其实深植于我们的哲学传统之中。如果说苏格拉底认定哲学是自我完善的斗争、挣扎和自我牺牲的英雄主义原则，是寻找真理并勇敢地向权力说出真理，那么不要忘记他从未著书。事实上，他确立的这种古代

---

[1] CP, vol.5, para.373.

[2] CP, vol.5, para.374.

[3] CP, vol.5, para.375.

哲学模式，这种斗争的、英雄的哲学生活，看起来基本上是活得勇猛，而不是写得精彩，即使这一理想是生活与逻各斯的亲密的、共生的合成。正如我在《哲学实践》中所说，实用主义复兴了这一观点：哲学是一种具身化的生活方式的观念，它不只是文本实践。[1]同样应该想到，詹姆斯和皮尔斯的哲学研究是由他们的科学研究经验所塑造的，包括纯理论思辨之外的身体训练。但是研究激越力量的观点更植根于慢性身体疾病的折磨，这把他们的哲学阅读与书写变得像是一场艰苦卓绝的挣扎。[2]

在转入以罗蒂为范例的当代实用主义之前，先探究一下情感和行动的概念，这也说明实用主义为何需要激越感。感受、心情和情绪不是"情感"仅有的词汇。激情是另一个重要的词汇，与心情相关联，指示某种强度。如果强烈的感受是行动的推动力，激情又是十分强烈的感情，那么，为何作为行动哲学的实用主义特别地关注激越感，而不是一般性的激情？如果说詹姆斯并没有把实用主义的行动哲学当作激情哲学，那么，理由并不在于激情的性欲色彩或萦绕他的清教徒情愫使他回避讨论爱欲，甚至表现出"反性欲本能"。毋宁说，心情一般意味着持续较长时间的情感或促发某种感受的持续性情状态，因此，若是需要一种持续的情感来产生较为持久的行动，而不是让行动屈从于昙花一现的冲动，那么我们需要的是一种激越的心情，而不是瞬间的激情。

但是，如果心情的持久的、倾向性的力量是关键因素，那么为何不是"充满激情的心情"（passionate mood）呢？它同时具有持久性和强度。问题在于，就概念而言，激情往往是行动的对立面。正如其词源所示

---

[1] Richard Shusterman, *Practicing Philosophy: Pragmatism and the Philosophical Life*, New York: Routledge, 1997.

[2] 詹姆斯持续的病痛，包括严重的头疼、面瘫、心脏病，见 *Body Consciousness*, pp.136-139, 177-179。皮尔斯长期与"三叉神经痛"（医学上也称"面部神经痛"）做斗争，"尖锐、强烈、有时不可忍受"，他为此使用乙醚、鸦片、吗啡当作镇和剂，见 Joseph Brent, *Charles Sanders Peirce: A Life*, Indianapolis: Indiana University Press, 1993, pp.14, 15, 40, 105。皮尔斯将这种激越的努力描绘成"Peirce-everence"或"Peirce-istence"。

（拉丁语 passio 意味着受苦或忍耐；来自希腊语 pathos），激情意味着被动而非主动；它是一个人正在经历或遭受的，而不是在积极地做着或完成的东西。不同于感受这一概念，激情并没有指向活动的动词形式。相反，激情的力量经常被描述为一种捣毁行动的力量或麻痹正确行动的意愿，如"激情的奴隶"所一语道破的那样。病态的激情、悲伤或绝望可以固化、耗尽一个人全部的生产性的行动能量。实用主义的生动有力的改良主义，需要的不是势不可当的情感，而是持续活跃的情感，主动的强度遂可转译成积极行动的动能。这正是激越感的效力。

四

理查德·罗蒂，重振实用主义在 20 世纪晚期的哲学、文学理论领域之威名的主要推动者。与经典实用主义哲学家极为不同的是，他拒斥整个经验概念，这个对皮尔斯、詹姆斯和杜威而言具有无可否认的意义的概念。相反，罗蒂用语言取而代之，认为语言是哲学的核心媒介和实质及哲学可接纳内容的爆发点。他认为，对于有效的哲学运用而言，经验是过于含糊、躲闪和令人困惑的概念；它导致无望的主观主义，或同样具误导性的基础主义神话，即纯粹给定（位于语言之下并从而超越语言和文化的变化）——错误地允诺绝对的客观主义。罗蒂拒绝经验并将哲学限定在语言层面，遂与经典实用主义分道扬镳。通常认为，这是他的分析哲学背景在作祟。但这只是对了一半，因为许多优秀的分析哲学家也认识到非语言的经验质料，诸如感受性（qualia）或"纯感受"的作用，罗蒂还批评过其中几位。

虽然罗蒂的早期分析哲学著作（在转向实用主义之前）集中在心灵哲学领域，但其实很少论及心情，而且，如同经典实用主义哲学家，他并未明确区分心情与其他情感形式之间的区别。非常典型的是，他将心情与其他并不十分情感性的精神状态并置。比如，他认为，"信念、欲望、心情、情绪和意图"之所以被视为精神状态，是因为关于它们的记录往往被视作不容置疑的（思想和感觉之所以是最具典范性的精神状态，原因在于关于它们的第一人称记录被认为是完全不容置疑的）；他进一步将"信念、欲望和心情"从特殊的"纯感受、精神形象和思想"中区分出来，因为前者与性情相关（因此是稳定的），而后者则是"事件性的"。[1] 对罗蒂而言，心情不是什么重要的概念，也从未公开引过詹姆斯的"激越感"；但他却明显地以某种方式强调了力量、情感和挣扎这些组成"激越感"的元素。[2]

在罗蒂引自 H. 布鲁姆（Harold Bloom）文学理论的三个相关联的关键词中，出现了谓词"强"（strong），不过他创造性地化为己用："强误读""强诗人"（两者明显来自布鲁姆）和强文本主义（罗蒂借此发展他对哲学强误读的实用主义解释）。很可能，所有这些概念皆可追溯到尼采的创造性阐释和文化征服观念——表达创造性天才及其颇具激越精神的强力意志，而尼采的观念又反过来可以追溯到爱默生（Ralph Waldo Emerson）的连续的、创造性的自我征服的概念，即自我拓展、自我仰靠的个体使得文化滚滚向前，从而充满生产性天才和精神力的圈了不停扩张。对于罗蒂而言，"强误读"体现了实用主义策略，即阐释不必试

---

1 Richard Rorty, "Incorrigibility as the Mark of the Mental," *Journal of Philosophy*, vol.67, no.12, 1970, pp.399-424; *Philosophy and the Mirror of Nature*, Princeton: Princeton University Press, 1981, pp.66-67. 因为罗蒂的非还原论的物理主义认识到精神具有相对自主性而不是存在于某些超越我们时空宇宙的独立的神秘物质，故而他在精神方面而不是具身化方面谈论心情。但他也偶然将心情与身体状态相关联，比如"从内分泌系统解释心情的独立性"。Richard Rorty, "Freud and Moral Reflection", 收入 *Essays on Heidegger and Others*, Cambridge: Cambridge University Press, 1991, p.146。

2 罗蒂敦促我们在"现实政治"的"减少苦难和不公的方法"方面要"具体"，而不是在"文化政治"中保持"放松心情"，因为在文化政治中，"我们可以无所顾忌地变得抽象、激进、游戏般"。这其实从反面暗示了他的激越感观点。Richard Rorty, "The End of Leninism", 收入 *Truth and Progress*, Cambridge: Cambridge University Press, 1998, pp.231-232。

图忠实于文本，不必揭示作者的意图或忠实于文本语言呈现的原义、价值。恰恰相反，在卷入文本时，一位"强误读"的读者，"寻找的是他要摆脱的东西，而不会满足于一些对的东西"。罗蒂解释道，在"强误读"中，阐释者"并不追问作者抑或文本的意图，而是将文本捶打成他想要的形态，服务于自己的目的。他的方式是强加一种词汇"[1]。这种蓬勃的，甚至粗暴的、想象性的统治无疑让人想起詹姆斯的观点，即激越感释放了一种改良主义的、转化性行动的能量；这种行动"带来痛苦"，因为"当一个人被激越感攫取，目标就转而是突破一些东西"，锚定在产生想要的转变。

为了辩护"强误读"，罗蒂引入强文本主义概念来面对认识论批评：忽视文本的真正含义是错误的。实用主义强文本主义的应对是，文本，包括作为世界的文本（对罗蒂而言，世界不可能被富有意义地经验）是不固定的、自足的对象，其真正的、永恒的身份或意义有待批评和哲学去发现。事实上，文本和现实就是可能性，其意义是由新的阐释创造的。詹姆斯会说，其意义和性质有待发掘，因为它们总是"在制造之中"，因此，"强误读"的读者或实用主义阐释者，虽然极力使文本意谓他们想要的东西，却并未违背文本的原义，因为本无所谓原义。文本"不过是供使用的，从而也是供重描、重释和调遣的永恒的可能性"，服从于我们自己当下的目的。[2] 我们可以将自己的新语汇加入现存文本，使这些文本更加有用，或从这种调遣中创造出更加新鲜的语汇、解释，以此提高兴趣并丰富生活的储备库。产生新的阐释和语汇的持续的自我征服的斗争，使得强文本主义者成为"尼采和詹姆斯的真正继承人"[3]。

---

1 Richard Rorty, *Consequences of Pragmatism*, Minneapolis: University of Minnesota Press, 1982, p.151；下文简称 CoP。
2 CoP, p.153.
3 CoP, p.152.

詹姆斯的激越感要求实用主义哲学家在没有绝对者之安慰的情况下生活，虽然那个绝对者曾经保证了终极真理并调和一切冲突与差异，同样，罗蒂的强文本主义者试图在缺乏事物的客观真理的安慰，甚至"共识的安慰"的情形之下生活[1]。而且，正如詹姆斯的激越感奉劝我们进行永不厌倦地向善的挣扎，"道德休假期……只是暂时的喘息，无非是为了明天的战斗而重振精神"，罗蒂的强文本主义同样要求某种激越感，来进行无休止的阐释和持续的创作，这无疑是在宣告实用主义的主张：一切语汇，甚至我们自由想象的语汇，都是"有限之人的挣扎"过程中"暂时的历史性的休憩之处而已"。[2]

罗蒂的"强诗人"是坚坚实实地建立在布鲁姆关于"强诗人的影响的焦虑"的观念之上的，即诗人"害怕发现自己仅仅是在复制或拷贝"，为自我确认而自我创造并进行激动人心的挣扎，为此发明新的语言形式，以表明他不仅反抗这些影响他的诗人，也反抗自身的个体性死亡，从而超越死亡并证实他的个体性生存。不过罗蒂拓展了"强诗人"概念，指出"在这些诗人之外"，还应包括其他文人，甚至"强科学家"（牛顿［Isaac Newton］和达尔文）、"强哲学家"（黑格尔、尼采、海德格尔［Martin Heidegger］）和"乌托邦革命者"（马克思［Karl Marx］）。[3] "强诗人"在通用的意义上"是新语汇的制造者，新语言的塑造者"，罗蒂就此称其为"诗歌先行者"。他需要"尽其可能地强大"，以"成为个体——在天才是个体性范式的强意义上"，他之成为个体，是通过抵制传统的语汇（社会则通过传统语汇来描述他），并且"通过重描（那些造就他的各种偶然性），自制一个自我"。[4]

1　CoP, p.152.

2　CoP, p.158.

3　Richard Rorty, *Contingency, Irony, and Solidarity*, Cambridge: Cambridge University Press, 1989, pp.60–61；下文简称 CIS。

4　CIS, pp.20, 24, 43.

当然，就语言资源而言，"即使最强大的诗人也寄生于前辈"，最强大的诗人在铸造自家语言时，也仅仅是在"接受"和"改造"前辈的语言；之前的"强诗人"终其一生而挣得的珍贵的语汇，不过是他"用作加工的谷物，虽是以同一个方言的磨子"，他激越地与旧语汇做斗争，从而成为一名"强诗人"，一个"强大的制造者，以别人从未用过的语言"，确立"自己个人的独特性"——无此，"一个人将根本不会拥有一个（自我）"。[1] 这种斗争要求激越的心情去刺激和维持语言转变之激进行为，包括有意制造痛苦：不仅与社会的谈论思考的既定方式做斗争，给自己制造了痛苦，而且也冒犯了那些期望保持既定语汇（及其附属的价值和意识形态）之圣洁与霸统的人们，令他们不快。

与热衷于军人式理念，崇尚勇猛与斗争精神的詹姆斯不同，罗蒂是在两次世界大战、奥斯维辛、广岛和越战之后写作的，更关心的是痛苦的最小化，激越感的强行动主义却可能为他人制造痛苦。他的核心的、颇富争议的"关于公共和私人之间的明确区分"，遂可读作是解决此问题的尝试：为丰富自我的个人目标而释放激越感，但限制激越感对他人的社会性伤害。在私人领域，可以鼓励一个强诗人去抨击别人的神圣文本，污蔑他们视若珍宝的语汇，旨在完成自己的目标，制成自己新的文本和词语，创造他的自我，一个独特的个体，而最终获得个人的救赎。然而，公共领域不应该是勇猛的强诗人强加自己独特的个性化政治视野的战场。这里，最高的价值不是这些以新奇为特征的个人化的自我创造，而是自由、共同、有规则的民主实践，提高每个人的基本自由且保护每个人免遭残忍与痛苦。然而，罗蒂也同样承认斗争的存在，因为"实用主义的道德斗争是与生存斗争相连续的"，"对实用主义而言，最要紧的是，设计出减少人类痛苦并促进人类公平的道路"。[2]

---

[1] CIS, pp.24, 28, 76, 41.
[2] Richard Rorty, *Philosophy and Social Hope*, New York: Penguin, 1999, p.xxix.

但是，即使通过共同的体制规则而达成的理性共识应该统治着自由的公共领域，且保护它的自由和尊重的伦理，罗蒂还是毅然拒绝将伦理建立于理性基础之上。相反，他认为感受才是伦理共识的底基；而伦理共识促使我们致力于人权和其他核心道德原则。罗蒂认为，这种道德关注无法通过诉诸普遍理性而得到有效证实，因为那些别的文化的人，虽然不能与我们共享基本的伦理信念（比如，有人心安理得地对待妇女儿童的方式却令我们义愤填膺），却似乎完全可以胜任各类非常棘手的理性任务；因此，他认为，他们的不道德并不是非理性的产物，而是感受缺陷的产物；他们无法充分感受那些遭受压制的对象。罗蒂进一步指出，使得人类比其他动物更为道德的是，"我们可以比动物更好地感受彼此"，道德的进步其实是"感觉的进步"；通过"感觉的进步"，可以更好地感受更多跟我们不一样的人。[1] 因此应该放弃那种对普遍理性原则的无望的哲学探索——普遍理性原则号称建构道德信念并说服他人接受真理，而恰恰应该"积聚能量运用感觉与感觉教育"。感觉教育使得各不相同的人相互熟识，而不至于轻易地将相异的人贬为半人类，并可以移情地想象那种"被鄙视、被压制"的滋味[2]。因为道德上的说服最终关乎感受的"修辞性运用"，而不是"寻求有效性的论证"，因此，罗蒂的乌托邦并不是由完美的理性心灵控制的世界，而是一个"全球化的文明，在其中爱是唯一的律法"。[3] 罗蒂既倡导猛烈的转变性力量，又倡导敏感的移情性感受，由此表现出强硬态度与温柔态度的熔铸；詹姆斯

---

1 Richard Rorty, *Truth and Progress*, Cambridge: Cambridge University Press, 1998, pp.176, 181；下文简称 TP。
2 TP, pp.176, 179.
3 Richard Rorty, *Philosophy as Cultural Politics*, Cambridge: Cambridge University Press, 2007, p.53; Richard Rorty and Gianni Vattimo, *The Future of Religion*, New York: Columbia University Press, 2005, p.40. 罗蒂对感受的强调使得他更为同情身体性思想，既然情感本质是具身化的。他拒绝身体哲学和身体美学，我对此的讨论，见"Pragmatism and Cultural Politics: From Rortian Textualism to Somaesthetics", *New Literary History*, vol.41, no.1, 2010。

也以此来界定基本的实用主义性格,一种感受与力量的熔铸,这包含在"激越感"这一概念中。皮尔斯、詹姆斯和杜威也一样赞美爱之促进道德进步的力量。[1]

实用主义尽管有其强硬、冷血、实际行动的内涵,却又是感受的哲学。感受不仅于行动是必需的,同时也是人之幸福的本质要素:感受不仅包括爱和美的喜悦,也包括其他肯定性的感觉,包括来自健康和认知的喜悦。然而,实用主义有理由坚持行动哲学的自我形象,不仅因为真实的行动于实用主义本质上的改良主义立场颇为关键,而且也是感受之需。这是因为,假若感受并不能在具体行动中获得表达,或者,感觉运动通过同一个循环自动返回到情感状态,那么感受的品质则很可能遭到损坏或腐蚀。[2] 换言之,一种从未显现于行动的激越心情,必将失去其激越的本色。

可见,对于实用主义而言,情感不仅是行动的动力,而且也是信仰和价值的生产者。如前所述,詹姆斯在《心理学原理》中提出,当"信念与当下统治我们意识的情绪相协和的时候",我们就会相信它。[3] 在一篇后来的文章中,他声称:"我们判断某物的价值如何,凭的是这些事物在我们心中唤起的感受……假如我们毫无感觉,假如唯有观念可以取悦我们,那么,我们就会失去一切瞬间的喜欢或不喜欢,也就无法知晓生活中哪些情景或经验比另一些情景或经验更有价值。"[4]

---

[1] CP, vol.6, para.287-317;"What Makes a Life Significant",收入 P, p.287; AE, p.351。.

[2] 詹姆斯坚持这其中的道德维度,反对那种"无度的小说阅读和看戏的习惯",这产生了"真正的魔鬼",比如,"一个俄国贵妇为小说的人物哭泣,而她的车夫却在外头冻死在车座上"。"那些不会演奏也没有一点儿音乐天分的人仅凭理智在听音乐",其产生的放松效果在道德上是可疑的,"他充满了情绪,习惯性地飘过,而不通向任何行动,同时继续保持惰性的感觉条件"。对詹姆斯而言,这个道德问题"导致去音乐会不再受某种情绪的感动,之后也不会以积极方式表达这种情绪"。

[3] PP, p.924.

[4] William James,"On a Certain Blindness in Human Beings",收入 P, p.267。

如同詹姆斯，杜威指出精神生活——信念、知觉、价值和回忆，是由心情和感受颇有意味地塑造的，"经过想象之网的过滤，来适应情绪的吁求"。因此他断言："时间和记忆是真正的艺术家；它们重塑现实，令其更接近心的渴望。"[1] 与"纯粹理性的传统理论"相对立，杜威认为，认知过程是由有机体的需要与感受所塑造的，与"深植于有机体"的"情感、欲望和渴望"紧密相连。杜威承认思想对行动的抑制效应时，也将欲望中包含的情感当作行动的动力，因为行动的各种目标的设定也是出于"情感天性的各种需要"[2]。

甚至皮尔斯，这位最重要的理性主义者或最具逻辑性的经典实用主义哲学家，也坚持感觉的认知意义和实践意义。皮尔斯说道，研究"止于行动，始于情绪"，并"提出三种感觉是逻辑的不可或缺的要求，即对于不确定的共同体的兴趣、对这种兴趣变得高尚的可能性的认识，对知性活动的无限持续的希望"[3]。他大胆辩护感觉主义的核心观念，认为（在进化论的基底上）对"感觉的心做出的自然判断，应该予以最大的尊重"，甚至进而论道，他自己对于"进化出于爱"的理论的强烈的确信"感"多少是对这种理论的偏爱，因为他自己的"充满激情的偏爱"，"或许是表明'感觉的心'的正常判断"。[4]

对于实用主义而言，"心"不仅是泵出血液或促动感受、激发行动的身体器官，也指示情感维度——其对塑造思想和判断是有意义的、生产性的。接下去在论及"心"的美学之前，我要把情感的认知功能的根基追溯到前实用主义美学家、哲学家爱德华兹。最后，再来探索实用主义的情感的、审美的维度如何作用于当代的认知科学，以及受实用主义

---

[1] John Dewey, *Reconstruction in Philosophy*, pp.103-104.
[2] John Dewey, "Affective Thought", 收入 *John Dewey: The Later Works*, vol.2, Carbondale: Southern Illinois University Press, 1988, p.106；下文简称 AT。
[3] CP, vol.2, para.655.
[4] CP, vol.6, para.295.

启发的身体美学如何运用和发展情感的审美鉴赏,旨在通过提高行动和思想来其促进研究。

五

我相信,实用主义之赞赏情感,在极大程度上汲自美国早期的经验和思想:美国宗教"大觉醒"期间的感觉(sentiment)的盛行。爱德华兹正好投身其中。在某种程度上,实用主义坚持情感与美学在认知中的作用,可视作爱德华兹精神原则的移入。皮尔斯召唤"感觉的心",则类似于爱德华兹之热倡"心的感觉"(the sense of the heart)。洛克(John Locke)的启蒙哲学曾令耶鲁大学时期的爱德华兹如痴如醉,继而追寻将加尔文(John Calvin)的神学观点与逻辑理性、经验论证相结合的平衡之道,又试图调和传统神学教条与激情宗教经验的浪潮。这种"大觉醒"期间席卷新英格兰共同体的浪潮,实则部分起因于他自己的强烈倡说。

虽然爱德华兹意识到情绪也会诱发肤浅或欺诈性的宗教形式,但仍认定,"真正的宗教更在于心的各种情感";神圣的人充满了特殊的认知力(既是精神的又是情感的),也即他说的"心的感觉"[1]。他将之描述为"一种感知新形式……优雅运行其中",就像"一种新感觉"(一如"眼睛之看,耳朵之听"),因为它是直接的、瞬即的、经验的。由于其原因是上帝,故焦点是对圣洁事物的神圣美的欣赏;心的感觉是"一种灵性的感觉或圣洁的滋味",一种特殊的感觉、"味"、"对神圣事物的美好、甜蜜的爱"[2]。

---

[1] Jonathan Edwards, *A Treatise Concerning Religious Affections* (1746), edited and abridged by J.Houston as *Religious Affections*, Portland: Multnomah Press, 1984, pp.23, 108;下文简称 R。
[2] R, pp.84, 97, 103.

因此，心的感觉是一种独特的审美感。通过对圣洁之美的欣赏，突显、塑造并启发了真正的灵性领悟。"灵性领悟主要在于心灵对神圣美的感知。区别在于，一边是思辨性心智的单纯的观念性的理解力，一边是心的感觉——心灵不是思辨的而是在经验、感受。"真正的"灵性领悟……并不在于任何新的教义性知识或向心智呈现任何新命题"，而是情感的、经验的，是对神圣的直接感知，"美好与甜蜜的清新滋味"。这一经验具有一种以直接的方式"让心智信服福音真理"的认知力量，同时也通过间接方式除去反对神圣的错误偏见而确认神圣真理的存在，也令心智振奋并令宗教原则昂得更为生动有力。因此，"正是经验让灵魂信服"，尤其是美、和谐、甜蜜的审美效果，在吸引、说服、取悦着心智。

如果心的感觉的审美效果加强灵性认知，那么，其情感能量同样激发行动。爱德华兹明确表示：行动或实践的确信的哲学要求一种本质上是情感的维度，来激发行动、克服反思对行动的典型的抑制作用。爱德华兹写道，"上帝这人性的制作者，不仅给予人类以情感，而且也给予行动以基础……这些情绪是动力，激发我们在生活和事业中活力四射"，并将这种洞见运用于宗教实践。正如"（宗教）实践的动力更多地存在于宗教情感之中"，因此"除非情感改变，宗教性质才会变化"，所以"应该尽其所能地刺激情感"，只要它们是真正的宗教情感而不是错误或肤浅的情绪化。[1]但是，假如纯正的宗教实践（正如纯正的宗教理解）依赖于纯正的宗教情感，那么，这种真正的宗教情感也反过来依赖于实践。

爱德华兹显然预示了詹姆斯将实践的经验成果当作真理的认知标准，近似于基督"教导我们判断人的真诚性"的标准："凭着他们的果

1　R, pp.9–10, 26.

子，就可以认出他们来"（太 7：16）。换言之，真正的宗教情感的最佳保证，不是通过言辞或"自我检省"，而是"行动"。[1] 因此，爱德华兹认为，"感恩的情感在基督教实践中被修习且结了果子"，故而，实践是"拯救之恩的至高证据"或"对上帝的真正的、拯救性的认识"。[2] 詹姆斯在《宗教经验之种种》[3] 中明确引用爱德华兹这段话。皮尔斯在解释通过实践的果实来做判断时，也同样提及《马太福音》里的这段话。在此我暂不继续探究这一历史影响的复杂性，且转向实用主义如何强调认知的审美维度。

六

在经典实用主义诸哲学家中，最明显地坚持审美考虑在认知中的作用的要数詹姆斯和杜威。我们来回忆一下詹姆斯的"理性的感觉"，它是"一种舒适、平安、放松的强烈感觉"，且"充满生动的慰藉和愉悦"；在美学上，被解释为"逻辑天性的伟大美学需要，即统一的需要和清晰的需要"。[4] 在《心理学原理》中，他重申了审美的多变的、重要的认知作用。分类的基本渴望是逻辑和科学思维的本质，植根于对于秩序和形式的"极大的审美愉快"。在较高层次上，审美在理论选择上扮演了核心的作用。"一个理论，若在令人满意地说明感性经验之余，尚还能提供极大的兴味抑或吸引审美、情绪和行动之需求，它才会被信服。"[5] 如此，詹姆斯认为，"两大审美原则，即丰富与舒适，统治了我们的知

---

[1] R, pp.69, 74.
[2] R, pp.183, 185.
[3] William James, *The Varieties of Religious Experience*, p.20.
[4] 詹姆斯的第一个逻辑需要叫作"舒适原则"，表达了美的秩序是复杂多样基础上的清晰统一，他将之认作逻辑的简约原则。"我们发现一个基础性事实的底部竟是一个嘈杂的事实，这种愉悦，就像是音乐家将一堆混乱的声音变成旋律或和谐的秩序。"
[5] PP, p.940.

性生活与感觉生活"[1]。我们需要的理论是"丰富的、简单的、和谐的",这听起来像是美即杂多的统一的古典定义。詹姆斯认为,"丰富性,要求包纳一个图式中的所有感觉事实;简单性,要求从尽量少的原始实体中推导出它们"。简单性提供了舒适的审美感觉,因为它倾向于让事物更加清晰和"确定",复杂则让有限的注意力和记忆力紧绷。[2]

类似地,杜威认为,在借助"一致性和秩序的关系之产物(如同在艺术结构中)"将世界重造成更加有序之所的过程中,逻辑理性和科学皆受到想象力和欲望在审美上的指引。[3] 如果说,詹姆斯甚至将针锋相对的哲学之间的不同,解释为不同"趣味"或根本上的"审美不协"的表达,那么,杜威同样将哲学描述为"想象力的旅行",其意义"堪与雅典文明、戏剧或抒情诗的意义媲美"。[4]

再回忆一下詹姆斯和杜威如何从审美上解释思维结构。思维过程中对因素的选择和个体化、重要方面、关系组织、联想和思想流中的方向性流动,皆有赖于这些因素、关系、方面、联想和方向是否与当下占主导的、统一的心情或统治这种思维的遍在的统一的特质相协和。杜威认为这种直接的、统一的特质本质上是审美的,他因此断言,一切连贯的思想和经验皆具有基本的审美维度。詹姆斯则认为审美塑造着基本知觉。从大量的摄入感觉中,注意力仅仅选择"那些在实践上或审美上吸引我们的可感特质",那些特质又因此被界定为"事物"及其真正的性质。从一物的各种色彩或形式中,我们以不同知觉感知到对象,其真实的色彩,"其真实的尺寸、真实的形状等——这些只是从其他成千上万的视觉感觉中选择出来的一种,因为其审美特点令我们感到便利或快

1　PP, p.943.
2　PP, pp.943–944.
3　AT, p.107.
4　John Dewey, "Philosophy and Civilization", 收入 *John Dewey: The Later Works*, vol.3, Carbondale: Southern Illinois University Press, 1988, p.5。

乐"[1]。简言之，认知本质上是审美的亦是情感的。如果说，詹姆斯和杜威以进化和有机需要的自然主义解释此事，那么他们无疑与爱德华兹的基本观点不谋而合，也即：通过情感来感知真理的心的感官也是美的感官，而审美快乐控制我们的专注力并携来极大的确信感。

在新实用主义诸哲学家中，罗蒂最明显地宣称"（他）著作中的审美张力"，甚至以明显的审美性术语描述他的哲学方法，比如，他的方法不是话语性论证，本质上是以新的语汇、隐喻、叙述进行修辞性的重描，故在审美上更具说服力、更动人，或使相反的观点（描述、概念和语汇）黯然失色。"为了顺从我自己的原则，我不打算证明我为何想替换那些语汇。相反，我打算让我偏爱的语汇变得更加动人，展示它如何描绘种种主题。"[2]

七

20世纪五六十年代认知科学这门交叉学科勃兴之际，实用主义哲学显得毫无吸引力。首先，实用主义正处于严重的衰落期，分析哲学的崛起夺去了它的光芒，且被妖魔化为模糊不清或欠缺科学性。其二，认知科学关注的是形式逻辑或计算模式和采集信息过程。这些皆脱离真实世界的社会语境与人类的活生生的身体，后者恰恰是艺术智识的表现对象。相反，实用主义倾向于认为，一切知识和意义本质上是语境的、具身化的、社会的。第三，实用主义被完全等同于一种基于行为、实践或行动的哲学，而非基于内在精神呈现的观念。这源于实用主义明确持有强调调查的经验主义立场，认为可察的材料和实验高于形式推论。行为、实践、行动以及观察的优先性，或许使得实用主义看起来像是无视

---

[1] PP, pp.274, 934.
[2] CIS, p.9.

精神生命与内在呈现的行为主义的天然同盟。正因为 20 世纪中期的认知科学十分关注内在精神的呈现，积极挑战当时占主导的行为主义图式（比如，乔姆斯基 [Noam Chomsky] 对斯金纳 [B. F. Skinner] 的行为主义的批评），实用主义必定显得派不上用场，若不是不合时宜的话。[1]

幸运的是，事情发生了很大的转变。在最近的认知科学中，一种越来越强劲的趋势认为，认知不但是具身化的、主动的，而且内嵌于语境、环境和社会模式；认知超越个人的大脑、具体的身体，延伸至更大的语境，包括认知工具、启示（affordances）、既定意义和知识形式。认知科学的这种 4E——具身的（embodied）、主动的（enactive）、嵌入的（embedded）、延伸的（extended），与各类学者切实发展起来的古典实用主义具有明显的亲合性。在此，我希望提出经典实用主义对认知的理解具有其他两个维度，即认知的情感（affetive）、审美（aesthetic）维度——这于当代认知科学而言或许富有成效，且在身体美学这一实用主义项目中得到发展。假若我们希望将它们更妥帖地整合进认知科学既有的 4E 概念，那不妨将其称作"emotive""esthetic"，如此即成为实用主义关于认知的 6E 之途。

如同认知科学，身体美学是一个跨学科领域。身体美学是对作为感知-感性知觉与创造性自我风格化的处所的身体之使用与经验的批评性、改良主义的研究。身体美学因此包含建构并发展身体经验的诸多原则。身体美学同样认识到情感根本的具身性，因此格外关注情感在身体经验、表达和实践中的作用，以期使用更高认知力去改善精神生活和行为。身体美学认为，如果情感有利于塑造行为，包括获取知识的行为，那么，更好地觉知情感也有助于更好地理解行为，反过来也可改善行为和知识。要义在于，情感本质上是具身性的，因此经过增强和教化

1　Noam Chomsky, "A Review of B. F. Skinner's Verbal Behavior", *Language*, vol.35, 1959, pp.26–58.

的身体意识（更好地意识到身体感觉）可以更明确地侦察到一些较难注意到的感受（哪怕身陷其中）。同样，假如我们拥有成熟的本体知觉（proprioception），那么就可以意识到自己的身体姿势和肌肉的紧绷感表达了态度和微妙的紧张感；否则，我们就不会注意到或希望从对方眼中掩盖起来。

如果经改进的身体感受力有助于增强情感知识，那么，它也改善由情绪塑造的行为本身。经过身体感知训练的个体会从自己的急促呼吸中意识到自己的紧张，继而回过神来，把其当下的呼吸模式转变为更加平缓的风格；平缓的风格既表达平静也引出平静。结果或许是有力的行动或是更为明智的思想和言语。同样，掌握身体意识让一个人解除不喜的姿势，从而纠正其传达的不喜效果，并因此避免这种情感易生的不喜行为。由于情感和行动如此紧密相连，就可以通过改变行动来调整情感，甚至这种行为改变本身也要求某种情感的刺激来激发它——比如，为了摆脱当下主导的情绪而唱一支欢快的歌。情感与行为之间相互的因果关联并不是一种不好的循环，因为情感意识不是铁板一块的，身体的敏感性可以帮助我们意识到感受之流或欲望因素——它们位于当下情感焦点或主导情绪之外，却可以改变心情，假如我们把关注和行动的焦点移向当下更为边缘的方面。

除了认为美学源自感觉或知觉的观念之外，身体美学如何涉及一个更为独特的审美维度，即经验、认知和行为的完善呢？一个高贵的方式是，使用我们对美、和谐、优雅和愉悦的审美感知，去评估运动的性质及通过运动而获得的行动的功效。动力学上有效的运动是好的——优雅、统一、轻易与和谐，而不是生涩、用力、不连续。当运动是顺畅的、流动的、敏捷的，那么，我们就有一种轻逸优雅的感觉；而当我们非常笨拙地完成一项运动时，就会感到浊重。静观舞蹈、花样滑冰、潜水和其他体育运动的部分快乐，在于我们移情地体验到了（显然是通过镜像神经元网络）表演这些优雅动作中包含的本体知觉快感。

具有较高身体意识的人们在知觉其运动之优雅与笨拙上更为敏锐与微妙。即使在看起来优雅的运动弧度中，都会以本体知觉观察到在流畅运动中有哪些环节由于抽筋、犹豫、颤抖或勉强（或重重的呼吸，或屏息）而略有瑕疵。一旦观察到这些有些笨拙的环节，我们就会更为有效地使这些粗糙的边缘变得平滑，从而使这些运动更为美观或强劲。而且，成熟的身体意识使我们能够尝试完成同一动作的各种方式（比如，用身体的各部分做不同的轻微姿势或开始一种运动，比如，为碰到一个物体，先是移动骨盆而不是伸开手臂），然后就能知道哪种方式最佳。

虽然身体美学的强大动力是我个人的经历和费登奎斯（Moshe Feldenkrais）的身体教育者或治疗师的专业训练，实用主义哲学（以及哲学是一种人生的具身化艺术的观念）却是其理论发展的重要资源。甚至身体美学之倡导真正的身体训练，也深获经典实用主义传统的激励，因为三位实用主义先贤似乎都确认了身体教化（包括提高身体意识的原则）对于哲学实践的重要性，虽然确认的方式不尽相同。

杜威为身体美学提供了第一个实用主义的支持；他最公开、全面地提倡以批评性的、反思性的严格的身体意识训练来提高身体知觉。他在亚历山大（F. M. Alexander）身体疗愈技术的广泛修习中学会欣赏其意义。跟亚历山大一样，杜威认为，身体感知训练对于克服坏习惯与"衰退的动觉系统"是必要的；"衰退的动觉系统"让我们真实的身体"感受基调"的记录产生缺陷，反思的身体意识则为实际生活中成功的行为和真正的自由提供需要的"意识控制的艺术"。[1]

虽然詹姆斯非常明确地反对实际生活中身体感受的反思性注意力，但其在心理研究中却是一位身体反思的强烈倡导者和实践者，确认情

---

[1] 见 F. M. Alexander, *Man's Supreme Inheritance*, New York: Dutton, 1918, p.22 以及 Dewey's Introduction, p.xvii。

绪、思想流、自我感、时间和空间的构形性身体维度。虽然"一切种类的观察"是如此"棘手易错",詹姆斯却以其素有的夸张说道,在研究精神生活中,"内省性观察是我们必须首当其冲地并且永远依赖的对象"[1]。在反对那些质疑身体的有效存在的批评家而为身体在精神生活的作用做出辩护时,詹姆斯指出这些批评家正是未能充分意识到或缺乏足够的反思能力去意识到这些感受;因此认知科学研究者必须"锐化内省"来改善身体意识的敏锐度,记录并汇总这些内省式观测。[2]

作为第一位在实验心理学新科学中发表文章的美国人,皮尔斯强烈批评这种内省方法。这种内省方法被认为是通过"对意识活动的直接观测"而反思性地分析了我们的"直接感受",而皮尔斯恰恰认为,这是不可能的"痴心妄想",原因正在于"直接意识"的直接呈现不可能是记录或分析的真正对象,它们总是必然被语言中介并在时间之中。[3]但是,假若内省其实是对于直接过去(或詹姆斯所说"虚空的现在")的经过中介了的反思呢?为此,皮尔斯论道,这种对于"从后续反思的角度来思考那些当下之事"的内省式自我探究,虽然常显"虚空",却又常常是许多心理学问题中的"唯一证人",因此,在许多心理学问题上,我们必须"完全仰赖"于它,与此同时从客观实验中四处寻找"一些二手的辅助"。[4]如同詹姆斯,皮尔斯认为,为了锐化这种内省式的认知研究的能力,我们必须提高观察感受的敏锐度。在讨论审美特质、联想感受,包括快感和痛苦的各种感受的语境中,皮尔斯推荐一种区分和锐化我们的感受知觉的系统性训练,实与身体美学训练声气相通:"我经历过一门系统性辨识感受的训练课程。我对之曾兢兢业业持之以恒。我愿

---

[1] PP, pp.185, 191.
[2] PP, pp.357, 360–362, 1070.
[3] CP, vol.1, para.310; vol.7, para.376, para.465.
[4] CP, vol.7, para.420, para.584; vol.1, para.579–580.

意将此训练荐给诸位。艺术家倒是受此训练，但是他们多半复制其所见所闻（这于每一门艺术皆是复杂的行当），不过是形式略有不同而已；然而我只是努力去看见我之所见。"[1]

如果说，身体美学倡导通过培育身体意识技能来增进对精神生命之理解，并显然在经典实用主义中寻得支持，那么，它是否可以富有成效地运用到认知科学的当代研究中呢？我不打算对这个复杂的问题做出全面回答，仅在此结尾处做出简略的说明。首先，认知科学不应该仅仅只是宽容而且也应该接纳科学研究中的"第一人称"内省性的见证，身体美学可以强化这些见证。幸运的是，把"关于行为的第三人称数据与关于主观经验者的第一人称数据"进行整合的兴趣正在日益增长，对于不同的和第一人称方法论的探索亦同样在增长。[2] 但是既然第一人称见证的价值依赖于准确度和清晰度，那么，我们就必须探索如何通过发展自我观察的高级技能让这些见证更加精确。比如说，F. 瓦拉雷（Francisco Varela）及其学生从胡塞尔（Edmund Husserl）和梅洛-庞蒂的现象学传统中提出"神经现象学"。身体美学却是建立在具身化的实用主义传统之上的；与梅洛-庞蒂（他反对对身体感觉进行反思性关注，因为它干扰自发行为的流动性）相反，身体美学认为，发展自我观察技巧（并因此发展行为中的自我运用）的关键是身体意识的高级机能的培养。对于知觉、行动和思想中的身体感受的敏锐感知，不仅包括强烈的感受，也包括普通的（通常未被注意到）与感知、运动相伴随的感受，包括处理

---

1 CP, vol.5, para.12. 关于皮尔斯的身体训练，详见本书第五章《C.S. 皮尔斯的美学与身体美学》。关于杜威与詹姆斯关于身体训练和内省的更为详细的讨论，详见 *Body Consciousness*, ch.5, 6。关于詹姆斯对认识的审美维度的讨论，详见本书第六章《威廉·詹姆斯的实用主义美学》。

2 David Chalmers, "How Can We Construct a Science of Consciousness?", 收入 *The Cognitive Neurosciences III*, ed., M.Gazzaniga, MIT Press, 2004; F. J. Varela et al., *The Embodied Mind*, Cambridge: MIT Press, 1991; M.Oevergaard et al., "An Integration of First-Person Methodologies in Cognitive Science", *Journal of Consciousness Studies*, vol.15, 2008, pp.100-120。

姿势、张力、呼吸、身体温度、能量水平等的微妙的本体知觉感受。而且，身体美学在实践工作坊中运用了多种技能来培养这种身体意识的技能。虽然今天的实验技能比皮尔斯、詹姆斯、杜威培养身体自我观察技能的年代更为高级、广阔，但依然还有许多问题因技术上过于棘手而无法由当下可及的技能和工具来解决，故须依靠对于意识的第一人称的内省性说明。

其次，身体美学在身体意识方面的训练之于认知科学的用途，不仅在于准备更好的经验主体去提供更为准确的第一人称（亲身）经验。它也可以为研究者提供更新的工具和洞见，去设计和解释实验——其运用身体意识去探索与精神生命和行动方式相关的问题。

最后，如果我们在广义上超越单纯的实验科学的意义上理解科学的话，那么，身体美学意识的高级（高超）技能和反思性的身体美学分析，可以让我们进一步丰富地认识到认知如何在日常生活、真实情境之中起作用（包括感觉器官实践和情感经验）。在这些情境中，精神生命往往与非常有限的经验、思考、欲望和行动的领域不同，在后者，我们可以发现控制之下的实验室经验。这种不同是富有意味的，而且更值得理解。认知科学的实用主义方法理应与这种真实情境的认知过程相关联，因为这种真实生活的情境涉及各种经验和实践——这正是改良主义的实用主义意在通过更好的理解而去改善的。身体美学反过来也可提高这种认识。

第三章
实用主义的具身化哲学：从直接经验到身体美学

就我的理解和实践而言，实用主义本质上是一种具身化哲学。在今天的学术话语中，具身化堪称时尚流行语，具身化的哲学观念也并非不常见，但仍然含糊不清。在最低限度上，它是指一种非-反-身体的哲学（不同于各式各样的哲学唯理论），它郑重地承认身体是人类经验和知识的维度，值得积极的哲学探索，而不是将其贬低为认知错误和道德罪行的基本来源。但具身化哲学还有更强一层的含义，即身体为哲学建构提供了主要视野或至少是原则上的定位，梅洛-庞蒂的现象学堪称具身化哲学的最佳范例。

具身化哲学还可进一步意指哲学家在人生现实实践中将哲学具身化，而不限于理论阐述（比如书写、阅读和研讨这些话语形式）；哲学家通过生活方式表达自家的哲学，言行举止即是范例与传达。中国儒家哲学亦明确此论，它相信哲学家（或统治者）的审美性的自我风格化实是自我教化与教导的重要维度。孔子有一回跟弟子说，他要像"天"那样"无言"，以身作则，行无言之教。在西方传统中，苏格拉底的典范式的生死也可理解为第三种意义上的哲学具身化，可谓具身化哲学的最好注脚。古代希腊罗马思想家也频繁倡导此论，区别对待活在自己哲学之中的真正哲学家与只从事哲学写作的哲学家，嘲笑后者是"语法学家"。[1] 这一观念亦在美国大实用主义哲学家梭罗的《瓦尔登湖》中回荡,他写道:"现今满地哲学教授,却不见哲学家。既然从前的哲学生活是可敬的,如今授教哲学也仍勉强可敬罢。"[2]

在詹姆斯和杜威之道的意义上,实用主义本质上包含这三层含义。但基于实用主义并非铁板一块的传统,我也会提及一些具有影响力却并不关注具身化(虽说并非与之相抵牾)的实用主义观点。我在此将对身体的实用主义路径做一简要梳理,在考察三位经典实用主义的奠基者皮尔斯、詹姆斯和杜威之后,还会提及对美国社会学影响深远的 G. H. 米德(George Herbert Mead)。接下去论及罗蒂的富有影响的新实用主义如何极大地削弱了身体的角色;他试图从语言分析哲学角度批判性地改造经典实用主义,语言分析哲学曾使得20世纪中期美国的实用主义黯然失色。接着我会阐明实用主义美学在20世纪晚期的发展如何导向对身体重要性的重申,这不仅体现在艺术和流行文化的领域,而且也体现在心灵哲学、认知哲学和教育哲学领域,这最终引向身体美学——一个跨学科的研究领域,对此本章结尾处也略做描述。

一、经典实用主义:批评笛卡尔主义,论身体的中心性

我在第一章解释过,引入经典实用主义的有效方式或许是将它与规定现代哲学主流的野心勃勃的笛卡尔认识论相比较。笛卡尔主义认为,心灵是完全有意识的、自我透明的媒介,因此信念和知识向意识明晰地呈现;实用主义则持相反观点,认为精神生活很大程度上位于意识层次

---

[1] 详见 Richard Shusterman, *Practicing Philosophy: Pragmatism and the Philosophical Life*, London: Routldege, 1997(另参中译本《哲学实践:实用主义和哲学生活》,彭锋译,北京:北京大学出版社,2002 年——译者注);本书第十章《实用主义与东亚哲学》。

[2] Henry David Thoreau, *Walden*, 收入 *Walden and Other Writings*, ed., Brooks Atkinson, New York: Modern Library, 2000, p.14。

之下，但又通过整体习惯的引领而生产性地作用于这一隐秘层次。实用主义并不认为信念的功能和目标在于明确的知识，认为其重要的功能恰恰是引导行动的实践性意图；行动才是生命这一具身化的人类有机体必需的具身化事件。在此应该提及达尔文对实用主义思想产生过重要的、公认的影响，其也无疑激励实用主义去拒绝笛卡尔的激进的分裂身心的本体论。实用主义反对笛卡尔式的关于绝对确定性和不容置疑的知识的探索，认为在这个受可能性统治的多变的、偶然的世界中，可靠的信念足以引导行动；于多变的世界中拥有绝对的、永恒的、不容置疑的知识是一种不合理的理想。实用主义反对那种通过在方式法论上质疑一切信念直至被证明其确定性的笛卡尔策略。皮尔斯认为这种怀疑不仅是错误的、造作的，而且本质上也是无用的分神，反而干扰我们去解决那些真正的、有意义的问题。实用主义反对那种要求将信念建立在概念上明晰的、话语性的观念之上的笛卡尔式的诉求，认为非话语性的直接经验和模糊性也具有认知意义。最后，实用主义反对笛卡尔式的认识论方法，即将真理标准建基于个体心灵的批评意识中的观念之明晰，坚称真理和知识本质上是依赖于主体间性的、协作性的研究和交流。这就是为何实用主义坚持共同体对于认知探索和科学进步的重要意义。

　　皮尔斯，这位公认的实用主义奠基者（虽然使得实用主义大行其道的是他的年轻友人、时或也是赞助人的詹姆斯[1]）在1868年的一篇文章中罗列了其中一些批评性观点。他认识到，人类智识的建立是基于我们生存所需的自然机制，是进化（包括社会的和科学的进化过程）的产物，而且，这种变化还会继续，最终"另一种更聪明的种族会取代我们"[2]。不

1　名为"Some Consequences of Four Incapacities"的文章最先出现在 *Journal of Speculative Philosophy*，重印于 *The Collected Papers of Charles Saunders Peirce*, 8 vols., Cambridge: Harvard University Press, 1931–1958。

2　C. S. Peirce, "An Essay toward Improving our Reasoning in Security and in Uberty"，未完成手稿 收入 *The Essential Peirce*, eds., Nathan Hauser et al., vol.2, Bloomington: Indiana University Press, 1998, p.466。

过,比起詹姆斯和杜威来,皮尔斯的哲学理论谈论身体甚少,但是当他谈及第一性的直接经验及其对怀疑的懊恼的情感特质时(参见本书第二章),其实已暗含对身体的强调。虽然坚持认为人的"本质是精神"而不是身体[1],并认为意识大体染上了身体经验的色彩,我们生活在这个尘世,"当肉体的意识在死亡中消逝,我们会立即感到我们曾一直拥有一种生动的精神意识",但我们却从未恰当地意识到[2]。在本书接下来的第五章,我还会联系美学、身体美学以及知觉、意识的培育来详细研究皮尔斯的理论。

虽然詹姆斯在零星的哲学表述中,似也希望非肉体的个体意识在人死后继续存在,但他辉煌的心理学著作和激进的经验主义,却将身体置于世上一切生命经验的中心,置于思想和感受的中心。他说,"身体是风暴中心,是坐标的源头,(我们)经验流中持续接受压力的位置所在",他解释道:"这个被经验的世界,总是以身体为中心,身体是视觉的中心、行动的中心、兴趣的中心。"[3] 为了生存,"每个人必须……对他依赖的身体感兴趣……因此,自己的身体和服务身体需求的一切,是自我中心式的兴趣出于本能的原始对象。其他事物则会由于跟身体的关联,衍生为兴趣对象"[4]。

詹姆斯孜孜不倦地研究身体,先是作为一名投入的画家,尔后是作为一名医学院的学生和解剖学、生理学的老师(先是当讲师教生理心理学,之后受聘于哈佛大学哲学系,尽管他没有受过正式的哲学训练),就他研究自己的慢性身体疾病和身心病痛而言,身体研究更是贯穿了他

---

[1] CP, vol.7, para.584.
[2] CP, vol.7, para.577.
[3] 见 William James, "The Experience of Activity", 收入 *Essays in Radical Empiricism*, Cambridge: Harvard University Press, 1976, p.86; 下文简称 RE。文章首次发表在 1905 年的 *Psychological Review* 上。
[4] William James, *The Principles of Psychology*, 1890, Cambridge: Harvard University Press, 1983, p.308.

的成年生活。[1] 在开创性的《心理学原理》中，他用身体知识解释了精神概念的基本身体维度。詹姆斯更因为情绪的身体性解释而著名：不仅"情绪的一般原因……无疑是生理的"，而且，情绪本身就是从生理刺激中获得的感受。我们发现某事令人兴奋，"紧跟着对令人兴奋的事实的察觉之后，身体变化尾随而来……对这些变化的感受就是情绪；……我们感到难过，是因为我们哭；我们感到愤怒，是因为我们敲击；我们感到害怕，是因为我们颤抖。而不是像看起来的那样，因为我们难过、愤怒、害怕，所以哭、敲击、颤抖。若无伴随这些知觉出现的身体状态，后者只能是单纯的形式认识，苍白无色，缺乏情感的温度"[2]。

詹姆斯不仅将身体感受当作情绪的基础，而且也当它是思想的基础。"我们思想；当我们思想时，我们感受到身体本身就是思想的基座。如果这种思想属于我们，那么它必定整个儿地充满了我们自身特有的温暖和亲密性，因而才成为我们的思想"，这种"温暖和亲密性"来自"一直存在的那个旧身体"。[3] 詹姆斯认为，感受同一具身体的隐秘记忆，会"在一切我们成功意识到的事物之间建立起纽带"，通过它与"经验的客观核心，即他的身体"之间的关联，组织、整合经验的复杂体；他隐隐地感觉到身体就是"一个连续的知觉物"[4]。身体感受建构了思想和意识的整体，也同样暗写了我们的自我和连续的自我身份的概念："我们总是感觉到自己整个儿身体的体块，这给予我们一种无穷无尽的个人存在感"[5]，"对席卷一切的身体的存在的统一的'温暖'感"将过去和现在的自我整合了起来，"并赋予某种普遍的统一"，纵然"这种普遍的统一

---

1 关于这点的详情，见 Richard Shusterman, *Body Consciousness: A Philosophy of Mindfulness and Somaesthetics*, Cambridge: Cambridge University Press, 2008, ch.5（另参中译本《身体意识与身体美学》，程相占译，北京：商务印书馆，2011 年——译者注）。
2 PP, pp.1065-1066.
3 PP, p.235.
4 RE, p.33.
5 PP, p.316.

与同样真实的普遍的差异共存"[1]。詹姆斯认为,这种我们自我感觉中最核心的感受,"是某些身体性过程,因为大部分感受存在于大脑中"或"在大脑和喉咙之间"[2],包括呼吸、压力和眼球的运动,眉毛、下巴和声门的肌肉收缩。

詹姆斯认为唯有一处,心灵独立于身体性运行,那就是意识性的意志。他称之为"纯粹简单的心理或道德事实"。这种意志纵是有力,却也只是一种"注意的努力",因此"独独存在于精神世界"。但是这一论点并不让人信服。尤其是因为注意力本身在詹姆斯意义上,也是调整身体机制去决定感知或思考什么的身体性事件。而且,詹姆斯认识到,意志也通过习惯性的自主行动得到表达;他认为,行动习惯本质上是身体性的,依赖于身体的可塑性,包括其神经系统的可塑性。詹姆斯其实将人类自身界定为"一丛行走的习惯"[3]。

詹姆斯从习惯的重要功能中推导出重要的社会的、心理学的、道德的结论,敦促我们在身体和神经系统尚具弹性、易塑形之时,尽早发展出最好的习惯。他也指出,习惯保持着最完全的社会结构;个体通过社会结构而被塑造,个体的意志行为也在社会结构中发现自身的位置和限度。詹姆斯似乎预示了福柯(Michel Foucault)和布尔迪厄(Pierre Bourdieu)的观点,他说:"习惯因此是社会的巨大飞轮,社会的最珍贵而保守的中介。习惯本身将我们所有人置于秩序的界限之内,也保护幸运的儿童远离穷人嫉恨的暴乱。"[4]

詹姆斯年轻时,慢性疾病阻止他追寻实验科学家生涯,因为持续的实验室工作超过了他的身体承受力。他狂热地探索身体性介入如何提升

---

[1] PP, p.318.
[2] PP, pp.287, 288.
[3] PP, p.130.
[4] PP, p.125.

身心健康，不仅自己阅读、撰写实用性治疗方案，劝勉哲学共同体严肃探索[1]，还拿自己的身体做粗暴的实验。詹姆斯的信件显示他尝试过不计其数的甚至相互冲突的办法：滑冰、紧身胸衣、举重、电击、卧床大休息、各种水疗、暴走、登山、系统性咀嚼、磁疗、催眠、"心灵医治"、放松、脊柱振动、蒸汽吸入、顺势疗法、各种保健体操、大麻、笑气、各种激素注射，等等。

不过，詹姆斯却直到晚年都在批评内省性身体意识方法，即通过内省地关注身体状态和感受来提升自我认识并自我调整，比如，注意肌肉长期过度收缩。虽然詹姆斯在心理学理论著作中俨然一位身体内省大师，但当我们关注的是行动的目标而不是身体媒介的时候，他却认为这种内省对有效的实践有害，因为有效的实践要求的是不假思索的自发性和非反思的习惯。他认为，对身体执行的关注会造成分神。"越少想着脚在哪里，拐杖就用得越好。意识越放松、不用力、眼视远方，就越能更好地投球或抓球，拍或砍。眼睛盯住目标，手会打到它；想着手，你却很可能错过目标。"[2] 詹姆斯还担心（也出于自己的身心疾病经历）身体自我内省会滋长忧郁症、导致抑郁。当下关于抑郁的心理学研究也持有沉思导致抑郁这一观点，但最近关于冥想的积极作用的研究，包括身体性反思和反思多样性，对之构成了有效挑战，因为并不是全部的沉思都是消极的、自我沉溺的。

詹姆斯关于心灵的身体研究戏剧性地使得杜威走出了早年黑格尔式的唯理论，杜威更全心全意地相信，若不认真关注身体维度，精神生命无以得到理解或提升。杜威虽不喜纵情夸张，但还是忍不住赞颂人类的

---

1 詹姆斯在1906年美国哲学学会的演讲中（"The Energies of Men"），敦促哲学家对各种各样的手段（如瑜伽）做长期研究，因为通过那些手段，人类可以进入到那些通常处于休眠状态的"深层能量"，从而可以提升实践的身心能量。见"The Energies of Men"，收入 William James· Writings 1902–1910, ed., Bruce Kuklick, New York: Vintage, 1987。

2 PP, p.1128.

身体乃"浩瀚宇宙中最奇妙的结构"[1]。杜威确信"将身心视作有机整体是必要的",因此,对那种通过从词典编排角度(如"身-心""心-身"这些惯用语)来确认身心同一的传统做法很是不屑。[2] 他提出身心的交互整体也受到有机体与自然、社会环境的交互作用的塑造,而不止是特定身体与心灵之间的交互作用。

不过,这种基础本体论上的身心"纽联"(union)并不意味着令人满意的身心"纽联"总是当然的或现成的。杜威的前瞻的、改良主义的方案并不认为身心统一体是我们可以自鸣得意地仰赖的本体论给定,毋宁说,身心之间动态和谐的活动才是我们欲求的目标。因此,杜威认为,比指示身心统一的新术语更重要的,比反二元论的形而上学理论更紧急的,是"在行动中整合身心"这个重要的实践问题,它是"我们可以向我们的文明提出的最具实践性的问题"。它要求社会性的重构以及个体在实践中努力实现身心统一。[3]

但是,如果形而上学体系把自愿的行动分裂成选定目标的纯精神化行为(由去具身化的自由意志完成)以及继之而来对这一目标的独立的身体性执行,那么,在实践上进行身心整合其实会更难维持。因此,杜威借用了詹姆斯的自然主义,但更具连贯性,亦提供了关于身心的更为统一的视角。杜威挑战詹姆斯认为自我是外在于自然因果条件反应的领域的观点,同时也拒绝认为意志只是与其效果和表达的身体条件无关的纯精神事件。杜威并未将意志与显然自觉的、反思性的决定这种特殊时刻相关联,而是与其底下的塑造这些自觉决定与行为的习惯(包括思想习惯)相关联。"习惯是对某些类别的活动的要求……它

---

1 *John Dewey: The Middle Works*, vol.11, Carbondale: Southern Illinois University Press, 1982, p.351. 接下来有关杜威的参考文献皆来自他的选集 *The Early, Middle,* and *Later Works*;下文简称 EW, MW 及 LW。

2 LW, vol.1, p.217; LW, vol.3, p.27.

3 LW, vol.3, pp.29-30.

们是意志","习性"的"推进性的力量""较之那些模糊的、一般的、自觉的选择,更是我们自身亲密的、根本性的部分"。对杜威(如同对詹姆斯)而言,习惯因此"造就自我……它们形成有力的渴望,赋予我们行动的能力。它们决定着思想是越来越明显强烈,还是从鲜明变得模糊"。[1]

然而,杜威认为,如果意志由习惯造就,习惯又总是吸纳环境的特点,那么,意志就不可能是完全自足的、纯精神的事件。意志不可能是抽象的意愿或渴望某种结果的完全去具身化的行为(哪怕我们可以说意愿或渴望是去具身化的),因为它要求在行动的环境语境中整合身体手段。想去(而不仅仅是希望)走路,在某种程度上意味着运用身体运动的习惯与手段,做出一些身体上的努力去收缩拉伸肌肉,哪怕我们被剥夺了对双腿的习惯性运用。

杜威也通过回避另一种非连贯性,改进了詹姆斯的身体实用主义。詹姆斯虽然在心理学理论中极大地运用身体反思(比杜威更为具体细致),但因为坚决倡导不受抑制的自发性、习惯和纯意志,他拒绝了实践生活中的反思。杜威却明智地确认,理论和实践两者均存在反思。他的灵感来自身体教育家、治疗师亚历山大。杜威不顾朋友和同事的质疑,在著作中频繁地引用、不知疲倦地倡导亚历山大的观点和实践。杜威非常清楚,他之受惠于亚历山大,不仅在于增进健康、改善自我使用并延年益寿,更在于为他的理论观念的"结构性形式"提供了充实其中的具体"实质"。"我的身心理论,即在抑制和控制外在行为的过程中协调自我的积极因素和观念的作用,需要借助 F. M. 亚历山大以及他的胞弟 A. R. 亚历山大,把我的理论转化为现实。"[2]

---

[1] MW, vol.14, pp.21–22.
[2] Jane Dewey, "Biography of John Dewey",收入 *The Philosophy of John Dewey*, eds., P.A.Schilpp and L. Hahn, LaSalle, IL: Open Court, 1989, p.23。

杜威赞扬亚历山大最为清晰地解释了习惯和身体手段在有效意志中的不可或缺的、不可回避的作用，而且也解释了习惯的相反力量也一样会挫败愿望和意图，因为坏习惯误导并摧毁意志。举个例子说，一个玩高尔夫球的人有一个坏习惯，总是在摆动球棒时抬头，即使在他并不想抬头甚至试图低头看球的时候。这样一个玩高尔夫球的人也许没有意识到，他摆动球棒时实际上是抬着头的。亚历山大认为，有了这种最糟糕的习惯，我们就不能认识到身体运动出了错，因为我们并没有真正意识到我们正在做什么。因此，分析和控制身体意识的系统性方法，对增进自我认识和自我使用是必要的：觉察、定位、抑制那些不需要的习惯，发现最好的完成所意愿的行动或态度的必要的身体姿势，并最终通过"意识控制"去管理这一行动，直到最终确立更好的（即更有效的、可控的）习惯，完成所意愿的行动。[1]

杜威让人想起亚历山大的豪言壮语，即系统性的身体反思对于"提升人的结构性成长和快乐"是必要的，因为它于提升自我使用最为根本，而自我使用又于我们使用其他工具最为根本。"没有人会否认，我们自己作为起因（agency），参与任何我们尝试过、做过的事情……但是，最难留意到的却是与我们自身最切近、最稳定、最熟悉的事物。这种最近的常项，正是我们自己、自己的习惯和行事的方式"，通过主要的工具或起因——身-心——行事的方式。理解和重新确定其运行方式要求自我反思的"感觉意识"和控制。现代科学已然发展出各式各样影响环境的有力工具。但是，"这一所有工具中最重要的工具，换言之，我们自己的心理-身体的性情，我们的一切起因和能量之运用的基本条

---

[1] 见 F. M. Alexander, *Man's Supreme Inheritance*, 2nd edition, New York: Dutton, 1918, pp.57–72, 89, 189。这是亚历山大的第一本书。他在第三本书中对自我检省和自我纠正过程做了最好的描述，*The Use of the Self*, New York: Dutton, 1932。他的第二本书是 *Conscious Constructive Control of the Individual*, New York: Dutton, 1923。这三本书，杜威都写了简短的序言。

件"也同样需要被"当作核心工具性来研究"。[1] 杜威在为亚历山大的《自我的使用》写的导言中说道,如若没有"自我使用的控制","我们从身体能量中得到的控制力……是极危险的",身体的自我反思于聪敏的、明智的自我使用是必要的。[2]

若说反思性的身体意识有利于理解和纠正习惯并因此提升自我使用,那么,抑制也同样是重要的工具,因为我们需要抑制有问题的习惯,从而对之进行更好的分析和转化。不然,这些根深蒂固的习惯将会继续在非反思的行为当中得到强化,并因此继续统治我们。那种被我们非批判地认作自发行动的自由,事实上止是受习惯链的奴役并阻挠我们进行别的行动,或以别的方式(更好的或不同的)运用身体来完成同样的活动。杜威认为,在亚历山大之后,真正的意志自由包括摆脱非反思性的习惯,并自觉运用自己的身体行己之所欲。这种自由不是天赋,而是一种习得的技能,包括掌控抑制性的控制力和积极行动。正如杜威所言,"因此真正的自发性不是天生的能力,而是最后一事、最终的征服、一门艺术、一门意识控制的艺术",这种艺术涉及"抑制习惯行为的无条件的必然性,艰苦卓绝地不去'做'习惯性行为暗示你去做的事"。[3]

詹姆斯-杜威式的具身化倾向在 G. H. 米德的富有影响的社会理论中继续。米德强调身体语言或"姿势对话"在社会交流、对自我和他人的感觉的发展中的重要作用。[4] 但是 20 世纪中期,舶自英国和欧陆、以语言的推理性和逻辑为哲学基本材料的分析哲学大行其道,令实用主义鲜明的美国性一时黯然。

1　MW, vol.14, pp.314–315.
2　LW, vol.6, p.318.
3　MW, vol.11, pp.351–352; LW,vol.6, p.318.
4　G.II.Mead, *Mind, Self, and Society*, Chicago: University of Chicago Press, 1967, pp.14, 63, 253 254.

二、新实用主义：语境主义与具身化经验

当实用主义在 20 世纪 80 年代由分析哲学出身的哲学家罗蒂复兴，身体却并未随之复兴。这是因为罗蒂的新实用主义试图远离非话语性，认为它对于哲学思考和运用而言是不具操作性的、危险的，罗蒂由此拒绝了经验概念（尤其是非话语性的直接经验）。经验概念却是皮尔斯、詹姆斯和杜威的核心概念。作为《语言转向》这一颇具影响力的分析哲学论文集的编辑，罗蒂认为，任何有关直接经验的谈论都会将哲学家卷入"给定神话"（myth of the given），诉诸那种纯粹的、直接给予的东西（无需阐释或语言学上的赋形），并当作对知觉上的信念的绝对确证。他认为，经验只是介于纯因果的物质领域与推论理性的逻辑领域之间的一个无用的、令人困惑的、模糊的现象学上的污点。罗蒂提出，"是时候除掉这个中间人了，这个介于环境的影响与我们对环境的语言学反应之间的经验"。身体恰恰看似从属于那个晦暗的非语言领域。[1]

虽然非话语性的意识（如温度、活在世上的亲密感）似乎构成了詹姆斯关于个体身份观点的核心，罗蒂却将其从自我中驱逐出去。相反，罗蒂认为自我是语境化的，不啻是语言学的网络或叙述的综合体，他接着令人不快地得出关于人性的本质主义观点：人性是完全的语言学的。对罗蒂而言，人类的自我最重要的是语言："人类无非是词汇的肉身化"；它就是"使我们成为我们的词语"。如此，他赞美尼采"以自家语汇描述自家面目……进行自我创造，通过建构自己的心灵而创造了自身

---

[1] 见 *The Linguistic Turn*: *Recent Essays in Philosophical Method*, ed., Richard Rorty, Chicago: University of Chicago Press, 1979; Richard Rorty, *Philosophy and the Mirror of Nature*, Princeton: Princeton University Press, 1979; "Dewey's Metaphysics", 重印于 Richard Rorty, *Consequences of Pragmatism*, Minneapolis: University of Minnesota Press, 1984; "Dewey Between Hegel and Darwin", 重印于 Richard Rorty, *Truth and Progress*: *Philosophical Papers*, vol.3, Cambridge: Cambridge University Press, 1998。引文来自 Richard Rorty, "Afterword: Intellectual Historians and Pragmatism", 收入 *A Pragmatist's Progress*? ed., John Pettegrew, Lanham Md.: Rowman & Littlefield, 2000, p.209。

第一篇　实用主义的原则：身体、情感与行动　　　　　　　　　　　　61

唯一重要的部分"。创造一个人的心灵，就是创造一个人的语言。因为人类"无非是命题的态度（sentential attitudes），无非是那些用历史-建构的词汇表达句子的态度的存在或缺席"。[1] 如此，罗蒂虽也赞颂审美生活，但到底还是拒绝了杜威的艺术即经验的观点，而关注文学语言及其出于自我创造的想象性使用。在新实用主义文学理论中，S. 费什（Stanley Fish）从语言的遍在性出发，采用了类似阐释学普遍主义的路线，提出阐释是其中唯一的游戏，因为一切理解必然是话语性和阐释性的。[2]

不过，自从 20 世纪 90 年代之后，身体作为一个有意义的议题在实用主义思想中重新浮现。跟罗蒂一样，我本人也是分析哲学出身，通过罗蒂的启发进入实用主义。我发展出一种实用主义，涵括了本章开头勾勒的多种不同意义上的具身化，并最终发展成跨学科的身体美学。在《实用主义美学》中，我批判性地重构了杜威的艺术即经验的观念。[3] 我认为，杜威用来界定艺术的直接经验的概念及其审美性质，无法提供在标准逻辑意义上的关于艺术的好的界定，因为它无法提供一个可以完全囊括艺术传统外延的公式，即指派所有且只有那些可以被经典化为艺术作品的对象。当然，直接经验概念和非话语性性质提醒我们，艺术的价值在于其创作、欣赏的完全具身化的经验，而不仅在于学院批评和鉴赏的话语性形式。而且，生动的、具身化的经验不会被还原为语言学术语，从这个角度理解艺术，帮助我们意识到某些大众艺术的艺术维度和审美性质，尤其是流行音乐，其吸引力在于快乐地、运动地投入这具活跃的身体，但不必牺牲心灵和认知的兴趣。

1　CIS, pp.27, 88, 117.
2　Stanley Fish, *Is There a Text in this Class: The Authority of Interpretive Communities*, Cambridge: Harvard University Press, 1980, p.355.
3　Richard Shusterman, *Pragmatist Aesthetics: Living Beauty, Rethinking Art*, Oxford: Blackwell, 1992; 2nd edition, New York: Rowman and Littlefield, 2000（另参中译本《实用主义美学》，彭锋译，北京：商务印书馆，2002 年——译者注）。

《实用主义美学》通过对早期嘻哈文化（20 世纪 80 年代和 90 年代前期）的详细研究对此做出论证，其中展示了强烈的、各式各样的具身化：霹雳舞的剧烈运动，涂鸦的身体灵巧性和冒险性，嘻哈文化的特别的、主题化的服装风格和姿势，以及说唱音乐的反复声称——"这是为剧烈的舞蹈而作！""与距离化的、旁观的形式主义传统相反，说唱歌手鼓励的是一种深度的、具身化的参与性运动，无论是内容还是形式。他们希望观众欣赏之际也一样地跳起激情而热烈的舞蹈，而不是纹丝不动地沉思与不动声色地研究。"比如，拉提法（Queen Latifah）总要求她的观众："我要你们为我跳舞！"因为，正如 Ice-T（"冰茶"）所言，"只有当参与跳舞的人们汗流浃背浑身湿透"，"忘乎所以"，疯狂地被节奏所"席卷"，说唱歌手才会心满意足，这位投入的说唱歌手自身也卷入其中，以其天生的节奏感撼动他的观众。这种神圣的却又有身体参与的美学，跟柏拉图关于诗歌及其鉴赏的谈论惊人地相似：一条神圣疯狂的锁链，一条从神圣的缪斯经由艺术家、表演者再抵达观众的锁链。不过尽管这一"俘获"如此神圣，也依然被令人遗憾地批评为非理性的、低于真正知识的。更有意义是，神圣的身体卷入的精神性迷狂令我们想起伏都教（Vodun）和非洲的宗教形而上学。其实，非裔美国人的音乐美学正可追溯至此。[1]

　　理性化和世俗化的现代性计划可以走多远呢？是什么在冒犯着现代性的理性的、去具身化、形式化的美学？也难怪主流现代主义美学总是如此敌视说唱音乐，甚至在它 20 世纪 90 年代堕落成商业主义和绑匪意识形态之前。不过在某些说唱音乐中（尤其是所谓的"知识说唱"），这些身体维度与综合复杂的意义，与哲学的、社会的和政治的意蕴相结合。其中一个就是实在的时间性的、可塑的性质（表现在早期说唱的时间标签及其流行的术语"谁知时间为何物"）的实用主义的形而上学观。

---

[1] 见 Richard Shusterman, *Pragmatist Aesthetics: Living Beauty, Rethinking Art*, Oxford: Blackwell, 1992, p.214。

从实用主义意蕴及方向看,身体维度也具一定的伦理社会政治意义:身体的教育力量,身体的滥用——当作政治控制和社会压制的隐秘工具,自我教化和改善意识之用,受到主流社会力量的塑造和控制的历史写作和感知真相的方式(正如何为合法艺术与文化)。除了说唱歌词的特定含义之外,歌词与说唱音乐的充满能量的节奏、强劲的舞蹈之融合也具重要的元-含义:身体运动并非与思想不相容,身心之间并无本质的二分,身-心通过音乐、舞蹈以非话语性的方式领会事物。

通过身体直接地、非话语性地理解事物,也运用于生活的其他领域。理解的这一基础层次是"在解释之下"(beneath interpretation)的,因为我们是通过自动过程直接地理解它的,而不是通过一系列解释行为来达到理解。事实上,正是这种基础的理解,定位并引导着任何一种试图加深或纠正初始理解的理解。虽然初始理解也经过了先在的社会化、训练或习惯的调和,它们到底还是被经验为直接之物,无须被解释或从中推出意义。它们包含了经过中介的直接性。这种直接经验也可发生在语言层面。

从身体在制作和欣赏艺术中的功能出发,我把身体维度整合进生活艺术的自我风格化的伦理课题,并提出身体的伦理功能。詹姆斯说过,实用主义是"一些旧思想的新名词",我从实用主义角度将哲学的古代观念重释为生活的具身化之道,同时借用福柯的西方古代研究并吸纳东亚哲学,尤其是儒家、禅宗。[1] 行动,包括伦理行动,总是通过身体手段来完成;性格不仅反映在行动之中,同时亦反映在行动的风格之中。于伦理,不仅内在意图要紧,外化表达和外观也不可偏废。故此,儒家强调真正的德行也当不失恰切的风度或面容。

---

[1] 见 Richard Shusterman, *Practicing Philosophy*; and "Pragmatism and East-Asian Thought"。此处詹姆斯引文实为他 1907 年著作的副标题,William James, *Pragmatism: A New Name for Some Old Ways of Thinking*, New York: Longmans, Green, 1907。

三、结论

基于这些察见，身体美学认为，身体的教化对于哲学生活而言是有意义的，因为它服务于哲学的诸核心目标，如认知、自我认识、正确的行动、追寻幸福或善的生活，以及正义。

1. 知识大体上建基于感性知觉，而感性知觉却未必可靠，因此哲学总是批评感官。但是这种批评本质上限于对构造标准认识论的感官命题判断的话语性分析与批评。相反，既然感官从属于身体并受身体制约，身体美学提供的补足之道就在于通过提升身体而纠正感官的实际活动。

2. 如果哲学的核心目标是自我认识，那么，认识身体维度必定不可忽视。身体美学不仅关心身体的外在形式或表现，而且也关心身体的活生生的经验，其旨在提升对感受的觉知，从而更好地觉察我们转瞬即逝的情绪和持久的态度。所以，身体意识活动可以揭示并改善身体的功能性障碍；这些功能性障碍往往不被察觉，即便损害健康、伤害行动。我们极少注意到呼吸，但是它的节奏和深度恰恰是情绪状态的迅疾而可靠的证明。因此，当我们无法意识到自己的感受并因此受其误导时，觉察呼吸可以帮助我们意识到自己是愤怒的还是焦虑的。

3. 哲学的第三个核心目标是正确的行动，这要求知识和有效的意志。既然唯有借助身体才能行动，那么，意志力（愿意去行动的能力）也就依赖于身体的功效。通过拓展和改善身体经验，可以更好地把握意志如何工作，更好地掌握身体在行为中的具体运用。如果无法让身体去执行，对正确行动的认识和渴望就不会实现；连最简单的身体任务都无法完成，这背后是我们对这种无能的令人震惊的无视。这些失败正是身体意识缺失的结果。

再回到那个打高尔夫球的人。他试着用全部力气保持头下垂，眼睛看着球，还坚信自己正在这么做，即使他实际上非常遗憾地无法完成。他的自觉意志是不成功的，那是因为那种根深蒂固的身体习惯统治着他。他甚至没法注意到这种失败，因为他的习惯性感知是如此地不充分、扭曲，误以为他想要的动作已经按意志完成。很多时候，我们就像这个打高尔夫球的人。如果缺乏让意志变得有效的身体感受力，"强烈"的意志是无能的。

4. 如果说，哲学关心追寻幸福与更好的生活，那么，身体美学视身体为快感的位置与媒介，这显然值得哲学上的注意。对我们人类而言，甚至纯粹思想的愉悦也是具身化的，因此通过提升身体知觉和身体训练，愉悦则可强化或更为生动。

5. 既然身体是铭刻社会权力的可塑处所，那么身体美学就可以致力于政治哲学对于公正的兴趣。复杂的政治等级是怎样不诉诸彰然的律法而维持下去的？身体美学或可提供一种理解方式。整个统治意识形态可以通过符码化为身体标准，得到隐蔽的实现与保存；如同身体习惯，这种身体标准因为总被视作当然而逃脱了批评意识。

身体美学运用多元论的实用主义原则以及理论与实践的整合，不仅有利于改善身体理解力，而且也可以改善身体的践行、自我的使用和人际交流。[1] 身体美学可以被简明地界定为对我们如何经验并使用活生生的身体——感性鉴赏和创造性的自我风格化的处所——的批评性研究和改良主义的教化，因而与构造或改善身体关怀的知识、话语、实践和身体规训相联系。身体（soma）指的是一个活生生的、感受的、感觉的、有意图的身体，而不是毫无生命和感觉的物理的身体，身体美学的"审美性"具有强调身体的知觉作用（其具身化的意向性与传统的身心二元论相对立）和审美使用的双重作用；审美使用包括将自我和自身的环境风格化，但也指对他人他物的审美特质的欣赏。在美学上，它旨在克服那

1　见 Richard Shusterman, *Performing Live: Aesthetic Alternatives for the Ends of Art*, Ithaca: Cornell University Press, 2000; *Body Consciousness: A Philosophy of Mindfulness and Somaesthetics*。

种曾统治着从沙夫茨伯里（Shaftesbury）、康德（Immanual Kant）、叔本华（Arthur Schopenhauer）到现在西方美学理论的对功能性、具身化和欲望的拒斥，尽管事实上，身体和欲望在西方艺术和文学甚至宗教形式中从来显要。不过，身体美学的疆域远远超出美学，并实际上超越了纯哲学。

身体美学有三个基本分支，涉及多方面、多学科。分析的身体美学探讨的是身体知觉、实践及其在知识和现实结构中的功能的多种形式。除了与身心问题和意识、行动中的身体因素的作用相关联的心灵哲学、本体论和认识论中的传统主题之外，分析的身体美学也包括由波伏娃（Simone de Beauvoir）、福柯和布尔迪厄开创的谱系学、社会学和文化分析，展示身体如何受到权力的塑造并被当作维持权力的工具——健康、技能和美的身体形式，甚至性和性别范畴，如何经过建构而反映、维持社会权力。

实用的身体美学，是关注身体改善方法及其比较性批评的更具规范性的分支。在历史上，有过不计其数的改善我们身体经验和使用的良方，可以分为整体性方法和关注身体表面某一部分的原子论方法。身体实践也可分为针对实践者本人和针对别人。按摩治疗师或外科医生治疗他人，太极拳或健身则为自己。自我导向和他人导向的身体实践的区别很难泾渭分明，因为许多实践本身其实包含两者。比如，化妆同时作用于自己和他人；性爱术用自己和伴侣的身体，但兼顾自己和伴侣的快感。而且，如同自我导向的训练（比如进食或健身）往往受到取悦他人的欲望的驱使，即便是他人导向的实践（如按摩）也拥有导向自身的快乐。

应该进一步指出，改善对自身身体反应的意识，也可改善一个人在社会和政治语境中指向他人的行为。譬如，诸多种族敌视并不是逻辑思想的产物，而是一种深层的偏见。这铭刻于身体之中，是一种模糊的不舒服的感受，并根深蒂固地根植于外在意识水平底下。因此，这些偏见和感受抵抗来自话语上的宽容的纠偏；人们在理性层面接受这种宽容，却无法改变体内五脏六腑对这种偏见的执着。我们经常否认，之所以会有这种偏见是因为我们并未意识到我们感觉到了它。那么，控制或清除的第一步便是发展身体知觉去辨别。尽管情况如此复杂（其部分植根于自我和他人之间的相互依存），区分自我导向和他人导向之间的身体训练依然有利于抵抗某种通常的假定，即认为关注身体意味着自我从社会的撤退。

身体训练可以进一步分为朝向外表还是朝向内在经验。表象性身体美学（如化妆）关心的是身体的表面形式，经验性的训练（如瑜伽）意在提升两种模糊状态上的感觉：使身体经验的品质更加称人心意，使知觉更加敏锐。《身体意识与身体美学》一书主要关注经验性的身体美学，针对当代文化沉溺于外在身体美标准的各种炫目的表象，指出提升身体意识的方式和用途，不失为对此现象进行批判性地分析与抵制的手段。这种外在身体美的标准压抑性地激发了不足感，促使我们无望地追求这些标准，不断消费。

表象性和经验性的身体美学之间的区分是其中主要的趋势之一。身体实践一般具有表象性和经验性两个方面，因为表象和经验之间、外在和内在之间具有基本的补足关系。我们看起来如何，影响我们如何感受，反之亦然。像饮食或健身这样的实践，虽其初衷是追求表象上的目的，却经常产生内在感受，从而寻求自身的经验性因由。同样，内在体验的身体训练也经常使用表象线索（诸如在冥想中关注身体部分），像健身这样的表象性训练也运用经验性线索来达到外表形式的预期目标，即利用经过批评性训练的意识来区分肌肉的痛苦和指示伤害的痛苦。

除了分析的和实用的分支之外，实践的身体美学还包括严格的、反思的、身体的实践，旨在身体的自我改善（无论是表象性、经验性或实践性）。这一维度不仅在话语层面上谈论身体训练，而且包括系统性的实践。这在有关具身化的学术方法中却常遭忽视，但于实践和理论上的"身体美学"而言却极重要。因此，身体美学的教导还运用了实践工作坊而不仅仅是文本交流。

罗蒂从两个方面批评了身体美学。首先，他将身体美学纳入传统审美理论；传统审美理论旨在分离出一种纯粹的审美本质，来界定一切审美事物的审美本质，并将它与其他事物相分离。罗蒂怀疑，我们是否"需要一种身体的美学"，因为我们"根本不需要审美理论或审美项目"。他随即又拿出这种反本质主义理由为他的怀疑主义作辩护。"我们总是一方面想把绘画、文学、音乐、性、观鸟相联系，一方面又把所有这些与科学、道德、政治和宗教相分离，这有多大意义呢。"[1] 但是，那种传统本质主义意义上的"作为一种研究领域的'美学'"（罗蒂称之为"康德的另外一个不好的观念"），跟身体美学并无多大关系。实际上，身体美学与那种界定、分离出纯审美领域的尝试相去甚远。身体美学是跨学科的事业，源自身体的概念——活生生的、感受的、感觉的、有目的的身体，暗指身体与心灵的本质性联结。身体美学研究的是我们如何使用身体进行知觉、实践和自我风格化，生理学和社会如何塑造、控制身体的使用，以及如何改善或提供更好的身体意识和功能化形式，参与科学、道德、艺术、宗教、历史和其他学科。身体美学的目标不是提供本质主义的哲学定义，而是引入并运用所知的（或可知的）多种东西，如具身化的感觉（aesthesis）和行动、社会意义上扭曲的根深蒂固的身体标准以及实践的身体训练；我们从而可以利用这些知识并运用到实践中去，充实生活、拓展人类认知和经验边界。

罗蒂对身体美学的第二个批评是，它无法对非话语性的身体经验进行理论化或谈论。"谈论事物是我们能做的事情之一"，罗蒂坚持认为，"感官快乐的经验性时刻却是另外一回事"，在话语和非话语性经验之间绝无有意义的关联，值得理论性关注或系统性介入。"这两者无法在辩证的关系中立足，也无法进入彼此的道路或在一个课题或理论中综合。"[2] 但是很

---

[1] Richard Rorty, "Response to Richard Shusterman", 收入 *Richard Rorty: Critical Dialogues*, eds., Matthew Festenstein and Simon Thompson, Cambridge: Polity Press, p.156；下文简称 RRS。
[2] RRS, p.156.

显然，许多领域本质上依赖于话语和非话语性经验之间有意义的关联。比如，在音乐中，就看似存在着有意的、有效的联结。举个例子，一边是对一个乐曲的阐释性批评、关于音乐和表演理论的重要方面的评论、对表演的具体的话语性介绍，另一边是非话语性的运动、表演者或观众体验到的非话语性的音乐愉悦。身体训练本质上是通过体系性的项目、方法、理论进行构造，把话语和非话语联系起来的。身体美学试图说明，在形成习惯和掌握技巧的过程中，如何把话语性和非话语性结合起来。[1]

其他理论家也在利用身体美学发展对具身化的见解并将其运用到不同领域中去，包括从教育、艺术、产品设计、人机互协、性别研究、健康和锻炼科学，到社会政治理论、伦理和流行文化研究，以及哲学的多个领域。来看一些主要的例子。马丁·杰伊（Martin Jay）用这个概念探讨了当代艺术和政治理论之间的关联。在《身体美学和民主：杜威和当代身体艺术》一文中，将身体美学等同于我的流行说唱音乐的研究，提出身体美学和政治的有效批评案例可见于挑衅性并往往令人不快的当代身体艺术领域——一种凸显艺术家自己的身体行为艺术，通常是激进的、令人困扰的经验或变形。杰伊的敏锐分析表明，身体美学并不只是杜威说的有机整体和健康的圆满，也可解释那些狂乱、颓唐和厌恶的艺术表现；正是它们构造了当代视觉艺术的颇有意味的部分，也构造着普通的"生活世界"知觉。[2]

---

[1] 比如，见 Practicing Philosophy, ch.6 以及 Body Consciousness, ch.2–6.

[2] Martin Jay, "Somaesthetics and Democracy: Dewey and Contemporary Body Art"，收入 Refractions of Violence, New York: Routledge, 2003, pp.163–176。关于其他艺术，如舞蹈，参见 Peter J. Arnold, "Somaesthetics, Education, and the Art of Dance", The Journal of Aesthetic Education, vol.39, 2005, pp.48–64; Bryan Turner, "Introduction—Bodily Performance: On Aura and Reproducibility", Body and Society, vol.11, no.4, 2005, pp.1–17。运用于戏剧，Eric Mullis, "Performative Somaesthetics: Principles and Scope", Journal of Aesthetic Education, vol.40, no.4, 2006, pp.104–117。音乐方面的一个专辑，参见 Action, Criticism, and Theory for Music Education, vol.9, no.1, 2010，也参见法国身体美学文集 Penser en Corps: Soma-esthétique, art et philosophie, ed., Barbara Formis, Paris: L'Harmattan, 2009。

在《交互的身体美学：尼采、女人与身体经验的转变》一章中，实用主义女性主义哲学家 S. 沙利文（Shannon Sullivan）不是利用身体美学去表达艺术世界问题，而讨论如何通过"用正确方法提升生命经验"的身体美学方法，来转变现实世界[1]。通过批评性解读尼采论身体意义的惊世骇俗的观点，沙利文探讨了尼采如何错误地忽视了那种具有典型女性特质的身体美学实践。而且，在辩护典型的女性身体实践的意义时，她也通过亚历山大技法考察身体美学实践中对话、指示和他人导向的重要作用，从而驳斥那种常见的偏见，即认为在身体上下功夫是自私的行为。政治理论家 C. 海耶斯（Cressida Heyes）也将身体美学与女性主义理论相联系，在她的《自我转化》一书中专辟《常规化身体的身体美学》一章，以身体美学为模本，说明如何从政治上抵抗那种征服男人和女人的"身体常规化"。[2] 身体美学的革命性的实用主义方法，可见于 J. J. 阿伯拉姆（Jerold J. Abrams）。他探讨了"身体美学如何更充分地拓展到未来"的后人类主义，身体美学需要如何面对基因工程、机器人、纳米技术和神经植入技术，因为所有这些都在改变我们的传统感知、身心经验与实践的范围。[3]

---

[1] Shannon Sullivan, *Living Across and Through Skins*: *Transactional Bodies, Pragmatism, and Feminism*, Bloomington: Indiana University Press, 2001, p.112.

[2] Cressida Heyes, *Self-Transformations*: *Foucault, Ethics, and Normalized Bodies*, Oxford: Oxford University Press, 2007, ch.5, 引自 p.124。

[3] Jerold J. Abrams, "Pragmatism, Artificial Intelligence, and Posthuman Bioethics: Shusterman, Rorty, Foucault", *Human Studies*, vol.27, 2004, pp.241-258. 身体美学在人机互动与设计上的一些应用，见 Titti Kallio, "Why We Choose the More Attractive Looking Objects-Somatic Markers and Somaesthetics in User Experience", DPPI, 2003, pp.142-143; Youn-kyung Lim, Erik Stolterman, Heekyoung Jung, and Justin Donaldson, "Interaction Gestalt and the Design of Aesthetic Interactions", *Proceedings of the 2007 conference on Designing pleasurable products and interfaces*, New York: Association for Computing Machinery, pp.239-254; Thecla Schiphorst, "soft(n): Toward a Somaesthetics of Touch", CHI 2009 Proceedings and Extended Abstracts, pp.2427-2438。

第二篇

实用主义美学：谱系与批评

第四章
爱默生：实用主义美学之根

最大的恩惠未必总是彰显于外。

——T. S. 艾略特

实用主义的可错论及改良主义原则宽宥我们犯下的错误，但更鞭策我们去纠偏。此处所及，则是实用主义美学忽视爱默生之根。这一谬误是由杜威百年后[1]在《艺术即经验》中铸成。我本人也是这一谬误的受害者及肇事者，我以为原因在于以下三个因素：尊崇杜威的哲学原创性和道德整一性；（与之相反）未将爱默生奉为哲学家；杜威自己竟不曾宣称爱默生是他美学理论的重要影响源。

后者尤其令人吃惊，既然杜威在别处似乎很乐意提起爱默生。远在倡说自己的美学理论之前，杜威就援引过爱默生著名的论"大写的艺术"（Art）一文，当作一种权威结论来拒斥鲍桑葵（Bernard Bosanquet）的一个重要美学观念。[2]十年后，他又欣然奉爱默生为"民主哲学

---
1 爱默生分别于 1836、1841 年发表《自然》（Nature）和《艺术》（Art），距杜威出版《艺术即经验》（1934）近百年。
2 见 John Dewey, "Review of *A History of Aesthetic* by Bernard Bosanquet", *Philosophical Review*, vol.2, 1893, pp.63-69, 重印于 *John Dewey: The Early Works*, vol.4, Carbondale: Southern Illinois University Press, 1971, pp.189-197。

家"[1]（1903）。但是当我们翻开《经验与自然》（1925）中关于美学的最初表述时，竟未发现爱默生的名字。在他最重要的《艺术即经验》中，也只是对爱默生迷狂的自然体验提了一笔，却只字未及爱默生的艺术和美的理论。[2]

杜威具有令人赞叹的无私品格，绝无许多作家那种对原创性沾沾自喜、居功自傲的痼疾。[3] 他在《艺术即经验》"序言"中遗憾未能充分胪列自己受惠的全部作者，颇有一些"尴尬"。但他倒是盛赞收藏家朋友兼赞助人 A. C. 巴恩斯（Albert C. Barnes），称他是"形成（他的）哲学美学的重要因子"，书中更反复征引，甚至还在扉页题词献给他。然而，细察此书会发现爱默生的构造性影响却是昭然若揭。

去认识"杜威式"实用主义美学的先在构造，并非贬低杜威的贡献，而是试图清本正源，把握实用主义的范围和谱系，也可进一步理解杜威。[4] 接下来，我将揭示杜威美学的八个论题中（我在《实用主义美学》中做过详细分析[5]），爱默生的身影分明可见。

1. 杜威的美学是自然主义、活力论。虽说艺术可以被恰当地描述为精神性，但实用主义却坚持艺术深植于自然世界、基本欲望、需求，以及与世界相交互的人类有机体的欲望。杜威在《艺术即经验》言

---

[1] MW, vol.3.
[2] AE, p.35.
[3] 然而，当克罗齐（Bendetto Croce）说，杜威的美学未充分言明意大利美学尤其克罗齐美学的影响时，他还是有些不寻常的暴躁。见杜威对克罗齐的回应，"A Comment on the Foregoing Criticisms", *The Journal of Aesthetics and Art Criticism*, vol.6, 1948, pp.207-209, 重印于 LW, p.15。
[4] 至于实用主义美学，我认为还有另外一位杜威之前的先驱，其影响值得更多的关注。他就是哈佛毕业的非裔美国实用主义哲学家 A. 洛克（Alain Locke），著有《新黑人》(*The New Negro*, 1925)。洛克是哈雷姆文艺复兴的理论精神，在杜威建构其审美理论期间，他正好在与杜威的"美学顾问"巴恩斯合作。我在"Pragmatist Aesthetics: Roots and Radicalism"一文中讨论过洛克的影响。该文载于 *The Critical Pragmatism of Alain Locke*, ed., Leonard Harris, Savage, MD: Rowman and Littlefield, 1998。
[5] Richard Shusterman, *Pragmatist Aesthetics: Living Beauty, Rethinking Art*, Oxford: Blackwell, 1992, ch.1.

道,"每一种艺术和艺术品之下,是……活的生物与其环境的关系的基本形式";因此,"最广阔最深刻的意义上的自然主义,是伟大艺术的必需"。[1] 杜威的自然主义通常被认为是源自达尔文,但其自然-审美关联的观点却显然来自爱默生。爱默生曾将"艺术"定义为"透过人这个蒸馏器(而蒸馏出来)的自然"。[2] 爱默生赞美大自然为艺术和语言提供了华美的形式和有用的符号,由此预示了杜威的观点:艺术的形式和节奏源自于自然环境,比如哥特式的尖顶源自森林的参天树形。[3]

杜威的美学自然主义,或者说他整个美学的首要目的,是撑起艺术与生活之间的联结。他认定"审美经验与生活普通进程之间的连续性"[4],并提出艺术的目的"是用统一性的生命活力服务于人之整体"[5]。于杜威和爱默生而言,艺术既有利于增进生活,又可表达生命中的喜悦与洋溢生机。爱默生因此认为,艺术卷入人的"整个能量"、全然侍奉"生活的运行",理应让人"振奋不已"。[6]

并不是为艺术而艺术,而是为更好的生存,最高的艺术实是"生活的艺术"。爱默生故说道,"没有哪尊雕像比得上活生生的人",他抱怨那些盲目崇拜艺术的死对象的审美家,"将生活斥为散文,却创造出一种称作诗的死"。爱默生认为,"大写的艺术(Art)拥有比一般艺术更高的功能","它的最终目标无非是创造人、创造自然"。[7] 杜威就是引了这最后两行来结束他对鲍桑葵美学的评论[8]。杜威自己批评艺术隔离于生活,

---

1　AE, pp.155-156.
2　见 Ralph Waldo Emerson, "Nature", 收入 *Ralph Waldo Emerson*, ed., Richard Poirier, New York: Oxford University Press, 1990, p.12。本章接下去的爱默生引文皆来自此集。
3　p.120.
4　AE, p.16.
5　AE, p.122.
6　pp.192, 194.
7　pp.192, 193, 223, 227.
8　EW, vol.4, p.197.

批评精英主义拜物教崇拜晦涩的博物馆藏品，而损害普通的活生生的经验，这其中不难见到爱默生的因子。

2. 艺术侍奉生活，意味着拒绝传统的审美／实践的对立，拒绝从无功利静观的非工具性来界定艺术。杜威的实用主义美学认定艺术具有多样的功能性，纵使承认其内在经验的愉悦。"审美艺术满足多种功能……它服侍生活，而不是去规定一种确定的、有限的生活方式。"[1] 爱默生同样要求艺术服侍生活，"实用与道德"不可偏废。他反对用艺术的理想来逃脱生活的烦琐实务。"分裂美与功能，是自然律所不能允许的"，其结果就是衰颓的审美主义。爱默生谆谆告诫："美必须返回到有用的艺术，美的艺术和实用艺术之间的区别必须被抛弃。如果历史是诚实的，如果人生是高贵的，那么，这两者就不应该割裂开。"[2]

爱默生的敦促明显启发了杜威的批评，即标准的实用艺术与美的艺术的两分法不过是不体面的社会经济状况导致的卑微生活的人工产物。"实用艺术和美的艺术之间的隔离以及最终的尖锐对立的历史是工业发展的历史。在此过程中，许多产品成为被拖延了的生活形式的代替品，许多消费也就是投放在别人劳动成果之上的满足感。"[3]

3. 爱默生体会到艺术深层次的功能和活泼欢乐的直接经验，故赞扬艺术高于科学。"科学错在没有诗性"，它分析性地割裂事物，用乏味的推论性知识命题把现实变得千篇一律。"诗人则给予我们凸显的经验——神祇般地从一个山巅跨向另一个山巅"，"诗是'快乐的科学'……诗人比逻辑学家还像逻辑学家"，诗人"为我们挣脱锁链，允诺新的场景"，同时教育我们"有序且有德"。[4]

1　AE, p.140.
2　pp.193, 194.
3　AE, p.34.
4　pp.211, 433, 455-456, 469.

虽然杜威深识科学献给文明的礼物，但仍追随爱默生赋予艺术以优先权。因感知、情感、意义、思想之丰富融合，艺术以一种更有意义、更生动、更令人直接愉悦的方式，更加充分地卷入人的整体这个生命有机体。艺术不仅解释经验，而且自身也构造出一种极有意义的经验。杜威因此宣称，"艺术这活动，充满了那种可以直接快乐地占取的意义，是自然的顶峰，而'科学'不过是将自然事件引向这件快事的女仆"[1]。艺术提供天然的快感而充实生命，艺术启人灵思的新奇观念超越了科学描述性真理和道德传统规则，令生活生辉。艺术"对理想的想象性呈现……教会我们去感知那些超出事实证据的意图"。"艺术的预言之道不在于图表和统计，而是暗示规则戒律之外的可能的人类关系。"[2]

4. 虽然杜威认为艺术高于科学，但也追随爱默生而强调其间的连续性。虽然说，经以恰当的实践，两种学科皆可以是创造性的、象征的、交流的、形式的表达，皆源自生活经验并重构生活经验，而且也都要求智力、技能和专业知识来增进经验；科学可以是想象性的并提供某种审美经验，艺术也可以提供真理和知识。但是比这种艺术-科学连续性的具体例证更重要的是连续性原则本身，这正是爱默生和杜威的美学的主导逻辑。

我在《实用主义美学》中检查过这种连续性逻辑，借助的是杜威试图架接的许多成问题的二元论，这包括：艺术／生活，美的／实用的艺术，高雅／通俗艺术，空间／时间艺术，审美／实践和认知，艺术家／普通人，身体／心灵，物质／理念，思想／感受，形式／实质，工具／目的，自我／世界，主体／客体，人／自然，艺术／自然。杜威抨击这种区分，因为它歪曲了我们对更广大的人类经验整体的视界，从而导致经验和实践中超出现实所需（或理应）的细化。这种分裂性的区分让思

---

[1] AE, pp.33, 90 91.

[2] AE, pp.350, 352.

想僵硬，变成了由预定范畴与界线构成的固定常规，尔后又典型地终结于"分门别类"，这遮蔽了分裂领域中的底基性整体和其间富有成效的关系。生命整体分裂成相互对立的"体制化的部门"，被"划分成高和低……世俗和精神，物质和理念"。[1] 通过将经验尖锐地划分成对立的范畴，经验支离破碎了，人的诸机能在理应共同协作而成为统一整体的时候，却在相互分裂、对抗。

爱默生《美国学者》一书中著名的分裂畸形人的形象，颇有意味地预示了对人类天性的不健康的体制化划分的反抗。社会的专业分割已将整体的人变成分裂的怪物——身体感知麻木的学者、数钞员、四肢发达而头脑空空的人，而不是思考的、参与的、行动的"人"。但是爱默生认为，这种分裂可以借着连续性逻辑得到克服。"美的天才"的任务正是成为"两种互不关联的事实之间的调停者"，"从而将分裂的两股拧成完整的一股绳"。[2] 爱默生确认人类诸机能本质上是统一的，故怀疑我们是否可以正当地"在任何一种分裂的情况下谈论心灵的诸行动，比如分别谈论心灵的知识、伦理、行动，等等"[3]。心灵的丰富生活应该被当作有机整体，如同身心统一的生命是有机整体一样。[4] 爱默生确信，这种连续性的逻辑和总体性调和不只是技术性的启发，而是一种"思想的自我指向，在它的一切对象中寻找相似、亲密、同一的冲动"[5]。

5. 当代理论中最流行的二元论当属自然和文化之间或自然和历史之间的二元论。爱默生和杜威确信艺术深植于自然节奏而倡导美学自然主

---

1 AE, pp.26–27, 257.

2 p.89.

3 p.176.

4 正如爱默生指出，"生活不是辩证法。生活的知性品尝不应该盖过肌肉的活动"（p.221）。关于实用主义生活艺术的具身化维度，见 Richard Shusterman, *Practicing Philosophy: Pragmatism and the Philosophical Life*, New York: Routledge, 1997, ch.6; "Somaesthetics and the Body/Media Issue", *Body and Society*, vol.3, 1997. pp.33–49。

5 p.441.

义，那么，他们是在否认艺术本质上也是被历史塑造、转变的文化产品吗？根本不是。两位思想家拒绝这种建构这一推论的所谓二元论。他们意识到自然有其历史，文化和人类历史是在位于自然之中并通过自然起作用的。他们视自然为流变，否认任何不顾历史变化的事实或概念的固定性。他们也否认自然／文化和自然／历史的二分法，既从历史解释艺术也从文化历史解释艺术，并表明，艺术的内容和艺术的概念皆随历史变化。

杜威从博物馆在现代国家主义、帝国主义和资本主义中的演变，指出"分离性的美的艺术概念的历史理由"[1]，爱默生则老早追溯过文化的演化，从古希腊美的审美统一性及使用到现代艺术的非功能性的唯美主义——后者不将艺术与实用生活断开，而将之与"回忆"和"死亡"相连。"漫长的历史足可以见证旧的时代和各门艺术的消失。雕塑艺术……就其起源而言是一门有用的艺术"，是与市民生活和宗教生活相统一的艺术，到了现在却变成人工的"琐物，如同玩具和剧院的装饰品"。[2]

爱默生的历史主义不仅认识到艺术随时代变迁，而且相信优秀艺术不仅表现时代，也必定表现那种充盈着当下的活生生的往昔。他转而又发现"艺术家必定使用时代和民族的符号……艺术之新总脱胎于旧"，因此，传统比个人才华更能让艺术作品熠熠生辉。"任何珍贵的原创性皆存在于与别人的相似性之中……最高的天才总最受传统的恩泽。"[3]

艺术的原创性建立在历史基础之上，这一原则亦在杜威的文中回

---

[1] AE, pp.14-15.

[2] AE, pp.192-193.

[3] pp.187, 329. 爱默生论及的原创性的悖论不止此。另一个是，原创性天才的秘密就是成为他自己，虽然这个自我并不是现存的，而是要去实现的东西，一种"生成"的东西。关于爱默生及其他人有关原创性的详细讨论，见 Richard Shusterman, *Performing Live: Aesthetic Alternatives for the Ends of Art*, Ithaca: Cornell University Press, 2000, ch.10, "Genius and the Paradox of self-styling"。

荡:"当往昔尚未融入,结果就难免显得怪异。伟大的原创性艺术家终将传统携入自身。从不躲避,而是消化传统。"[1] 杜威以莎士比亚为例,恰好爱默生在论及原创性和天才时也借了莎翁。[2]

爱默生的历史主义赞美新颖性和传统,这意味着,历史应该汲取——但不是泥古。因为历史总是在变动,艺术必须响应处于不断变动之中的新历史。"期待天才重现过去艺术的奇迹,是枉然;在新的日常物事中,在田野和路边,在商店和工厂,寻找美和神圣性,却是艺术的本能……巨大的机械作品(工厂、铁路和机器)中自私的甚至残忍的一面,难道不是因为这些作品顺从了那种唯利是图的冲动?"[3] 杜威倡导将今天的技术吸收进艺术和美学的更广阔、更创新性的视野,明显追随了爱默生的这一逻辑。如果说工业艺术如此缺乏美感,那是因为它们受制于"满足个人利润的生产经济体制……这并不是说,机器生产本身是(审美快感的)不可逾越的障碍"[4]。

6. 历史主义意味着变化,但实用主义美学不仅坚持变化而且坚持改善。始终如一的改良主义也是杜威从爱默生那里习得的另一个议题。美学的目标不应该是单纯的形式定义或抽象的艺术真理。它的主要目标是完善艺术和增进艺术鉴赏。反过来,艺术的目标不是生产更好的"为艺术而艺术"的艺术作品,而是增进生活。在此重述杜威引过并沉迷过的爱默生的诫令:"大写的艺术拥有比一般艺术更高的功能……它的最终目标无非是创造人、创造自然。"[5] 这种创造性的改良主义的重塑是一项永无止境的任务。"人的智慧,"爱默生写道,"就是要知道,一切目标都只是一时的,最好的目标也会被再次超越。"他的价值观是"持续地把

1　AE, p.163.
2　p.329.
3　p.194.
4　AE, pp.345-346.
5　p.192.

自我提升到自我之上，在最后的高度上再高一筹"。[1]

杜威跟爱默生一样持有流动本体论，世界是"流动易变的"，无"任何恒定之物"，唯"变化的旋转之流"而已[2]，他也接受爱默生的完美主义，永不厌倦地推进、追求更高的目标，不断精进。杜威拒绝认为任何特定的目标是最终或充分的，认为"成长本身才是目标"[3]，这意味着发展新的追寻目标。[4] 如果说，艺术和生活的完美是审美理论的目标，那么这种理论不可能是中性观察的无功利的操练。它必定包拢强烈的评价性和倡导性的契机，就此我们发现这更频繁地出现在爱默生和杜威的美学中，而不是在艺术的分析哲学之中；艺术的分析哲学的目标，多是集中于艺术的概念和批评的描述性、非评价性的一般真理。

7. 爱默生和杜威所倡导的改良主义的另一重要领域乃是艺术的民主化，旨在拓展艺术的观念来容纳来自各种阶层、种族和生活方式的人们的经验与表达。实用主义美学的一些核心议题可以归聚到这一点上。把艺术更加丰满地整合进生活的自然主义目标，要求将更多的社会阶层和文化维度整合进艺术的生产和接受的范围。认为艺术理应反映新的现实的历史主义观念意味着，文化民主化的历史趋势（受媒介和教育的推动）也理应表现在艺术的概念上。当艺术可以服务于越来越多的人，尤其是那些需要之人，艺术的功能性也就越来越明显了。改良主义和连续性议题推动艺术的民主概念，以期在阶层等级和经济不公引起的社会分化中起到桥梁作用。

爱默生因为他的艺术民主观，对"丑陋的价值"的热情的审美倡导而著名。他声称，与其渴望"希腊艺术或普罗旺斯游吟诗人"，不如

---

1 pp.90, 168.

2 p.166; AE, p.22.

3 LW, vol.7, 306.

4 从生存的艺术角度来讨论杜威的伦理及其审美维度的完美主义一面，见 *Practicing Philosophy*, pp.23-42, 67-87。

"拥抱日常……赞美并拜倒在熟悉的、低的事物之前"。[1] 这既不是基督徒的慈善之姿，也不是向穷人骄傲地展示"贵人高德"。它是对大众生活巨大生机的感知，是认识到生活来自低的尘世之物，新兴的低阶层展示了蠢蠢欲动的新象以及重生的欣欣能量。于爱默生，生活在生成过程中最为激烈；大众（用今天的术语来讲）是"正在发生的一切"。"穷人的文学，孩童的感受，街道的哲学，家居生活的意义，是时代的主题。"[2] 相反，"（高等）社会中的发明与美的源泉已然干涸"，艺术与世隔绝，如同为专业艺术家、鉴赏家的幻想而设置的"远离生活之邪恶的避难所"[3]。此种精英主义的区分对艺术和社会均无裨益。

百年后，杜威以同样的方式抗议暮气沉沉的美的艺术的精英主义，同样地要求认识流行文化的审美价值。虽然他似乎很欣赏爱默生强烈批评的那些"如同跛脚之人、僧侣的一切绘画和雕塑"[4]，但还是不满于巴恩斯（尽管他们友情笃厚）所谓的"美的艺术的博物馆"的概念及其对精英鉴赏家藏品的盲目崇拜。这种审美将艺术从日常使用中分离出来，艺术变得势利、贫血，同时也否认了文化表现的某些大众形式之文化合法性，那些大众形式其实满足了我们对生动活泼的、触手可及的审美快感的需求。

"现在对普通人而言最为生动的艺术绝不是他们所谓的艺术，比如电影、爵士乐、喜剧段子……因为，当他们认作艺术的东西被归入博物馆和画廊，他们内心不可征服的寻找愉悦经验的冲动就在日常环境中找到了出口……被有教养的人士认作美的艺术作品的对象，由于过于遥远，对普通大众而言显得贫血无力，故其审美饥渴大概就要去寻求低贱

---

1 pp.50–51.
2 p.50.
3 p.193.
4 p.192.

和丑陋的东西了。"[1]

杜威认为，对于这个悲哀的情形，哲学难辞其咎。"哲学理论唯独关心那些携带着高等社会阶级和权威之认可的烙印的艺术。大众艺术就算已然葳蕤，也不能获得文学上的认可。它们不值得进入理论讨论的视野。它们甚至不被视为艺术。"[2] 杜威因此试图提供一种哲学的补救措施，将流行艺术合法化。

我们也许会期待这种药方是某种详尽的通过审美的批评分析（杜威曾抱怨其缺失）的"理论探讨"和"文学关注"——那种我试图提供的拓展性研究，比如我关于说唱音乐和大众义化的研究。但是，这种合法化话语的形式不是杜威所求。相反，他提供了重建大众艺术的综合性的、抽象的补救措施——艺术即经验这一全球化的重新定义。通过重新界定艺术——艺术不是一系列珍贵的艺术品（为了保护"艺术的博物馆概念"而被盲目崇拜、隔离保护）[3]，而是生动的审美经验，杜威从而可以提出，所有一贯地生产这种经验的实践皆可被视为艺术，而不管其形式和起源在多大程度上是大众的。

8. 我们因此被引向杜威美学中或许最醒目的议题：经验对界定和鉴赏艺术的重要性。在《实用主义美学》一书中，找指出杜威对艺术即经验这种修正式定义如何提供了一种急需的重新定位，从而解释了艺术的内在价值和转化性力量，并同时抵抗艺术界的体制性趋向，即物化、商品化和专业化并将艺术从大众经验中分离出来的趋向。但是我同样认为，杜威的定义在逻辑上是不充分的，问题在于其试图界定审美经验，又将其视作不可界定的。而且，他似乎堂吉诃德式地认为，这样一种关于艺术的激进的、全球化的重新定义，可以充足地、有效地达到把被贬

1　AE, pp.11–12.
2　AE, p.191.
3　AE, p.90.

损的艺术合法化的目的。这又是为何我倡导一种偏向零打碎敲的、具体的美学方式，诸如我的说唱艺术研究所示。这里不便重提这些反对意见[1]，我要做的事是对杜威美学的爱默生之源的研究做一总结，指出爱默生的踪迹不仅在于杜威也强调生动的、"直接怡人"的"直接经验"是艺术的真正核心，而且还在于他描述这种经验的具体方式。

在清楚地区分所谓"艺术产品"的物理对象（如绘画、雕塑和文本）的过程中，杜威声称"艺术的真正作品是这个产品以经验、在经验之中的所为"——首先是艺术家的作品，然后是其观众的作品。[2] 如果生命的增进是艺术本质的目标、性质和价值，那么，这种增进经由审美经验的强烈的、形式的、怡人的特质获得了喜悦的表达；审美经验是即刻尝得滋味的经验，人的整体在此过程中最是生机活泼。这种经验，因为动态的"骤增的活力"而从生活的沉闷规则中脱颖而出，成为特殊的东西，谓之"经验"。但是，它也"意味着与世界的主动的、清醒的交互；在其高峰，即意味着自我与世界的完全互渗"[3]。在与世界的这种融合中，审美经验（艺术家的和作者的）不仅是主动的，而且是被动的、接受性的，通过"做和经受"的结合，经验的自我超越了自身而直抵新的境界，与那"超越我们的广大世界"深刻地联合，"去经验婆娑世界的全部圆满"。[4]

毫无疑问，爱默生预构了这些观点，因为他既是"民主哲学家"又是"生命经验哲学家"。生命意味着运动，服务于生命的艺术不可能只是无生气的艺术品，而是动态的、变化的、活的经验。这即是为何爱默

1　见 Pragmatist Aesthetics, pp.55-61, 进一步的发展见我的 "Popular Art and Education", *Studies in Philosophy and Education*, vol.13, 1995, pp.203-212, 重印于 *The New Dewey Scholarship*, ed., J. Garrison, Dordrecht: Kluwer, 1995。
2　AE, pp.9, 87, 121, 167.
3　AE, pp.25, 33, 42.
4　AE, pp.53, 138, 199.

生宣称"真正的艺术从不固着,而永远流动",这即是为何他宣称"真正的诗歌是诗人的心灵","没有哪尊雕像比得上活生生的人,那样生机活泼……"。[1] 强烈的经验刺激艺术的"创造需求","诗人……拥有了一个尚待展开的全新的经验"。审美经验卷入他的"全部的能量"并且"振奋"读者,"让观众憬然于同样的宇宙关联以及艺术家彰显的力量。最高的效果则是产生新的艺术家"。[2]

简言之,爱默生同样描写了杜威在审美经验中认出的这种双重运动,一边是专注力的强化,一边是上升性的、统一性的扩张。当专注于一种特殊经验的强度时,艺术运用这一专注去充实一般意义上的经验,并以其汹涌的能量和一切存在的统一性来点燃我们。有了这种动态的融合的力,审美经验甚至可以赋予我们那种"永无止息地在追寻的东西":"忘却自己,因惊奇而出离",并通过生命的"充满能量的精神"而超逸自身。[3]

当杜威将自己的艺术理论阐述为经验时,并不承认自己受惠于爱默生的这两种观念。但是我希望我已然令这种受惠格外明朗。杜威自己实际上也在其他语境中表达过这一点,如《爱默生——民主哲学家》一文。在此文,他赞美"直接经验"是爱默生的实用主义和民主的标准,为一切"先知""哲学家"及其学说提供了试金石,而且这一考验(包括现在和将来)亦可拓展至诗人、艺术家及其学说。当然,直接经验的概念既非清楚也非完全成立。不过对于这一棘手概念的详细考察已然超出本篇范围,就此打住。[4]

---

[1] pp.119, 189, 192.

[2] pp.192, 200.

[3] pp.174, 175.

[4] 我在 *Pragmatist Aesthetics*, pp.46–58, 125–128 做了讨论,参见 *Practicing Philosophy*, pp.157–177; 及 *Performing Live: Aesthetic Alternatives for the Ends of Art*, Ithaea: Cornell University Press, 2000, ch.1, "The End of Aesthetic Experience"(另参中译本《生活即审美:审美经验和生活艺术》,彭锋译,北京:北京大学出版社,2007 年,第一章"审美经验的终结"——译者注)。

第五章
C. S. 皮尔斯与身体美学

一

从一开始，身体美学——简而言之，一种批判性的、改良主义的经验研究，将身体当作感觉-审美鉴赏和创造性的自我风格化的处所——就曾颇受经验实用主义哲学视角的启发与塑造。在经典实用主义诸家中，以杜威对身体美学的影响最为显著。这一项目最初的引入是在我的一篇研究杜威的文章中，其中论及他的直接经验和具身化观念以及与身体治疗师亚历山大的合作。[1] 而且，身体美学重申"经验"依然生动有为（它是杜威和经典实用主义传统的中心概念），试图对我们文化之不快地沉湎于外在身体表象的令人压抑的标准（表象式身体美学领域）做出纠偏，其补偿性的方式乃是加强对个人身体审美感受的内在体验的欣赏。随着项目的发展，它被表述为三个分支——分析性的身体美学、实用的身体美学和实践的身体美学。杜威成为这个领域的典范性先知，因为他在三个分支上皆有强劲而精细的探索，具有示范作用；他也使得

---

1 见 Richard Shusterman, *Practicing Philosophy: Pragmatism and the Philosophical Life*, New York: Routledge, 1997, ch.6, "Somatic Experience: Foundation or Reconstruction?"

身体的自我教化成为个人实践，而不只是理论和方法论话语的主题。[1]

S. 沙利文强调身体经验的交互性质并将其运用到女性主义和种族问题上，也将杜威（以及他的概念"交互自我"）引作经典实用主义的灵感。[2] 马丁·杰伊的《身体美学和民主：杜威和当代身体艺术》探讨身体美学如何是民主进步和批评既有社会政治标准的资源，在此唯一一位被讨论的经典实用主义哲学家还是杜威。[3] E. 穆利斯（Eric Mullis）的身体美学研究集中于剧院与表演艺术，也将杜威当作他论证的经典实用主义的典范。[4] 其他讨论身体美学的人，似乎同样视杜威为这一领域的孤独的实用主义先知。[5]

但是，对杜威的仰慕不应遮蔽其他经典实用主义哲学家的资源。在最近的文章中，我开始强调詹姆斯对身体美学的重要的、广泛的贡献。[6] 同杜威一样，詹姆斯在身体美学的三个维度上不知疲倦地、富有想象力地甚至无比勇敢地工作着。他对精神活动的身体基础的理论探索（不

---

[1] Richard Shusterman, "Somaesthetics: A Disciplinary Proposal", *The Journal of Aesthetics and Art Criticism*, vol.57, 1999, pp.299-313; *Pragmatist Aesthetics: Living Beauty, Rethinking Art*, 2nd edition, New York: Rowman and Littlefield, 2000, ch.10. 在这些语境中，福柯也被当作在身体美学三个领域中皆十分活跃的范例。也见 Richard Shusterman, "Somaesthetics and Care of the Self: The Case of Foucault", *Monist*, vol.83, 2000, pp.530-551。

[2] Shannon Sullivan, *Living Across and Through Skins: Transactional Bodies, Pragmatism, and Feminism*, Bloomington: Indiana University Press, 2001, 尤见 ch.5, "Transactional Somaesthetics", 她用杜威和亚历山大举调和尼采关于具身化和性别的观点。

[3] Martin Jay, "Somaesthetics and Democracy: Dewey and Contemporary Body Art", *The Journal of Aesthetic Education*, vol.36, no. 4, 2002, pp.55-68.

[4] Eric Mullis, "Performative Somaesthetics: Principles and Scope", *The Journal of Aesthetic Education*, vol.40, no.4, 2006, pp.104-117; "The Violent Aesthetic: A Reconsideration of Transgressive Body Art", *Journal of Speculative Philosophy*, vol.20, no.2, 2006, pp.85-92.

[5] 比如，Peter J. Arnold, "Somaesthetics, Education, and the Art of Dance", *The Journal of Aesthetic Education*, vol.39, no.1, 2005, pp.48-64; Wojciech Małecki, "Von nicht-diskursiver Erfahrung zur Somästhetik: Richard Shusterman über Dewey und Rorty", *Deutsche Zeitschrift für Philosophie*, vol.56, no.5, 2008, pp.677-690。

[6] 见 "William James, Somatic Introspection, and Care of the Self", *Philosophical Forum*, vol.36, 2005, pp.429-450; 尤参论詹姆斯章节，收入 *Body Consciousness: A Philosophy of Mindfulness and Somaesthetics*, Cambridge: Cambridge University Press, 2008。

仅在情绪上而且在更为明确的认知和实践思想上）使得他的《心理学原理》成为开辟性著作，而且实际上启发了杜威心灵哲学中的自然主义。詹姆斯对于身心联纽的理论探索同样纳入各种身体原则研究，以改善身心运行与协调、扩大意识。此外，詹姆斯的实用主义身体研究不仅包括对实践方法论的分析，而且也采取了极其具体和实践的方式检验这些原则，比如用他自己的肉体和意识去检测。在经典实用主义诸家中，詹姆斯看起来比杜威走得更远。因为詹姆斯具体描述了身体意识内省的各要点，并解释其逻辑原则，生动准确地描述身体意识自我审视中呈现的诸种感受。但不像杜威，他并不主张在实际生活中运用身体意识反思。

在近来身体美学研究中，既然皮尔斯是三位经典实用主义之父中唯一遭忽视的，那么应提到两个问题。第一个是回顾性的问题，为何皮尔斯的思想从未成为身体美学的诱因？原因之一是，我的新实用主义导师们用皮尔斯来探讨文本主义的多样性，而文本主义与我锐意发展的经验及其身体维度背道而驰。我曾经特意回应过罗蒂。他看重皮尔斯的论点，"我的语言是我自己的总和；因为人即思想"，他曾对身体美学颇有微词，批评它是"踢起灰尘，然后抱怨看不见"。[1] 我早该将皮尔斯从文本主义者的新实用主义阐释中断开，而将目光投放到他的思想的具身化维度。

我不打算沉溺于过往的疏忽，而是要去关注另一个前瞻性的问题：皮尔斯可以为身体美学提供任何有用的思想吗？是的，答案总体上是肯定的。作为一位思想家，皮尔斯是如此丰富、宽阔、深刻，他的理论或许可以被富有效益地运用到一切领域。我在这里无法详尽说明如何通过

---

[1] CP, vol.5, para.314. 罗蒂在他的《实用主义的后果》一书的导言亦引用此，见 *Consequences of Pragmatism*, Minneapolis: University of Minnesota Press, 1982, p.xx。罗蒂对身体美学的批评见他的 "Response to Richard Shusterman"，收入 *Richard Rorty: Critical Dialogues*, eds., Matthew Festenstein and Simon Thompson, Cambridge: Polity Press, p.157。

皮尔斯的思想表述身体美学，只想指出身体美学与皮尔斯思想相关联的几种方式，以期这一初步的勾勒引发更为彻底的学术探究。

二

从皮尔斯与美学的关系入手，大概是探索皮尔斯对于身体美学之可能意义的较好方式。跟杜威甚至詹姆斯相比，皮尔斯在美学上的谈论非常吝啬，自称在这一领域"甚为驽钝"。[1] 但是席勒充满启示性的《美育书简》成为他通向哲学的门径，他自己当然也对审美维度持有敬意，不仅因为它于生活的意义，还因为它对哲学认知的意义。在《三种规范性科学》（1903 年的哈佛演讲）中，他写道："说起美学，虽然我的哲学研究的头一年是全力以赴的，但此后我即完全置之不顾，我感到自己根本没有任何资格去谈论它。我大体认为，有诸如此类的一种规范性科学；但我又无论如何无以确定。"[2]

然而，皮尔斯继续求索于"这种思路"，即美学不仅与逻辑学和伦理学一同跻身于规范性科学，而且某种意义上也可视作其中最高级者（或最为基础或是最包纳性的），因为"逻辑善仅仅只是道德善的特殊形式"[3]。在一篇较早名为《实用主义原则》（1903 年 3 月）的演讲稿中，他

---

[1] 见 *The Essential Peirce*, 2 vols., eds., Nathan Hauser and Christian Kloesel, Bloomington: Indiana University Press, 1998；下文简称 EP。皮尔斯在《形而上学的七种体系》（"The Seven Systems of Metaphysics"，1903; EP, vol.2, pp.189–190）声称："我在美学上完全是个糊涂人……忽视艺术。"他在《三种规范性学科》（"The Three Normative Sciences", 1903; EP, vol.2, p.201）中也谈到自己在"界定审美上"是"无能的"。

[2] EP, vol.2, p.200. 关于皮尔斯对规范性学科的详细说明，见 Beverly Kent, *Charles S. Peirce: Logic and the Classification of the Sciences*, Montreal: McGill-Queen's University Press, 1987; Vincent Potter, *Charles S. Peirce: On Norms and Ideals*, Amherst: University of Massachusetts Press, 1967；及 John Stuhr, *Genealogical Pragmatism: Philosophy, Experience, and Community*, Albany: State University of New York Press, 1997。

[3] EP, vol.2, p.201.

提出，伦理学最终必定依赖于此类原则，即"事物的何种状态"是"值得爱慕的"，"何种事物本身应被爱慕，而不管其引向何处，或于人类行为的意义如何。我称之为'美学'研究"[1]。而且，正如他在一封私人信件中谈到的，如果说，"伦理学是一门通过自我控制而满足欲求之方法的科学"，那么，"我们应该欲求的……将使一个人的生活更美好、更值得爱慕。现在，关于这些值得爱慕的事物的科学就是真正的美学了"。[2]

这些言论确认了美学的价值。此外，他提出审美维度本质上关于知觉品质和感受，更令身体美学为之一振。因为审美特质和感受是通过身体感官来进行感知与分辨的。论及具体地"界定审美善"（而不是"值得爱慕的事物"的一般性概念），皮尔斯认为，这种善要求对象具有"各部分互相依赖的多重性，并因此向整体传达一种单纯的、直接的特质"。他显然认为，"整体的特殊特质是什么并不重要"，即使它"令人恶心、惧怕，甚至因为困扰我们而使我们无法进入审美愉悦的心境，无法去观照具体的特征"。在这里，问题并非在于这一对象丧失了决定"审美善"的直接性的审美特质，而是观众不能恰当地分辨、鉴赏，因为他们"无力对之进行宁静的审美观照"。皮尔斯并不认为存在着受单一的美的概念统治的单向的、最优秀的审美特质，他相信"存在着各式各样的审美特质，并无简单的审美上的优秀等级"。[3]

鉴赏各种各样的审美特质，需要鉴别这些特质的感知能力，因此，审美快感或愉悦并不是单纯的身体性满足，实际上还包含认知，哪怕其本质上是建立在身体基础之上的。虽然皮尔斯自称"盲视艺术"，但依然展

---

[1] EP, vol.2, p.142.

[2] 皮尔斯写给 Victoria Welby 女士的信，转引自 Joseph Brent, *Charles Sanders Peirce: A Life*, Bloomington: Indiana University Press, 1998, p.49。关于皮尔斯美学方面的详细探讨，见 Victorino Tejera, "The Primacy of the Aesthetic in Peirce and Classical American Philosophy"，收入 *Peirce and Value Theory: On Peircian Ethics and Aesthetics*, ed., Herman Parret, Philadelphia: John Benjamins Publishing Co., 1994, pp.85-97。

[3] EP, vol.2, pp.201-202.

示出真正的"审美愉悦能力",他写道:"在审美愉悦中,我们参与的是感受的总体——尤其是我们观照的艺术品呈现的总体的、最终的感受特质——但又是某种智性的移情,我们感到这是一种可把握的感受,一种理智性的感受。"皮尔斯没法"确切地道出这是何物",但感到"这是一种从属于表象领域范畴的意识,即使它呈现于感受性质范畴之中"。[1] 皮尔斯认为,分辨性知觉不仅要求天然的感知力,而且要求习得的技艺——身体美学倡导的、希腊词 aisthesis(美学一词的词源)体现的感-知训练。

皮尔斯认为,审美特质及其联想性感受过于复杂,难以缩减为愉悦,而且,愉悦和痛苦也过于复杂多样,无法被等同于任何简单确定的感受。为辩护这些观点,皮尔斯推荐了一种辨识、锐化感受知觉力的系统性训练:"我经历过一门系统性辨识感受的训练课程。我对之曾兢兢业业持之以恒。我愿意将此训练荐给诸位。艺术家倒是受过此类训练的,但他们把更多精力投入到重新生产所见所闻——这于每一门艺术都算得上复杂;而我则努力去看见我正在看的东西。"[2]

但是,皮尔斯的知觉上的自我分析不仅仅囿于视知觉,他说这些话时其实身陷多重痛苦(明显不只是视知觉),他还批评艺术家的"审美鉴赏"是"狭隘"的,"只会辨别对象某些方面的性质"[3]。其实,皮尔斯不幸经历过感知痛苦的磨难。从哈佛后期开始,皮尔斯即身患"三叉神经痛",为此痛苦不堪,随年龄加剧,正常的身体功能遭到削弱,更不用说紧张的精神劳动了。[4] 从他一则颇愉快的札记中,我们了解到,他曾

---

[1] EP. vol.2, p.190.
[2] Ibid.
[3] Ibid.
[4] 见 Joseph Brent, *Charles Sanders Peirce*, p.14。皮尔斯的父亲本杰明同样受病痛的折磨,他俩都企图用吸毒(包括鸦片)来治疗。皮尔斯"后来也用吗啡甚至可卡因",也苦于成瘾。他的面部神经痛促使他在父亲的帮助之下发展出"高度的自律"来应对反反复复的痛苦,以高度的自我意识来感受病痛的突袭。(*Charles Sanders Peirce*, pp.14-15) 在这个意义上,我们可以理解皮尔斯对艺术家的挖苦了,"极少有受苦的艺术家"(EP, vol.2, p.190)。

不惜时日接受葡萄酒味嗅觉训练。P. 魏斯（Paul Weiss）提及，皮尔斯的"父亲鼓励儿子发展感官鉴别力，皮尔斯自己也专门斥资于侍酒师培训，成为品酒师"[1]。

通过内省式地检查一个人感受特质而训练鉴别技巧，这种与美学相关的观点，在皮尔斯后来的一个有关"沉思"（Musement）概念的文本中得到补充。这据说是受席勒"游戏冲动"概念的启发。"沉思"包括观想自我及感知到的感受特质。[2] 皮尔斯谈论沉思性的自我反思，将其与孤独"沉思"中的"心灵愉悦"相联系，类似于"游戏"与"审美观照"，但又非纯幻想，因为包含了"专注的观察"和"自我与自我之间的活生生的予取往复"。皮尔斯鼓励读者："唤醒你内部的自我；打开与你自己的对话；因为这一切皆是冥想。"[3] 这是与审美观察相关联的沉思的、经验性的自我审视，一如身体意识反思。

三

要指出的是皮尔斯对美学的贡献远远超过他关于这一领域的公开言论。通过符号学，皮尔斯在有关意义、阐释和符号学的理论方面为美学带来了持续强烈的影响。他的著名的语义学类型符-个别符（type-token）的区分，在艺术作品的本体论讨论上影响深远——譬如，解释为何尽管存在着《哈姆雷特》的众多（个别符）表演和文本，我们却依然可以谈论作为（类型符）作品的《哈姆雷特》。就身体美学而言，皮尔斯关于符号的复杂理论以及关于符号类型学的进一步分类，对于理解身体符

---

1 参见"皮尔斯"词条，Paul Weiss, *Dictionary of American Biography*, New York: Scribner, 1934, p.398。
2 见 Thomas Sebeok, *The Play of Musement*, Bloomington: Indiana University Press, 1981。
3 EP, vol.2, pp.436-437。

号、意义和身体语言的不同形式以及相互关联与渊源是有用的。比如说，他认为语调（tone）、符记（token）和类型（type）可以帮助区分：（1）直接的身体感受（语调）：只是被模糊地登记为一种性质，未在意识内获得清晰的个体性，但依然可以影响行为如何促成有意义的经验；（2）特殊的（符号）身体性感受或运动（比如，某种头疼或打高尔夫球时的摇摆），在意识中显现为特殊事物；（3）感受（头疼）或运动（打高尔夫球时的摇摆）的更为一般的范畴（类型）。同样，皮尔斯对于象似符号（icon）、索引符号（index）和象征符号（symbol）的区分有助于辨别各样身体语言：某种身体运动或表达是否意指其所指涉项？或是通过模拟或模仿其所意指的性质而反讽性地暗示其意义？比如说，一个人成功地举起他的胳膊来表达胜利的振奋感，这种身体符号是一种真正地与其意义相联系的索引符号吗？出汗和脸红是发烧或过热的符号吗？抑或身体运动只是通过既定"解释项"或决定这种意义的规约而建立起来的象征符号（比如，一个用两手指表示胜利的符号）吗？[1]

皮尔斯的另一个著名的三分法（与他的符号分类完全相关联）是第一性、第二性和第三性。这在皮尔斯理论中不断重现并在不同语境中做过不同解释的分类法，可用于解释身体美学的主要原理，即存在着不同层次的身体意向性和意识。我区分了至少四个层次的身体意识。[2] 最低层次的身体意识无法被界定为完全的意识，而是被悖论似的描述为无意识的意识；睡眠中显示的模糊意识即为此类：比如，当我们感到枕头干扰呼吸或感到自己太过靠近床沿（或睡伴），就会有意识地（虽然无意识地）移动它，调整身体的位置，但这时并没有完全醒来或具有清晰的意

---

[1] 皮尔斯还有关于符号的三分法——呈符、申符和论符，其于身体美学的运用并不像其他两种类型学那样清楚，因此在此我不做讨论。对于这种类型学的解释，见 C. S. Peirce, "Prolegomena to an Apology for Pragmatism", *Monist*, vol.16, 1906, pp.506–507。

[2] 见 Richard Shusterman, *Body Consciousness*, ch.2。

识。超过这一层次的身体意识就是清醒的、具有清晰意识的状态,但仍未清晰地意识到身体的位置或运动。譬如,我们走路的时候通常并不关注自己的脚或对之有清晰的意识,但是很显然即使在没有清晰意识的情况下,我们也会以一种实用的方式知道自己的脚位于何处,以及如何在走路时挪动它们。这一非反思的、未被主题化的知觉就是梅洛-庞蒂赞美的原初知觉,是成功的知觉、行动的神秘来源。

但有时脚也可以成为意识的明晰对象,比如当我们穿越荆棘、平衡出现问题或脚受了伤的时候。同样,有时候从隐约意识到呼吸,转向呼吸成为身体意识的清晰对象时,我们会注意到自己呼吸急促了。最后,存在着更具反思性的身体意识,比如,不仅清晰意识到自己正在呼吸,而且清晰意识到自己对呼吸的清晰意识,以及反思性意识如何影响呼吸及其他维度的身体经验。这些意识的清晰的、反思的各层面,是混杂的或相互叠合的,我将之分别描述为身体意识知觉和身体意识反思。

皮尔斯在运用其著名的第一性、第二性和第三性三个范畴来描述意识的时候,如此描述"意识的真正范畴":"第一性,感受,可以被纳入一个瞬间的意识,被动的意识性质,未经识别或分析;第二性,对意识领域内突现的中断的意识,对抵抗、外在事实或其他东西的感知;第三性,综合意识,联结时间、学习与思想的意识。"[1] 这些意识范畴对应于身体美学界定为超越熟睡期间基本意向活动的较高层次意识,虽然皮尔斯第一范畴的被动意识可以进一步括入那种较低层次的意识。就此而言,皮尔斯为身体美学提供了大量的资源。因为他探入意识的多层次的复杂性、多层次的丰富性和感受强度、注意力的多样性——借此,意识和身体感受辨识可以得到改善,自我可以更好地感知、认知和行动。为了领会这些资源的丰富性,需考察其心理学著作。

---

[1] CP, vol.1, para.377.

四

先来看一下皮尔斯关于心理科学方法论的观点，或可与其好友詹姆斯做一有益的比较；詹姆斯是公认的现代科学创始人，虽然皮尔斯堪称其心理学先驱（如同他在实用主义中那样）。[1] 詹姆斯批评性地强调心理学内省的易错性和限度（实验性的生理学研究因此是必要的），但在心灵研究中，他以惯有的夸张（以及斜体[2]）确认："我们必须首先、最主要地、一直地依靠内省的观察。"[3] 相反，皮尔斯严厉批评内省，在论及心理学分为"内省的、实验的、生理的心理学"之际，不仅坚持"实验"的科学优越性，而且强烈谴责："内省式心理学应该遭到否定，它是过时的、错误的心理学。"[4]

然而皮尔斯也认识到，从早期心理学通向更具科学性的研究道路上，内省心理学作为"基本研究"（preliminary study）是有用的。皮尔斯贬斥内省，部分是因为他非常严格地将其界定为"心灵运行的直接观察"，是瞬间的、直接观测到的材料。他认为，这"纯然是错觉"[5]。直接感受"在内省中是遮蔽不见的，原因在于它是我们的直接意识"："我们没办法在心理学中从直接感受开始，就像没办法在天文学中从地球上受视差、像差和折射等影响的确切位置开始。我们是从经过中介的、易出错的、要求修正的材料开始的。"[6]

不过，皮尔斯在别的地方把内省概念宽泛地构建为自我审视或"自

---

[1] 皮尔斯早于詹姆斯发表实验心理学相关论文。事实上，据说在1877年，他发表了美国历史上第一篇心理物理学实验领域的论文。C.S. Peirce, "On the Sensation of Color", *American Journal of Science*, series 3, vol.13, no.76, 1877, pp.247-251.

[2] 詹姆斯原文系以斜体表示强调，译文统一改为着重号。——译者注

[3] William James, *The Principles of Psychology*, Cambridge: Harvard University Press, 1983, p.191.

[4] CP, vol.7, para.376.

[5] Ibid.

[6] CP, vol.1, para.310; vol.7, para.465.

我质询"。詹姆斯（追随 J. S. 密尔 [J. S. Mill]）同样坚持，内省从无可能成为直接呈现的材料，而必定涉及某种回忆、调节或阐释。皮尔斯则写道："内省根本不能直接揭示那些即刻向意识呈现之物；揭示的只是接下来的反思中呈现的东西……甚至无法直接观察到一种叫作当下意识的东西"，因为当我们反思、质询的那会儿，就已经进入了下一个当下。[1] 对于皮尔斯而言，内省在反思的自我意识和自我质询的这一宽泛意义上虽然易错，却不再容易产生错觉；在许多研究语境包括实验研究中，其实是一种必要的方式。"意识可以被认为是最富欺诈性的证人"，故而"自我质询产生的从来不是不容置疑的回应"。但皮尔斯也认为，有时候它是重要心理学问题的"唯一证人"。因此在一些场合，"我们必须决意完全依赖自我质询"；"我们所能做的一切就是，用我们所能给出的一切判断，将之置入一个'湿度箱'并将真理从中逼迫出来"，同时也从心理学客观实验中"四处寻找一些次级辅助"。[2]

如同詹姆斯，皮尔斯不仅践行内省和自我审视，而且认为个体的内省技巧和知觉力可以通过实践、系统性训练得到改善。回顾一下他对美学的评论："我经历过一门系统性辨识感受的训练课程……"[3] 他同样在心理学著作中提到，心灵中经常会有一些模糊的感觉甚至影响思考过程，对之我们却并不能觉察，但通过专注训练之后，却可以感受到它。皮尔斯认为："心理学家应该充分研究这种模糊的感觉，人人应该努力培育这种感觉。"[4]

皮尔斯试图让心理学超越内省式的自我质询并进行感觉、感受鉴别力的训练，运用实验方法，使用别人和自己去检测意识范围及其知觉鉴别力。他特别重视自己做过的一些心理学实验——有关区分可触压力

1　CP, vol.7, para.420.
2　CP, vol.7, para.584; vol.1, para.579–580.
3　EP, vol.2, p.190.
4　CP, vol.7, para.35.

和色彩的意识界阈。这些实验也考虑注意力的长度和强度如何影响我们做出意识区分的能力，而且影响我们对自己判断这些差异的能力的确信度。皮尔斯起初用这些实验来检测古斯塔夫·费希纳（Gustav Fechner）著名的"差异界阈"（Unterschiedsschwelle）理论（及其定性的心理学衡量公式）——詹姆斯也质疑过。[1]

皮尔斯的实验将实验者（在被严格控制的条件下）置于不同的压力（将不同的特定压力传向手指）或不同的色彩之下。这些实验在某个点（即界阈）上检测行为，在这一界阈，任何略有差异的压力（或色彩）皆不能被感觉到。这些被安排在不同的略有轻微差异的刺激下的个体，不仅必须对其差异做出判断（即在压力实验中，哪一种压力更加强烈），而且必须描述他们对自己判断压力（或色彩）差异的心理上的"确信水平"。[2] 这一结果显示，甚至当这些差异是最微小的，个体感到无法察觉到任何一种真正的区分的时候（他们对自己做出正确决定的确信水平几乎是零，他们必须"猜"），从统计学上看，个体看似的猜也比他们瞎猜更加准确；因为前者其实是在对差异的含糊的、虽然是不充分自觉的知觉的帮助下完成的。

皮尔斯发现，甚至个体"自认为毫不确信"，他们的答案却显示，所谓未被感知的或未被分辨的"压力差异"似乎足以用来做出百分之六十的判断[3]。而且，这个实验还表明，提高分辨差异的注意力及其实践，改善了主体的辨别力，而且，对错比例的变化可以由"错误的数学理

1　詹姆斯对费希纳的批评，见 William James, *The Principles of Psychology*, pp.508–518。
2　皮尔斯对于这些实验及各种策略、运用设备的详细说明，见 CP, vol.7, para.21–35, para.546–547。实验的助手是约瑟夫·贾斯特罗（Joseph Jastrow），皮尔斯在约翰斯·霍普斯金大学的学生。他原是哲学系研究生，后跟从皮尔斯成为约翰斯·霍普斯金大学第一位心理学博士。他们在1884年一起发表了一篇建立于这些实验基础之上的文章，C. S. Peirce and J.Jastrow, "On Small Differences of Sensation", *Memoirs of the National Academy of Sciences*, vol.3, 1884, pp.73–83。
3　CP, vol.7, para.35。

论"（即皮尔斯所谓的"最低平方理论"）来解释。他得出结论，这些事实本身就严肃质疑了费希纳关于知觉区分界阈的普遍项的观点。

此外，这些实验研究使得皮尔斯获得了关于知觉和注意力的有趣洞见，从哲学上看，这比他对费希纳理论的挑战更有意义。不过先得指出皮尔斯对"确信水平"的主观性描述表明，他在实用意义上依赖于经验心理学的内省或自我质询。即使我们认为个体对压力孰轻孰重的判断并不真的是对内在感觉的判断，而是关于重量的客观压力的判断，并因此不是关于其感受的自我审视或自我质询（因此不是更大意义上的内省），但是个体对自己判断差异能力的信心，却明显是建立在内省地质疑自己的信心水平之上的自我判断。

皮尔斯的实验结果表明，存在着不同水平的意识。他又指出，这一实验最明显的结论是，个体的"感觉领域"存在着这样一些元素：个体感觉到依据它们足以建立正确的知觉判断，但它们却仍然位于个体的显明意识的层次之下。因此，意识包含那些明显引领选择但仍然"模糊不清，故难以察觉"[1]的感觉、感受或观念。最后皮尔斯用一个比喻描述意识："一个无底的湖泊，水看似清澈可见，看得分明的却只是一点点。这水中，有无数东西位于不同的深度"，其中一些东西"沉入"得如此之深（"在极深的幽暗之处"），以至于我们甚至很难意识到它们其实是在意识之中。[2]

不过，各种影响皆可以"赋予某些类型的对象（或'观念'）一种向上升的冲动，若足够强烈持久，就会将它带入到较主观的可见层面"或"易识别层次"。[3] 其他因素会把观念带入到意识的"更深""更暗"的不易察觉的意识层次。这些具有向上和向下影响的因素包括动量、生动

1　CP, vol.7, para.35.
2　CP, vol.7, para.547.
3　CP, vol.7, para.547, para.554.

观念的联想、与意图的关系、时间序列的动量，因此"一开始显得黯淡的观念可以变得比引发它的观念更为生动"。影响因素还包括前述的注意、反思和"思想的控制力"。"思想的控制力"具有从深层唤起观念并将之停举在"可审察的"显明意识之内的能力。[1] 这种专注和反思能力的实践结果是监测、调整和转换思想行为习惯。

皮尔斯区分了不同层次的意识。其中一个主要区别是：略微（甚至最低程度地）意识到某物，和对某物具有明确的"意识"（一种显明的意识）。皮尔斯谈到，"感觉是那么的模糊，以至于我们不能很好地意识到自己已经拥有了它们"，但它们却必定在某种程度上呈现于意识之中，因为这种呈现对于解释正确感知之差异，训练我们将这种感觉带入到更大意识或显明意识而言，似乎是必要的。[2] 与此相关的是，他论及"（一个人）意识中的观念"展现的"生动性的不同程度"。"意识中最生动的部分有多么生动，依赖于我的觉醒有多么宽广。"观念可以达到"极大程度的生动性……只有少数观念总是如此"。但是，人的意识却只容纳"这些达到最高程度生动性的少数观念"。因此，如果其他观念"迫使它们上升，那么其中一些表面的观念就必定沉没。在这些生动的表面观念之下，是较不生动但颇为深层的其他观念。它们非常幽暗，唯有通过艰苦的努力（抑或根本不费力气）才可能施加影响，或确知其存在"。[3] 不过，正如他的实验"间接证明"，这些观念无论如何会涌讨正确的判断而呈现在意识之中并自我显现，这是必然的。

意识内容的另一个相关的区别强调客观强度和主观强度："感受，

---

[1] CP, vol.7, para.554.

[2] 幸运的是，英语恰好有两个词区分纯意识与外显觉知两个层次。法文只有"conscience"。我想这是为何最好的身体哲学家也未能意识到反思性身体意识的价值，而只注意到其危险，同时彰扬非反思性的自发意识。更多观点参见我的《身体意识》一书法译本前言。*Conscience du corps: Pour une soma-esthétique*, Paris: l'Éclat, 2007.

[3] CP, vol.7, para.497. 皮尔斯似乎将生动／暗淡的范围一直延伸至"零度"生动。

意为即刻可以意识到的东西，本身是有程度之异的。"皮尔斯敏锐地区分"将高声从小声中区分出来的客观强度"和"将对声音的清晰意识从模糊意识中区分出来的主观强度"。虽然"两种强度很容易混淆，但一个人可能在同一时间内记起表的滴答声和周边炮轰声，更为生动地意识到前者（而非后者），却无须记得后者的声音是比较模糊的"[1]。

皮尔斯理应将这些例子解释得更清楚。他把一个人对当下经历的声音感觉和对这些感觉的反思性意识混淆了。记忆的感受或观念其实是另一回事。但皮尔斯并没有发现当下感觉的感受和记忆感觉的感受之间的区别。举一个不容易引起混淆的例子。比如，街上大声的噪音或收音机中嘈杂的声响，与一位你热切期待的客人的轻轻敲门声。客观上，客人敲门声的强度是非常低的，但它具有较大的主观强度，因为你格外留意它。这种当下的主观的、专注的强度也可解释，为何此后回忆中的敲门声的比汽车的噪音或收音机的杂响，在主观感觉上更强烈。

皮尔斯强调，"主观上较轻微"的模糊感受甚至也会"影响情绪和自发的行动"，而且，通常"比那些（主观上）强烈的感受……更不受控制"。比如，我们认识到不太被意识到的东西较难控制。精心控制一种感受（或有意地促进其"转化"）需要付出注意力，但我们却很难去注意那些"不易察觉"的模糊晦暗的甚至觉察不到的意识。[2] 因此，如果希望提高感受控制力并进一步控制被感受（甚至模糊的感受）影响的行动，那么我们就应该通过提高觉知和注意力技能，来提高对模糊感受的认知与辨别能力了。

在那些经常强烈影响我们却不被觉察的感受当中，皮尔斯尤其强调某些特别有趣的感受，"那些身心互动的感受，包括腺体的反应、非意愿肌肉的收缩或协调性的自发行动"[3] 等。简言之，皮尔斯认同身心感受

1　CP, vol.7, para.555.
2　Ibid.
3　Ibid.

的特殊意义——这正是身体美学的关注,即提高对身体意识的理解力,从而更好地运用它,提升自我之用及其与周遭环境、与他人的互动。皮尔斯认识到,理解他人(包括误解他人)的重要部分受到模糊感觉的引领。当代文化将模糊感觉通俗地描述为"能量"[1]。皮尔斯认为,通过增进"注意强度"或"注意时长",模糊感觉可以变得生动并呈现在显明觉知中。他在实验中区分和运用了两种层次或程度的"注意力"("强烈的"和"极轻微"的),说道:"只要注意力足够强烈或持久,无论感觉之间的差别多么微小,都可以被清楚分辨。"而且"在注意期间,感觉之区别愈来愈生动"。[2]

除了区分意识的生动水平、客观与主观强度的程度以及注意程度之外,皮尔斯的心理-逻辑实验也致使他去区分感受的纯粹意识、感受的外显觉知以及感受的"反思意识"。意识中存在着不被觉知的模糊感受,但"弥增的注意力终将检测到它的存在",并将之带入生动的、外显的觉知。然而这种觉知却并不是感受意识的最高水平。皮尔斯认定,"感受一物是一回事(即使它被清晰感觉),反思地感受到存在着某种感受,则又是另一回事",他的"实验得出结论,唯有当意识达到一定程度之生动性后,才能产生哪怕是最微小的反思性感受"。然而,生动性本身并不意味着反思意识。意识的较高的反思性层次——身体美学将之描述为身体意识反思——只能朝向已然明显觉知的意识内容,因此我们不仅可以注意到它们,而且注意到我们如何参与它们以及我们的注意力如何影响经验。皮尔斯看似阐明了这一观点。他承认,只有在"意识的较高层面",当诸元素"极生动"之际,我们的"反思意识或自我意识才会接踵而至"。皮尔斯的心理学研究为经验性的身体美学提供了可资借鉴的材料。它指明了各种意识层面的复杂性、多样的感受强度和不同程度

---

[1] CP, vol.7, para.35.

[2] CP, vol.7, para.546.

的注意行为。而且,他的研究表明,强烈而严格的注意可以成功地让模糊的感觉、感受变得生动、可识并因此可控。从实用主义看,我们应该更好地监管、控制感受加诸思想和行动的影响,从而提高有效使用自我以及与他人协合的能力。

但皮尔斯也敏锐地认识到反思性感受和自我意识的危险之处。他看到自我意识的反思如何常常阻碍行动和思想的顺畅,令我们变得笨拙、优柔、犹疑:"自我意识令我们笨拙甚至麻痹了思想。谁都知道,轻松进行的精神劳动会比那些具有确定细节的行动更加熟练。"从个人经验出发,他说道:"自我意识尤其是自觉的努力,一不小心就将我推至愚蠢的边缘,而那些自发完成的事情却总是干得最好。"[1] 正因为这种种危险,詹姆斯拒绝在实际生活中运用身体意识反思,虽然他倡导在心理学理论中使用它(实则仅仅是肤浅的使用)。詹姆斯认定,在实际生活中,我们应该信任自发性和习惯:"相信你的自发性,扔掉对未来的一切忧虑吧。"[2]

虽然我本人赞美熟练的自发性,日常的、惯例的活动尤其受益于它,但我认为在许多实际生活语境中,自觉的反思亦不可忽视。[3] 正如我在《身体意识》中指出的,反思的身体意识或自我意识可以用来抵抗詹姆斯的批评(以及梅洛-庞蒂的类似批评),因为它在学习各种感觉技巧和纠正习惯阶段具有实践意义,在这些阶段只有自发性是不够的。杜威也从他与身体教育家亚历山大共事的经历中,正确地认识到自发性是根深蒂固的习惯,是充满瑕疵的,唯有在自我意识的监察之下才能得到纠正。而且,我们为何要认定身体行动的反思意识必然妨碍行动的顺利实

---

1 CP, vol.7, para.45.
2 William James, "The Gospel of Relaxation", 收入 *Talks to Teachers on Psychology and to Students on Some of Life's Ideals*, New York: Dover, 1962, p.109。
3 我对于非反思性理解与行动的理解,见 "Beneath Interpretation", 收入 *Pragmatist Aesthetics*, Oxford: Blackwell, 1992, ch.5。

践，这种意识必须只能囿于学习和习惯纠正呢？

在许多情形下，行动上的笨拙归因于自我意识或反思觉知的参与，但我相信，这并不是出于对适当身体运动的注意或觉知——这是成功实践所必备的。相反，这笨拙实则是因为某人过于关注行动结果和行动效果的判断，从而干扰了适当的身体运动（以及注意感受）。问题并不是出在对于正在进行的事情的反思性觉知，而是患得患失的念头让你从真正行动中分心。[1]

对于这种分心，皮尔斯提供了另一种解释，认为它是来自对自己行动的自觉注意："也许止是因为我们过于挂虑行动而不是手上的事。"[2] 换言之，虽然皮尔斯确认，注意力可以改善辨别能力，但他意识到这种试图做出注意上的努力的行为本身，反而干扰我们去注意那些想要辨别的自我意识的对象，或我们想要观察并成功完成的身体运动。因而，在此并不是要拒绝对意识或行为进行注意，而是学会什么时候去做以及如何更好集中注意某个既定焦点，而不至于让这种努力本身（或遥远的酬赏与行动引发的担忧）成为注意焦点。探索和发展集中注意力的技能（依赖于大量影响注意力的感觉因素）构成了经验性身体美学的核心任务；如我们所见，皮尔斯的确为此探索提供了资源和灵感。

五

尽管皮尔斯提供了丰富的材料，我仍然觉得有必要在结尾之处简略说明为何他在身体美学领域不具有杜威或詹姆斯的典范性。首先，皮尔

---

[1] 关于这一点的更多详细论点，参见 Richard Shusterman, "Body Consciousness and Performance: Somaesthetics East and West", *The Journal of Aesthetics and Art Criticism*, vol.67, no. 2, 2009, pp.133-145。

[2] CP, vol.7, para.45.

斯关于身体原则的讨论和实践远不及詹姆斯和杜威。[1] 其次，比起他的两位著名的经典实用主义门徒来，皮尔斯的哲学理论较少谈论身体。虽然皮尔斯明显确认身体的意义——是我们在此世的精神生命的生理底基，但是他并未非常具体地探讨它如何塑造我们的知觉、感受与思想。若是说，詹姆斯的心理学理论明确地谈论身体，并讨论身体在各种精神状态和活动（除了意志）中的核心作用[2]，那么，皮尔斯对身体在精神生活中的作用的说明则非常有限，虽然他在一般意义上反复重申"精神行动对身体的密切依赖"，包括"健康的精神-行动依赖于身体的状态"。[3] 皮尔斯同样确认了身体在人的意识中的核心作用，通过这种意识将符号性人类行为与符号性词语相区别："人具有意识；词语则无。""意识"指的是

---

[1] 然而，我们应该记得，除了品酒训练和治疗病痛之外，皮尔斯显然极严格地对付过他的左撇子习惯，他认为这极大地影响他的思考，妨碍他的表达。他在一定程度上训练成右手书写之外（虽然最终又回到左手书写），掌握了重要的感知技巧，他可以在黑板上"一心两用，同时写下一个逻辑问题及其答案"（Joseph Brent, *Charles Sanders Peirce*, p.15, 也见 pp.13-15, 43-45）。皮尔斯也看似实践了视觉化的身心原则，即想象一种行动或感觉刺激，而后是记录或复述回应（通过本质上具身的感觉器官的想象力在身体内感觉之），从而渴望中的习惯或趋势应运而生，仿佛在行动的外在世界中产生了刺激与回应。关于这一点，见 Beverly Kent, *Charles S. Peirce*, p.4。

[2] 詹姆斯也是身体美学的范例，他提供了注意身体意识反思实践技巧与提高身体条件、感受之意识的心理学原理。见 Richard Shusterman, *Body Consciousness*, ch.5。

[3] CP, vol.5, para.385; vol.6, para.551. 然而，皮尔斯却反对那种心灵严格地依赖于大脑特殊状态的观点，声称"心灵与大脑的关系是偶然的"。这一观点部分构成了他对决定论学说的抵抗，这种学说认为大脑中的物质条件必然引起某种精神上的观念。他认为心灵相对自由于具体的大脑条件，证据是，一个大脑某个部位受伤的病人通常可以在一段时间后恢复精神功能："大脑叶萎缩……会阻止（某种形式的）精神行动。这种伤害有可能永远不能恢复。但通常情况下却是可以恢复的。大脑的其他部分以某种方式与身体其他部分一起照常运行。明显不过的是，这些行动现在由其他器官执行，显示出同样的精神特点，与之前全无二致。"（CP, vol.7, para.376）皮尔斯的这段话似乎说明了心灵的创造性的、构造性的自由，心灵塑造大脑而非受制于它。当代神经学科日趋探索这种精神发现的现象，但在大脑可塑性的范畴之下，不同于之前很多年与之相反的范式，即认为儿童时期大脑发育完成，成人大脑有固定不变的精神功能。这种新的神经逻辑学发现明显意味着，有意向的精神行为（尤其是通过注意与再培训）可以真正地重新设计神经网络。我们因此可以说，心灵重塑大脑。在此，皮尔斯关于心灵的构造能力和精神原则的观点，不仅有先见之明，而且鼓励身体美学项目通过身体意识原则去提高认知功能和感觉实践。

"与我们认为自己拥有动物生活的反思相伴随的情绪"[1]。然而，皮尔斯很敏锐地强调心灵不仅仅是单纯的意识，[2] 因为后者的决定性特点是动物活力和"感受"[3]。

杜威的"身心"一元论赞美人类身体是本质上感觉的、互动的、有目的的主体性而不是一架机器，而皮尔斯则倾向于身体的机械论观点，甚至当他赞扬它的时候："人的身体是一架了不起的机械体，而词语的身体则是一缕粉笔线迹。"[4] 如果杜威强调性地将人的身体置于人类主体性的核心——不仅是人类主体借以把握世界的手段或媒介，而且是这个主体的本质表现——皮尔斯则更接近于传统哲学观，将身体视为本质上不同于其思维主体使用的工具："这个有机体只是一个思考的工具。"[5] 身体美学的一个主要因素是它将身体视为 soma——一个活的、感觉的主体性而不是供其他东西（心灵或灵魂或人）使用的单纯的机械机体或工具。这个 soma 不仅是知觉和行动的工具，而且是使用工具（包括身体器官）知觉（即 aesthesis）和行动的有目的的、有意图的起因。因此，它不仅是实现目标的工具或媒介，而且是经验和欣赏目标的处所。这些（以及其他的）要点有助于论证"身体美学"这只丑小鸭，并将之与仅仅关注身体美——视身体为对象物——的传统思想相区分。

皮尔斯进而声称，人类的"本质是精神性"，因为人类恒久表现的"唯一内在现象"是"感受、思想、注意……皆是认知性的"。[6] 虽然具身化当然是与精神本质、认知相一致，但具身化的本质似乎很难等同于

---

[1] CP, vol.7, para.585.
[2] CP, vol.7, para.364-367.
[3] Ibid.
[4] CP, vol.7, para.584. 他同样反对心灵可以还原为身体性的机械体，所谓"精神现象完全受盲目的机械律的支配，因为假若心灵是物质的某个方面而物质受规律的统治，那么心灵也必如此"（CP, vol.5, para.274）。
[5] CP, vol.5, para.315.
[6] CP, vol.7, para.591.

精神本质,假如我们将身体解释为机体并将之本质上等同于动物生活的话。皮尔斯自己提醒说,"动物生活的过度统治"模糊了我们的精神本质[1],他在别处则谈道,"当肉体的意识随着死亡消逝,我们会瞬即感觉到我们曾一直有一种生动的精神意识,但我们却一直将它与其他东西相混淆"。[2]詹姆斯也有过零星的哲学表述,希冀个体意识的非肉体模式在身体死亡后存留下来。

杜威拒绝那种去具身化的憧憬,他甚至认定意志本质上也受身体制约。因受亚历山大技法的启发,他建议发展身体意识,来确保知觉、思想和行动(包括与别人的交流)中的自我之用。这使得他成为身体美学最为经典的实用主义范例。但身体美学研究还应该感谢皮尔斯提供的丰富资源并应该透彻运用它们。在结尾处,我要指出,皮尔斯式的视角可能会在某个方向上深化并批评性地介入身体美学。将身体分析为一种感觉的、知觉的、有目的的起因,是否暗含它具有语义学特征呢?我想是的。身体不仅产生、知觉和回应符号,而且本身就是符号。因此,不管身体还是其他什么,它就是一个符号。这意味着语义学无疑在丰富或拓展身体美学上是极有助益的。这是否进一步意味着,身体美学必定是皮尔斯的语义学科学的牢固基础呢?这一科学或许可以将身体美学完全括入,从而身体美学就被还原成它而变得肤浅了呢?虽然这些问题值得一提,但我在此无法做出充分的说明,这不仅是因为身体美学依然处于探索和发展之中,而且也因为皮尔斯的符号学的复杂性。

最后,我试图把身体美学纳入皮尔斯语义学框架之内,但身体美学

1　CP, vol.7, para.584.
2　CP, vol.7, para.577. 在另一方面,皮尔斯确认,在世俗的人类生活中,甚至灵魂(作为精神性的思想实体并因此是一个符号)必须具有物质的具身性:"灵魂自身具有符号天性,除非存在着的一种实在的、自觉的生活,否则语义学生活绝无可能。"(来自皮尔斯1905年未刊稿[MS 298, 00016];更多关于这一手稿和其他文献的详情,见 Richard Robin, *Annotated Catalog of the Papers of Charles S.Peirce*, Amherst: University of Massachusetts Press, 1967)关于皮尔斯如何自视为一个有机的、实在的实体的说明(虽然包括习性和经历的"持续甚至深刻的改变"的网络)见 Vincent M. Colapietro, *Peirce's Approach to the Self*, pp.86-87。

却看似冲破了皮尔斯的语义学科学的界定。皮尔斯将语义学等同于逻辑的规范性科学，由于思想"皆通过符号完成，逻辑是关于符号的一般规律的科学"，因此，"逻辑，在一般意义上……是语义学的别名，准需要的或形式的符号原则"。[1] 作为一门规范性科学，逻辑或语义学被界定为"最纯粹的理论"，皮尔斯反复指出，"纯科学与行动全无关系"[2]。皮尔斯言之凿凿，"纯粹的理论知识或科学，与实践确无直接关联"，他坚定地将科学和理论（包括逻辑或语义学）与实践相分离来，甚至"铿然谴责将哲学与实践熔于一炉的希腊方式"。[3]

相反，身体美学而始即受启发于将哲学作为一种生活实践的希腊理念。虽然皮尔斯对之铿然谴责，梭罗、詹姆斯和杜威等其他美国思想家却十分信奉，甚而启发了首次表述身体美学的《哲学实践：实用主义与哲学生活》(Practing Philosophy: Pragmatism and the Philosophical Life) 一书的书名。身体美学总是被认为是一种密切整合理论和实践的原则，其两个主要分支（实用的和实践的身体美学）尤其受实践的定位，后者实际上主要是实践行为之事，而不是对身体原则的理论化、批评或谈论。事实上，甚至身体美学最理论性的分支（分析的身体美学）也建基于这一假设：理论化本身是一种语境化的实践，总是受实践的影响；实践是理论的源头，亦是理论研究的模型或主题。这种将理论和实践整合起来的基本要义似乎表明，身体美学无法被整合进皮尔斯的语义学或规范性的逻辑科学，因为后者的特性恰恰是理论纯粹性。[4]

---

[1] CP, vol.1, para.191; vol.2, para.227.
[2] CP, vol.1, para.618.
[3] CP, vol.1, para.634, para.637.
[4] 而且，既然皮尔斯将逻辑和美学当作不同的规范性科学，同时又将语义学等同于逻辑学，那么，就很难将身体美学（及美学的明显关联）归入美学之外的别的学科之内了，即使美学被认为是逻辑的最终基础。不仅身体美学看似与美学（与伦理学）的其他问题紧紧相关并因此拒绝完全内置于逻辑的规范科学或语义学之内，而且它关注的是"现象的现象性的直接性质"，这意味着身体美学超越规范性学科——其构成了皮尔斯哲学的"三个大分支"之一，而且，身体美学进入了另一个大分支——现象学（EP, vol.2, pp.196-197）。

纯粹性却不是身体美学的强项。身体美学不仅融合了理论和实践，而且也包纳各种各样的哲学和哲学之外的理论原则和方法，与此同时，其实践维度（批评的和重构的）参与多样而不同的身体原则。对于那些偏爱科学和理论的纯粹性（而不是实践）的哲学美学家而言，身体美学难免被当作丑陋的杂种，而其麻烦的跨学科性也将被视作理论进步的绊脚石。它永无可能配得上皮尔斯思想的体系整一性和知识系统的丰富性。但是，谁若是在审美趣味上偏好"联姻"，且乐于联结哲学与其他理论、实践的学科，身体美学无疑提供了一个研究和行动的领地。

第六章
威廉·詹姆斯的实用主义美学

一

如同皮尔斯,詹姆斯虽未在美学上著过一文,却十分确信美学维度的重要性。不过跟皮尔斯不一样的是,詹姆斯不但写得一手优美的散文,还受过广博的艺术教育,算得上是经典实用主义诸家中审美感受力最为精细的一位。詹姆斯自小向往艺术家生涯,少年时代一心一意想成为画家,废寝忘食地修习画艺,他的父亲却驱迫他追求科学生涯。他陷入了抑郁,入学教育反复受挫,各种身心失调症状(背痛、头痛、眼压升高以及各种神经衰弱症状)接踵而现,从此缠绕了他大半生。[1]

学生时代身心憔悴的詹姆斯,为治病去欧洲寻找各式各样的疗养温泉,同时也充分享受了欧洲丰富的艺术文化资源,频繁出入博物馆、剧院与音乐厅。在身体状况得到改善的同时,他受挫的审美欲求也重获滋养。不过他仍无力继续从事实验科学研究,虽然最后勉力获取医学学位,对这一职业却不以为然,而且从未真正执业过。再度去欧洲调养身心之后,他于1872年回到哈佛任职,教授生理学。旅欧期间,詹姆斯将

---

[1] 詹姆斯这一方面的生活详情,见 Howard Feinstein, *Becoming William James*, Ithaca, Cornell University Press, 1984。

审美的自我教化与欧洲哲学的教育相融合，特别是开拓了心灵哲学的新方向——以他之力，最终诞生了经验主义心理学这一现代学科。他的第一部著作《心理学原理》[1]正是这一领域重要的里程碑，亦奠定了他自身哲学生涯的方向。

我相信，詹姆斯的热烈丰饶的审美教育在这部心理学杰作中留下了俯拾可见的、难以抹除的印记（虽常遭忽视）。尽管这两卷本宏著并不包含自成体系的美学理论构想（无论是关于审美经验，还是关于艺术），但在阐述和辩护心理学理论过程中却大量运用美学观念和艺术例证。此外，我还有一个更为激进的观点，尽管《心理学原理》先于詹姆斯旗帜鲜明的实用主义阶段，却为实用主义美学提供了大量富有穿透力的洞见，并且实际上几乎包含了实用主义美学的所有重要议题；杜威后来在《艺术即经验》对这些议题做了具体阐述与论证。[2]

杜威将《艺术即经验》献给 A. C. 巴恩斯，声称巴恩斯是他美学的首要灵感来源，但在另一些场合，他则赞扬詹姆斯的《心理学原理》是唯一一本真正转变他思想方向的著作，使得他从黑格尔主义中解脱出来，走向一种对心灵的自然主义的、具身化的理解。[3]我相信，对于很大程度上基于心灵哲学的杜威美学而言，詹姆斯的影响也同样真实。应该想到，杜威的《艺术即经验》实则源自于他在哈佛大学纪念詹姆斯的系列讲演。此书的开创性理论，即审美经验本质是由难以命名的、统一的特质构成，也颇多受患于詹姆斯的意识统一理论。这一点我将会在本书稍后章节再度论及[4]，不过这里，我也会在解释詹姆斯美学思想的不同方面，并探究《心理学原理》如何表达实用主义美学的其他主要原则之

1　William James, *The Principles of Psychology*, 1890, Cambridge: Harvard University Press, 1983；下文简称 PP。
2　见 John Dewey, *Art as Experience*, Carbondale: Southern Illinois University Press, 1987。
3　见 Jane Dewey, "Biography of John Dewey", 收入 *The Philosophy of John Dewey*, eds., P. A. Schilpp and L. Hahn, LaSalle, IL: Open Court, 1989, p.23。
4　参见本书第七章《"实用主义美学"的发明》。

后，稍做一述。

二

介绍詹姆斯美学的适切方式，恐怕是关注他为何在美学领域未著一文。他相信，哲学美学提供的一般定义、抽象原则和言语性标准根本无法公正对待那些难以命名的特质；正是这些特质使得审美经验如此强大，使得那些看似可以用类似语汇描绘的艺术作品却拥有完全不同的价值与精神。

> 艺术中最好与次好的作品之间的差别似乎逃脱了言语的界定——其差别如此微妙，如同发丝、暗影、内心的微颤，但其价值却差以千里！无疑，同一种言语性定义可以同时运用到最成功的作品和与成功失之交臂的作品之中。然而，言语性定义就是你们的美学所能提供的全部了。

詹姆斯得出结论，如果推论性定义无法捕获那些本质的、无法言喻（je ne sais quoi）的审美特质，那么，"美学的分析性研究于艺术并无益处，假若抽象可以无端地构成实践的基础，则更是有害"。詹姆斯从实用主义角度确信"具体的模仿总比任何抽象的瞎说来得好"，因此他不仅刻意避免创立系统美学理论，而且还嘲笑此类哲学家的自负。[1]

他尤其嘲讽那些因概念体系而著名的德国哲学家。詹姆斯问道："为什么艺术家对一切德国哲学家的美学唯恐避之不及，就跟逃避荒凉

---

1 William James, *The Correspondence of William James*, vol.8, Charlottesville: University of Virginia Press, 2000, pp.475-476.

一样?"又指出问题在于"范畴体系"的无生命的、抽象的概念化及其"普遍"本质的"苍白与单调"。[1] 这看似是对黑格尔的概念主义而非康德美学的特殊主义的抨击,但实际上詹姆斯对康德也表示了同样的反感,并乘势抱怨学院哲学的沉闷混淆和死板的话语方式:"想想德国美学文献吧,竟荒谬到让类似康德那样缺乏美感的人物荣登宝座。"[2]

康德之强调审美判断的特殊性(轻视概念性的定义和一般化),强调愉悦感或非愉悦感的本质基础,实际上吸引着詹姆斯。詹姆斯也坚持不可言说的特殊性和审美价值的情感维度。康德美学将我们诸种精神能力和情感能力(如想象、理解、反思性判断和感受)当作人类知觉的复杂的、协作的运行基础。这也可见于詹姆斯,他将美学视作一种主要建立在人类心理学基础上的知觉之事。[3] 那么,詹姆斯对康德美学的明显反感,是因为康德将审美与实践相对立,而实用主义美学却想要联结并协调两者吗?看似如此。不过想要在此问题上恰当地理解詹姆斯,恐怕要进一步细察其诸多美学言论中包含的重要实用主义议题,尤其是《心理学原理》。

三

不过,应该先来看一下詹姆斯如何从实用主义角度借用美学和艺术实例,来阐述和辩护他在哲学其他领域的理论。詹姆斯的认识论、本体

---

[1] William James, "The Sentiment of Rationality",收入 Collected Essays and Reviews, London: Longmans, 1920, pp.122–123。

[2] William James, A Pluralistic Universe,收入 William James: Writings 1902–1910, ed., Bruce Kuklick, New York: Viking, 1987, p.638。

[3] 我承认自己很愿意赞同詹姆斯(和杜威)对康德的苛评,尽管我自己的实用主义美学更认同他(而不是黑格尔)对愉悦、知觉以及无法缩减为概念的审美反应的经验特殊性的强调。见 Richard Shusterman, Pragmatist Aesthetics: Living Beauty, Rethinking Art, Oxford: Blackwell, 1992。

论和心灵哲学的核心观点之一是，我们感知或经验的世界并不是一个固定的、孤立的、不变的既定存在，而是人类选择的产物。这个选择过程涉及不同的层次，就像艺术家的创造，尤其是，此选择标准很大程度上是审美的。从最低层次上说，"我们的所有感官只是选择器官"[1]，仅仅接受一定范围内的刺激，并将之塑造成感觉，从而创造了"世界"。尔后，注意力进一步选择它会注意到的感觉而形成经验世界。但是，是什么统治着我们注意力的选择呢？詹姆斯赞同亥姆霍兹（Helmholtz），认为"我们只会注意到那些对我们而言是事物之标记的感觉"；反过来他又将这些事物定义为"正好在实践和审美上令我们感兴趣的感性特质的特殊集合，我们因此赋予它们具体的名称，并将它们提升至一种独立的、尊贵的专有状态"[2]。换言之，如果注意力在我们感觉器官选择的较大的感觉群的基础上，择出值得关注的感觉群，那么，我们的心灵又进一步做出选择。"心灵选择某些感觉去呈现事物最明显的部分，而把余下的部分认作随情境变化的表象。"[3]

如此，詹姆斯继续指出，"心灵在每一阶段皆是可能性的剧场"，它选择、塑造、组合那些从较低层次中"选择出来的质料"，从而创造出"精神产品"。[4] "简言之，心灵处理它接收到的材料，如同雕刻家雕琢他的石块……这完全要归功于雕塑家，他在那块石料中分离出了这一种雕塑的可能性。"詹姆斯继续说道，"我们的世界也是如此。无论对它的观点如何不同，我们所有人其实皆深埋于原始的感觉混乱中"，而感觉来自我们人人可及的"纯物质"。但是，倘若"科学所谓的唯一真实的世界"只是"黑暗无缝"的多重空间和"群集的原子"，那么，"我们感受

1　PP, p.273.
2　PP, p.274.
3　Ibid.
4　PP, p.277.

到的并生活其中的那个世界"却恰恰是"我们的祖先和我们自己通过缓慢积累的无数次选择，从科学世界中分离出来的世界，就像是雕塑家剔除掉给定石料的某些部分"。詹姆斯得出结论："蚂蚁、乌贼或螃蟹的（经验）世界该是多么不同！"[1]

在论证感官知觉的本质语境性时，詹姆斯同样用了其他艺术门类的审美例证。"在感觉中"，詹姆斯解释道，"某个印象显得非常特殊，是根据它之前的印象；比如，一种颜色因为与另一种颜色相比邻而发生变化，噪声之后的寂静显得美好，同一个音符在上行音阶和下行音阶中声效不同"。同样，"在图像中，某一根线条的出现会改变其他线条的显现形式，在音乐中，整体的美学效果，在于一套乐音如何改变我们对其他乐音的感受"。因此，我们全部的知觉依赖于其所处的语境。[2]

此外，詹姆斯提出对可感时间的知觉——对匆忙、缓慢或间隙的节奏的感知——"是一种质的，而非量的判断"，并进一步强调这"实则是一种审美判断"。[3] 他在倡导其著名的情绪理论时转向艺术，证明"某种直接身体影响之下引起的普遍的身体反应，是产生……情绪观念的前提"，还写道：

> 我们听诗歌、戏剧或史诗时，往往吃惊地发现，皮肤的战栗如同急浪流遍全身，心胸不断扩张，泪水不期然地渗出眼眶。听音乐时就更甚了。[4]

---

[1] PP, p.277.
[2] PP, p.228.
[3] PP, p.583.
[4] William James, "What Is an Emotion?", *Mind*, vol.9, 1884, pp.188-205，引自 p. 196。

四

现在从詹姆斯如何使用美学例证来切入实用主义美学的四个议题（杜威重提这些议题，使议题更为清晰，且做出持续的论证）。[1]

1. 第一个议题可称之为身体自然主义。艺术和审美经验并不是来自神圣缥缈的缪斯的超然流散，而是自然能量的具身化表达。这种能量参与我们与自然、文化语境的活生生的交互，同时又经由这些语境的调停而变得精致。艺术和审美经验常常是通过最复杂、最知性的文化形式而自觉地养成的，但这并不能否认它们植根于基本的身体感受、形式和愉悦；后者则基于进化遗产。最高级的艺术表现和最崇高的审美经验，无论经过怎样的文化调停，最终还是（如同文化本身）建立于那些底基性的审美性情的基础之上的；这些性情的进化又与身体、大脑（当然大脑也是身体的一部分）的生物性的、经验性的发展连在一起。故而，蚂蚁、螃蟹和乌贼是无法拥有人类的审美经验和趣味的，因为它们的身体构造和基本直觉与人类迥然不同。

在詹姆斯看来，审美判断力根本上讲是关于提供快感或不快的知觉性感受，一切知觉感受本质上又是身体性的。这不仅是因为知觉感受要求身体性器官进行感知，要求身体性行为进行注意，还因为知觉"总是"与我们对"自己的身体位置、态度和条件"的"某种意识"相伴随[2]。我们对愉悦的具身性感知跟身体的本能、欲望相关联，这种本能与欲望又受人类进化史和个人经历的塑造。因此，詹姆斯的身体实用主义并未将欲望从美学领域中排除出去，恰恰认为较基本的、欲望性的愉悦与较抽象的、精致的形式之间存在着连续性。美食的感官愉悦故而可以具有某种审美特征，一如音乐的形式和谐。詹姆斯说道："美学原则说

---

1 详见本书第七章《"实用主义美学"的发明》。
2 PP, pp.234-235.

到底是诸如此类的公理：一个乐音因为三级和五级音而好听，或是土豆需要盐巴。"[1]

詹姆斯认为情绪本质上是身体性的，艺术的审美感染力很大程度上可以归因于"身体传声板"的各种程度的兴奋带来的快乐情绪："发热，胸中灼疼，战栗，呼吸紧张，心脏颤抖，背脊发凉，眼眶湿润……以及无数种无法命名的症状，这些或许正是美令我们'兴奋'"并令我们无限愉悦的时刻。[2] 詹姆斯称之为"次级愉悦"（secondary pleasures）[3]。他认识到有一种更微妙的一级（primary）审美情绪，这种情绪并不依赖于身体其他部分的反应，而是依赖于那负责把握艺术作品之形式的特定遥感器（teleceptors）以及大脑所接受到的愉悦："通过某种线条和色块，色彩和声音的结合而获得的愉悦，是一种完全感性的经验，是视觉或听觉的感受，是一级感受，不是来自其他任何感官持续唤起的反射回响。"[4] 其实，即使视觉或听觉的感受也属于身体感受，同样要求身体的积极注意。詹姆斯还认为，"存在于某些纯粹感觉及其和谐组合中的一级的、直接的愉悦感"，会"因为次级愉悦"而更加丰富；"在人类大众对艺术品的实用性享受中，这些次级愉悦扮演了重要的角色"。[5]

詹姆斯从不轻视这种愉悦，并将之与浪漫主义趣味相联系，而且指出古典主义趣味往往将次级愉悦视作无端的、干扰性的装饰物。他的民主实用主义精神也从不蔑视大众的审美需求。他认为，任何一位精致的审美家的审美鉴赏必定包含了这种次级的身体性快感，尽管他们并不自觉。[6] 作为一名信奉多元和连续的哲学家，而非独断的、呆板的二元

1　PP, p.1264.
2　PP, p.1084.
3　PP, p.1083.
4　PP, p.1082.
5　PP, p.1083.
6　詹姆斯注意到，"但是，一个人的趣味越古典，次级愉悦就越没有一级感觉重要"（PP, pp.1083-1084）。

论者,詹姆斯断言,不仅浪漫主义和古典主义的两极之间存在着连续体(continuum)——个体可以在这个范围内表达各自的审美偏好,从最简单的审美形式到最精致的审美形式之间也存在着连续体。这种连续体观念使得原始形式不至于被谴责或贬低为非审美状态,体现了实用主义美学的多元民主议题及其对流行艺术的肯定。

在转向这个议题之前,应先就詹姆斯的身体自然主义做一番说明。其一,詹姆斯欣赏强健的、活力四射的身体。詹姆斯大概无意于"优雅、知性"的身体美,因为缺乏"健壮的体质"与健康。他"没法相信在进化的未来,肌肉活力会成为累赘",因为身体的康健会让一个人"内置的灵魂"充满经验性的审美愉悦,"明智、宁静和欢乐"。因此,"与任何一种对它的机械有用性的考量完全不同",它是"精神康健的一个至关重要的因素"。[1] 其二,詹姆斯的进化论的身体自然主义美学并非粗糙的工具主义。工具主义认为,审美欲求、趣味和艺术品无非是生存斗争的直接的、明显的适应性行为。詹姆斯却认为它们恰恰是其他具有生存价值的身体适应性行为之复杂而间接的结果。詹姆斯认为,在这个意义上,基本的审美反应的起源是"偶发性的",尽管它们看似"恒常地内在于我们"。

> 事实上,在一个复杂如神经系统的有机体之中,必定存在着许多诸如此类的反应。这些反应出于偶然,与那些出于实用原因而进化的其他反应相联系,但其本身却无法为了任何自身可能拥有的实用原因而独自完成进化。晕船、爱音乐、各种沉迷,不,人类的整

---

[1] William James, "The Gospel of Relaxation", 收入 *Talks to Teachers on Psychology and to Students on Some of Life's Ideals*, New York: Dover, 1962, pp.102–103。詹姆斯的身体美学趣味同样言及服饰,他曾指出其美学特质对我们来说比身体更重要:"我们购置服饰并通过它们进行自我认同,故而,当被问及宁可拥有美好的身体却一直穿着破旧肮脏的衣服,还是拥有一副丑陋残缺的躯体却总是打扮得无可挑剔时,很少有人不会迟疑一通。"(PP, p.280)

个审美生活，都可以追溯到这个偶发的源头。[1]

2a. 詹姆斯确认审美愉悦和艺术欲求基于身体性的进化遗产的本能，但也受到社会文化环境和个人经验的塑造，他更是认识到合法的审美快感和艺术形式的多元性，精致形式又往往依赖于较为原始的形式。除了盐与土豆式的审美和谐之外，他还指出模仿（mimicry）的本能性的审美快感"带给旁观者和模仿者某种特殊的审美愉悦"，这正是戏剧艺术感染力的基础。詹姆斯也将这种感染力追溯到"拓展人格"、超越常规界限而导致的力量大增的愉悦感。[2] 詹姆斯将游戏视作基本的冲动和合法的审美形式，它建基于"（其他）原始本能产生的兴奋"，同时又为较高级的游戏形式，包括所谓最高级的、堪称美的艺术的游戏形式提供基础。詹姆斯强调那些"激发高级审美感受的人类游戏形式"，比如"对庆典、仪式、审判等等的热爱，这似乎于人类是普遍的"[3]。

"最低等的野蛮人也有自己略具形式感的舞蹈。形形色色的宗教都不乏自己庄严的仪式和演练，市政和军队则用各式各样的列队和庆典来象征自身的威严。还有歌剧、派对和化装舞会。"[4] 詹姆斯注意到"所有这些庆典游戏皆有一个共同之处，或许可称为组织有序的人群统一行动的兴奋吧。同样的动作，由群体表演似乎比独自表演意义更为广大"。"一种归属于集体生命的独特刺激"[5] 应运而生。

因此，同杜威一样，詹姆斯认定美学经验的重要社会维度和艺术的交流性力量的根基，在于那些造就"人性中的原始因素"的基本社会本

---

[1] PP, p.1097。人们可能会不同意詹姆斯而争辩说，审美愉悦自身具有生存意义上的价值，因为它们让人生值得一过。而且，詹姆斯所说的艺术的交流性愉悦，也可以被视为是通过提高集体意识、团结和交流技巧而改善生存。
[2] PP, pp.1027–1028.
[3] PP, pp.1044–1045.
[4] PP, p.1045.
[5] Ibid.

能。詹姆斯还提醒，这种集体审美感受力也有十分麻烦的表现形式。其中之一就是"军事形式和征战"[1]；他在别处又明确指出，抵制战争终止的主要原因本质上是"审美的……人们不愿意去想象没有军队生活的未来，许多迷人的因素将永远消失，命运再也无法由武力迅速地、令人惊悚地、悲剧性地决定，只能是逐渐地、寡味地'进化'"[2]。

2b. 詹姆斯美学中的民主多元论与独特的改良主义相携而行。首先，詹姆斯呼吁一种知觉的改良主义，来摆脱对"别人的"趣味与感受的"某种盲视"。詹姆斯以他的"私人个案"为例：他曾经无视北卡罗来纳州林中宅所的乡野之魅与温暖意义。他曾经觉得"简陋、腐烂，自然美缺失，也无任何人工的优美元素加以弥补"。但最后，一位对自己栖息之所心存感恩的当地向导令他豁然开朗。詹姆斯认为，在宽泛意义上，"对生命中最基本的、一般的善和欢乐，我们已经变得熟视无睹、麻木无感"，包括"视觉、嗅觉、味觉、睡眠以及敢于运用自己身体"的单纯的身体性快感。我们需要增进对周遭世界的生机和意义之多种可能性的知觉，才好摆脱某种盲视。[3] 更宽泛地说，我们需要提高对于别的族群的审美喜悦和道德理想的审美敏感力。我们出于"先天性的盲视"或遗传的"先天性的不宽容"，势利地看低他们。因而需要一个"宽阔的视角"去"割断那种喂养我们可怜的文化……的杂乱的文学浪漫主义"。美、高贵、神性，存在于"一切人当中，但文化本身却过于死板了，以至于无法察觉这一事实"。[4]

1　PP, p.1045.

2　William James, "The Moral Equivalent of War", 收入 The Writings of William James, ed., John McDermott, Chicago: University of Chicago Press, 1977, p.666。

3　William James, "On a Certain Blindness in Human Beings", 收入 Talks to Teachers, pp.114-115, 126-127. 对盲视的批判与詹姆斯美学的民主动力相关联。"我们被训练得去追求上等的、稀少的、精致的、独有的东西，却忽视平常之物。我们被抽象的概念塞得满满，连篇赞词冗言；在这种高级功能的文化中，与简单功能相关联的欢乐的源头往往已经干涸了尽"（ibid., p.126）。

4　William James, "What Makes a Life Significant?", 收入 Talks to Teachers, pp.135, 131。

这引向詹姆斯美学的审美改良主义的第二维度。审美愉悦和艺术形式，很大程度上是我们栖息的世界及经验进化的产物，但其又并不狭隘地受限于这个世界及其既定事物的秩序。尽管知觉和行为受到根深蒂固的习惯的指引，尽管趣味和愉悦也受物质世界、社会世界的习惯性经验（及其相携而至的期待）的塑造，但是我们试图通过想象和艺术而创造或审美欣赏的，却是更好的经验世界。詹姆斯说道：

> 尽管（艺术作品中的）诸因素是经验的，但它们交织而成的独特的形式关系，却不同于被动接受的经验秩序。美学和伦理的世界是理想世界，是乌托邦，是与外部世界持续冲突的世界，也是我们执着追求的世界。

詹姆斯承认，出于熟悉之故，"习惯性的安排也可是宜人的"，"但是"，他说，"这种简单的习惯性的宜人，无非是对高级的和谐和刺激的模仿和伪造"——这种和谐和刺激正是审美想象和伦理想象给予我们的，亦是理想主义者想要在现实世界中实现的。[1] 如爱默生所言，"大写的艺术拥有比一般艺术更高的功能……它的目标无非是创造人与创造自然"。

3. 实用主义美学的一个主要议题是美学与实践的连续性和整合性。这表现在：整合艺术与生活，认识到身体性欲望也是审美的，欣赏艺术和审美经验的功能性。如果说康德将美学与实践、欲望和纯感官愉悦相对立，那么他也同样将美学与真理的认知的、概念的判断相对立。康德对美学、实践和概念性真理的三分，展现（并象征性地强调）于他著名的三大"批判"中：《纯粹理性批判》《实践理性批判》和最后一部关于美学的《判断力批判》。此后，美学不仅常常与实践对立，还与理性

---

[1] PP, p.1235.

对立（甚至时而描述为"理性的绝对他者"）。[1]1884年，詹姆斯在美学中开始运用类似的三分法（至少出于修辞目的），以推进情绪研究，提出研究通过大脑"感觉活动中心"实现的情绪，是"认知行为和意志行为"研究的必要补充。詹姆斯抱怨，与"心灵中的知觉与意志部分"相反，"心灵的审美领域，即渴望、愉悦、痛苦和情感，却一直遭受忽视"。[2]但是，区分未必意味着对立，《心理学原理》的关键议题是将审美与理性、实践相协调与叠置。

詹姆斯认为，知识和理性思考极其依赖审美和实践因素。如前所述，他认为，审美的选择性构造解释了从感觉到知觉以及从知觉到物的转变。但他进一步确认，正是审美和实践因素决定着事物的"真实"属性。譬如，"在已知对象的所有视觉尺寸中，我们选择其中一个当作真实的，而将其余贬低为它的符号"。詹姆斯认为，这个"'真实的'尺寸"，"是由审美和实践兴趣决定的。当对象处于最合适的距离且其细节可以被精确地辨识时，我们认为它是'真实'的"[3]。同样，"同一个对象的感官印象出现差异时，实践上或审美上最有趣的那一个，被断定为真实的那一个"[4]。因此，比如说，"某物的真实颜色，就是它在最合适的可见光线下给予我们的一种色彩感觉"。同样，"其真实的尺寸、真实的形状等——这些只是从其他成千上万的视觉感觉中选择出来的一种，因为其审美特点令我们感到便利或快乐"[5]。

尽管詹姆斯在我们决定将什么当作某物的真实属性以及（因此是）

1　见 Jürgen Habermas, *The Philosophical Discourses of Modernity*, Cambridge: MIT Press, 1987, p.94; Richard Shusterman, *Practicing Philosophy: Pragmatism and the Philosophical Life*, New York: Routledge, 1997, ch.4。

2　William James, "What Is an Emotion?", p.188.

3　PP, p.817.

4　PP, p.818。就更为一般的感觉而言，詹姆斯声称"越是具有实践意义的事物，就越是永恒，其审美越是为大众可把握的，就越为大多数人信服"(PP, p.934)。

5　PP, p.934.

认识对象时，颇典型地兼顾了审美和实践的因素，但最后一例还是暗示了审美的优先性，因为在此例中"令我们感到便利"的实用是从"审美特征"角度来解释的。意思是，正是某些审美特质（比如清晰或生动）使得这些感觉属性本身显得实用或便利（因此值得选择）。

除了事物的真实属性的认知问题，詹姆斯还指出，概念分类的整个实践来源于审美快感。

> 由于某些未知的原因，巨大的审美愉悦让心灵打破经验的秩序，将其材料按照差异进行逐步分类并赋予序列，并不知疲倦地观照各序列之间的交叉与联结。多数科学中的第一步纯然是分类性的。[1]

詹姆斯还指出，在分类的起始阶段后，审美因素还会继续影响我们对科学性理论的选择。"一个理论，若在令人满意地说明感性经验之余，尚还能提供极大的兴味抑或吸引审美、情绪和行动之需求，它才会被信服。"[2]

如此，詹姆斯继续论道，"两大审美原则，即丰富与舒适，统治了我们的知性生活与感觉生活"[3]。我们想要的理论是"丰富的、简单的、和谐的"，这听起来像是美即杂多的统一的古典定义。"丰富性"，詹姆斯解释道，"要求包纳一个图式中的所有感觉事实；简单性，要求从尽量少的原始实体中推导出它们"。简单性提供了舒适的审美感觉，因为它倾向于让事物更加清晰和"确定"，复杂则让有限的注意力和记忆力紧绷。[4] 可见，审美因素是理论选择中底基性的且实践的考虑因素，既然詹

---

[1] PP, p.1242.
[2] PP, p.940.
[3] PP, p.943.
[4] PP, pp.943-944.

姆斯以"最小竭力律"来描述简单性标准；因为"最小竭力律"构成强大的实践考虑。

比大多数普通理论更广阔的，是我们观看世界的普遍哲学。詹姆斯认为，审美在理论选择中是基本的、首要的，不同的哲学世界观无非是个性或"语言趣味"的表达。黑格尔认为，哲学的目标是让世界减少陌生感，并"使我们在这个世界上更加自在"。詹姆斯欣赏此论。但是詹姆斯也意识到人人皆有不同的生活视角，且通过不同的方式感到自在。他说，"假若（如此）微小的审美不协就可以拆散诚实的人们，那会是令人遗憾的"[1]。此外，哲学产生于"科学的好奇"或"形而上学的惊奇"，这种审美欲求恐怕跟"实践一点关系都没有……哲学心智在知识中对矛盾或间隙做出回应，正如音乐心智在声音中对不协和音做出回应"。在这个意义上，哲学思考的动力和快感如同"许多其他审美表现，是敏感的、活动的"[2]。

假如审美因素在很大程度上决定理性思考，甚至左右认知生活依赖的主要实践兴趣，那么，詹姆斯式的实用主义将不得不拒绝某种实践与审美的严格的康德式的隔离。而且，詹姆斯有时用美学要素来解释伦理的实践问题，比如，战争、纯净和圣洁。最后，如果说詹姆斯式的观点认为所有自发的行动都受到以运动感为基础的动觉概念的暗中引领，那么，一切实践行动就会（至少暗中）牵涉到审美上的感受，比如，这些行动执行得顺畅有效，还是令人沮丧？顺畅的行动不仅带来愉悦而且也提高行动的效率，因此，全面的实践价值也包括这些有用的、愉快的感

---

[1] William James, *A Pluralistic Universe*, pp.634-635。"哲学是人的内在品性的表达，对世界的全部定义是不同个性的人对世界的审慎采取的反应。"（ibid., p.639）不同个性的人拥有不同的审美趣味或需求，詹姆斯由此发现一些哲学家如何看到"一元论在形式或审美上优越于二元论"（ibid., p.643），而另一些哲学家则会追随二元论的"哲学信仰，如同大多数信仰，它来自某种审美需求"（PP, p.138）。

[2] PP, p.1046

受。审美兴趣和实践兴趣是如此紧密地混合或交叠，以至于在某种程度上无法在现实经验中相分离，即使事后我们会从理智上对之进行区分。

在詹姆斯这里，审美经验不囿于对美的艺术或自然美的纯粹的、非具身性的、分隔的、形式化的鉴赏。它表现在广阔的生活经验之中，不仅展现显要的审美兴趣（丰富、生动、和谐、整一以及知觉和感受的愉悦），而且也包含强烈的实践和认知的兴趣。在詹姆斯这里，一个经验可以既是认知的、实践的，又是审美的；我们依据其看似主导性的或重要的方面，或当下的视角、目的与语境，为之贴上或此或彼的标签。

4. 审美与实践、认知是相连续性的，不同的因素或兴趣皆可纳入经验的统一体，这引向实用主义美学的最后议题：审美经验的核心性及其难以命名的特质的统一性力量。这一议题正是杜威美学的中心。杜威美学第一次将实用主义美学置于哲学的版图。我相信这深深受惠于詹姆斯。在将艺术界定为经验时，杜威试图提醒我们，艺术的终极价值并不在于所谓艺术品的物理对象的集合，而是生动的、引人入胜的审美经验，这些审美经验，通过我们创造、欣赏这些对象及经验中的其他因素，而介入并酬赏我们。杜威追随詹姆斯将经验置于其整个哲学计划的核心，因为这一富饶的概念足以将那些阻挠我们思想与生活的分裂的二元论重新整合起来。

杜威将审美经验的核心界定为统一的、难以命名的特质，这种特质抵抗概念化的描述或明确的前景化指涉。这种经验恰恰为明确可识的、突出的、可在经验中命名的事物的前景化，提供了必要的、统一的背景。正是这种统一性整合了那些差异极大的要素，这些要素又在意识中融合成连贯一致的经验。杜威因此提出，审美经验的这种核心的质对于所有连贯一致的经验而言是在场的、必要的，因为正是它将多样化的经验要素共置于连贯一致的形式中。在提倡审美经验及其整合的力量和丰富性之普遍意义时，杜威本质上借用了詹姆斯的意识整一性的观点。在本章结尾，我将展示詹姆斯式的心理学如何别样地为实用主义美学提供重要资源。

在著名的"思想流"（"The Stream of Thought"）一章中，詹姆斯提出，一个人的思想流中不存在任何"质的中断"。相反，"在个人意识中，思想是可感地连续的"。这就是为何詹姆斯把意识描述成"河"或"流"而不是"链"或"节"，因为"链"或"节"暗示的是不连续"片段"（bits）的链接，而不是一种流动的完全的归并。[1] 为了突出这种完全的归并，詹姆斯将"连续性"定义为"没有缺口、裂纹或分割"[2]，杜威也回应了这一观点（在《艺术即经验》的著名一节"拥有一个经验"中），将审美经验界定为光滑的连续的流，"没有接缝，没有不被填满的空隙"，是"没有漏洞、机械的连接点和死角"的一个"连续的归并"[3]。

在"思想流"中，詹姆斯区分了意识流的"飞行"（flights）和"栖息"（perchings），以说明意识流中看似急剧中断的地方并不真的是对连续性的打断，而是概念的"混淆"和"肤浅内省"的产物。[4] 这种混淆误将意识中的主观思想当作它在世界中的相互独立的对象。"寂静可能被霹雳打破"，詹姆斯解释道，但这种震惊正好将连续经验的意识流的一部分制造成一种"径直的从寂静到声响的过渡状态"。"思想中的一个中断，其情形如同竹子中的节是竹竿的中断。"[5] 忽视这种连续性，是因为我们总是聚焦于意识流中的"栖息"（显明的、清楚的停歇处），却未能注意到意识中联结这些"栖息"的诸多事物，包括语境性的转换和组成经验背景的诸"栖息"之间的关系。对雷声的意识因而"并不是雷声本身，而是打破了寂静并与寂静形成对比的雷声"，这个"雷声"不同于

---

[1] PP, pp.231, 233.
[2] PP, p.231.
[3] AE, p.43.
[4] PP, pp.233, 234, 236.
[5] PP, pp.233–234.

"作为前一个雷声之连续的雷声"。对"雷声的感觉也即对刚刚消逝的寂静的感觉"[1],从而是寂静的连续(虽然两者如此不同)。我们通常忽视这种基本的连续性,因为关注的是这两种"栖息"(寂静和雷声),而不是联结它们的过渡性感受(或飞行)。

在詹姆斯这里,一切感受或意识内容远比具体的形象或"栖息"更加复杂。它还包括"过渡状态""对趋势的感受""对关系的感受"和"其他未命名的状态和性质"这些所有语境性半影(penumbra)。[2] 它们尽管难以命名亦无法察觉,却构成了一种模糊的语境性光晕,构建了经验的意义和性质。詹姆斯写道:

> 心灵中每一个确定的形象……皆浸泡、晕染于围绕它流动的自由水流之中。与它相随的,是或近或远的关系,它携带着来处的消隐下去的回声,也携带着去处的曙光般的预示。这个形象的意味和价值,全在于围绕、守护它的光晕或半影之中。[3]

詹姆斯继而说道,这种"可感关系的光晕"形成"精神泛音"或"边缘"。它的可感觉的特质本质上引领着意识,选择与组织着思想的各个要素和焦点,这些要素和焦点从而按照与这种特质的"亲合感"被连贯一致地整合起来。"任何念头,若是其边缘让我们的自我感觉'良好'(就可以被认为是)……我们思想行列中有意义的、恰当的部分。"[4]

杜威在解释审美经验的不同阶段如何整合成一个连绵不断的"飞行和栖息"的连续体时,明确征引詹姆斯的理论。[5] 他同样借用詹姆斯对

1　PP, p.234.
2　PP, pp.239-240.
3　PP, p.246.
4　PP, pp.247, 249-250.
5　AE, p.62.

我们经验到的相互独立的实物和我们经验流中真实的意识内容之间的区分，后者是模糊的、连续的，本质上由一个不明确的"质的背景""一个不明确的总体场景""一个包裹着的、无法定义的整体"所塑形[1]，其可感的统一决定了意识经验的方向和借以雕刻经验的核心要素、部分或对象，即使这些经验本身是连续的、统一的、流动的。于是，尽管审美经验因为其独特的特质而彰显为"一个经验"，杜威却还是喜欢将它比作"河流"（而非"池塘"），就是其方向性流动使然。[2]

詹姆斯认为，质的背景中的过渡性要素"未被命名"，因此没法被注意到。[3] 词语仅仅命名了那些意识流中特别具体的对象、要素或者意识流中"栖息"的事物，但是它们既不命名这些要素或"栖息"之物借以聚合的复杂的、不明确的背景，也不命名那些难以命名的特质或对趋势的感受——借此具体的要素才得以统一并被赋予方向。同样，杜威认为，在审美经验中，"没有任何语言符号能够表达（经验）的完满和思想的丰富性"[4]，也"没有任何名称"可以将其直接的特质具体化[5]。杜威认为，它的统一的特质无法描述，甚至无法具体言说；假若它被具体地命名或具体化，则失去流动的建构的直接性，而转变为一种置于前景的再现对象。詹姆斯以比喻的方式写道，"这宛如冰雪的结晶，一旦握于温暖的掌心，即刻消融而为水滴，结晶则一去不复返"，因此企图去"拘禁"这种"流"的直接的、过渡性的性质，无异于让其湮灭。[6]

如果说，詹姆斯的意识统一理论为杜威的审美经验论提供了构造

1　AE, pp.197, 199.
2　AE, p.43.
3　PP, p.243.
4　见 John Dewey, "Qualitative Thought"，收入 *John Dewey: The Later Works*, vol.5, Carbondale, Southern Illinois University Press, 1984, p.250。该文出版于 1930 年，当时杜威正在准备 1931 年的詹姆斯美学演讲。他是在 1929 年收到演讲邀请的。
5　AE, p.97.
6　PP, p.237.

方式，那么，詹姆斯自己是否觉察到其心理学观念的美学意蕴了呢？看似如此。在谈论那引导审美经验的趋势的无名感受的模糊的质的半影时，他自问，"什么是一部歌剧、戏剧或者一本书的朦胧'形式'框架？它存留在我们的意识之中，甚至在创作实现之后也依然是判断的依据"。答案是，"可感关系的光晕"构成朝向审美对象的经验的"精神泛音……或边缘"。[1] 这种朦胧的、无名的却直接可感的特质构造了意识的要素，决定了经验流的方向；也奠定我们对艺术作品进行言语描述或判断时表达的具体特质。杜威关于审美经验直接性的理论落实了这种整合、组织和指向的功能，实则将这一理论从艺术领域拓展到某种超验性观点：这种直接可感的特质是一切连贯思想之必要因素。这显然是受到了詹姆斯意识统一性的现象学分析的启发。

尽管杜威的论点并非不刊之论[2]，但他的实用主义美学受惠于詹姆斯，却是确定的事实。他们对于连续性的进化论的实用主义路径是重要的。这不仅在于坚持经验中普遍的审美维度，从而调和了审美与身体、欲望的关系，调和了审美与实践、理性的关系，还在于通过联结（和尊重）高雅文化与流行文化而整合生活和艺术。他们的实用主义方向也有助于重新联结美学与心灵哲学，将美学重新引向知觉和实践行为的问题。这一问题正是鲍姆加登（Baumgarten）将美学创立为一门感性知觉科学的构想的核心。但鲍姆加登却忽视了知觉的身体之基，詹姆斯和杜威予以强调，这亦启发了我的身体美学构想[3]——一门关于知觉、呈现和行为（performance）的涉面甚广的美学。

1　PP, pp.246–247, 249.
2　见 Richard Shusterman, *Practicing Philosophy*, London: Routledge, 1997, pp.163–166。
3　关于身体美学的更多细节，见我的 *Body Consciousness: A Philosophy of Mindfulness and Somaesthetics*, Cambridge: Cambridge University Press, 2008。

第七章
"实用主义美学"的发明

一

"姓名有何意义呢?"朱丽叶打了个比方:"我们称作玫瑰的那一种花,要是换了个名字,它的香味还是同样的芬芳。"朱丽叶一心鼓励罗密欧干脆"除去"或"否认"他的姓氏,却仍然可以保持他真实的身份及其全部"可爱的完美"。然而,莎士比亚的戏剧十分悲哀地揭示,名称(包括姓氏)确有其义;而且往往具有持久而强大的意义与内蕴,因为名称拥有持续塑造其当下指称的历史。假若说,罗密欧和朱丽叶的悲剧显示,除去、否定或逃脱一个名称的意义是多么困难,那么当代认知心理学则同样揭示,名称的联想意义甚至影响我们的基本感知。如果发现这芳香之物并非玫瑰,而为毒莓、化学合剂或啮齿动物分泌物,那么则必定嗅之黯然。

广告展示了名称的说服性力量;名称吸引人接近产品或打消念头。哲学观念、理论和运动也有名称;它们的形式和命运一样颇受所携之名的影响。名称虽是先前历史的产物,但也最终激进地重造哲学传统。名称本身甚至创造传统,如詹姆斯以"实用主义"一词所为。这一名称是詹姆斯从皮尔斯的实用主义意义原则所借取的,继而将之与经验主义多元论的旧观念、美国改良派（reformist）的改良主义相结合，而大胆开拓出一种新的哲学运动。詹姆斯明显自觉到命名的行动和力量，将他的第一本书命名为《实用主义：一些旧思想方法的新名称》(*Pragmatism: A New Name for Some Old Ways of Thinking*）并预言它将是"划时代的"，会创出一种激进地改变我们文化的思维运动，"就像新教改革运动"。[1] 虽然这一野心勃勃的预言迄今尚未实现，实用主义却无疑有力地参与了近百年的文化战场，无论是美国哲学还是国际性的各个文化领域。

近年来，实用主义在美学领域的影响最为显著。不过美学起初只是实用主义哲学最边缘的领域。无论皮尔斯或詹姆斯皆未在这一领域有过著述，杜威转向它，也只是在他晚期，出版《艺术即经验》是在1934年，他已75岁。[2] 虽然杜威的书毫无疑问是实用主义美学的奠基性文本，对"实用主义"之名却未有任何推进。杜威不仅避免使用"实用主义美学"（pragmatist aesthetics）（或近似的"实用美学"[pragmatic aesthetics] 或"审美实用主义"[aesthetic pragmatism]），连"实用主义"一词也从未出现过。我曾指出，这种省略是有意的、策略性的、一贯的。我开始从事实用主义的艺术研究时，意识到杜威从未说起过"实用主义美学"，但我却不能充分理解他为何有意拒绝这一概念。当时我以《实用主义美学》建构一种当代后杜威文化的新实用主义艺术理论，以杜威为我的主要灵感来源。[3] 现在，二十多年之后，"实用主义美学"这一术语已然流行，探究这一术语和观念的源起、流行及其如何回溯到杜威（及其他早期实用主义思想家），显得颇有意义。

1　见 William James, *Pragmatism: A New Name for Some Old Ways of Thinking,* 1907, Indianaopolis: Hackett, 1981; *The Correspondence of Willam James,* eds., I.K.Skrupskelis and E.M.Berkeley, vol.3, Charlottesville: University of Virginia Press, 1992, p.339。
2　John Dewey, *Art as Experience*, 1934 , Carbondale: Southern Illinois University Press, 1986.
3　Richard Shusterman, *Pragmatist Aesthetics: Living Beauty, Rethinking Art,* Oxford: Blackwell, 1992; 2nd. edition, New York: Rowman and Littlefield, 2000.

本章将对实用主义美学的名称和观念做一谱系性探究。在前几章我已分析阐明实用主义美学观的三位奠基者——皮尔斯、詹姆斯和杜威，以及实用主义先驱爱默生的情况。但唯有杜威以系统性的哲学理论来建构他的美学观。虽然杜威的《艺术即经验》被恰如其分地称为实用主义美学的主要资源，这一章却先来解释为何这本书从未出现过"实用主义"一词，而让经验成为其解释性的概念；在探讨了经验及其遍在的、直接的、统一的特质在杜威一般的思想和行动的实用主义理论中的核心作用之后，接着说明为何我们批评他的美学不是充分的实用主义，以及杜威为何甚至言明他事实上从未意在成就实用主义美学理论。第二部分追究这一谱系学问题："实用主义美学"这一术语是如何在后杜威时代确立的，如何因新实用主义美学课题的出现而将此名称加到杜威身上。通过重新追溯我如何并为何首次使用这个词，我发现（回顾起来我自己也大吃一惊）我走向实用主义美学的第一步实际上并不是受到杜威的激发，虽然他很快成为我的主要灵感来源。结束部分追溯"实用主义美学"在过去几十年中的成长，同时也以经验材料展示这一术语（以及相近术语）的使用如何拓展，为此，我不仅考察它在杜威《艺术即经验》之前和之后的用法，而且，也更具体地考察《实用主义美学》之后的状况。

一

杜威无意于将自己的美学界定为实用主义，尤其是因为"实用对立于审美"的观念长期占主导地位。而且，就在杜威写作《艺术即经验》之前，有人指责杜威的实用主义哲学过分实用，过多从技术技艺层面上专注工具性手段和实践性现实，基本上漠视了想象性价值与审美、艺术的真正目的。这种批评其实愈来愈困扰杜威，为回应这种认为实用主义缺少美学的令人沮丧的指责,《艺术即经验》应运而生。

早在一战期间,杜威从前的弟子 R. 布恩（Randolph Bourne）就批评他的哲学是"理性控制的哲学",缺乏"诗性",想象性价值和理想故此屈从于技术之下。这种批评在 20 世纪 20 年代复现,L. 芒福德（Lewis Mumford）说道,杜威和詹姆斯的哲学是向美国资本主义工业及其"实用人格"的"实用主义的俯首称臣"。芒福德指责杜威对艺术不屑一顾,只当它是另一种工具性,并谴责实用主义"单向度地理想化了实践谋划",缺乏对艺术想象的相应兴趣去"表达更加彻底、令人满意的目的",去实现自足的、让生活变得崇高的审美价值,超越实用工具、利益制造的无休无止的机械性运转。[1] 持续不断的批评令杜威不安。他想到,自己的哲学生涯已四十二载,是时候写一本厚重的美学专论了！因此,1929 年他受邀于哈佛首次演讲詹姆斯之际,旋即决定了他的主题,毫不掩饰进入一个自己尚未系统探讨过的领域的渴望,"艺术和美学向我走来……有人曾批评我忽视了它们及其终极目标"[2]。1931 年的演讲以"艺术和审美经验"为题,继而修订扩充,于 1934 年以"艺术即经验"之名出版。

杜威意识到"哲学如何处理艺术和审美经验,是最好不过的检验办法了,这确切地暴露了哲学的单向度性"[3],在此杜威的天才击中了一个完美的策略,足可无比开阔地、系统性地探讨艺术,亦辩护、深化他整个的哲学路线了。这一策略的关键就是那个极多义的经验概念——其实早已是杜威实用主义（以及皮尔斯和詹姆斯）的中心。作为一种经验的而非先验的哲学（"经验的"源自表示经验的希腊语）,实用主义从其经验

---

[1] Randolph Bourne, "Twilight of Idols", 1917, 重印于 *Radical Will: Randolph Bourne, Selected Writings*, ed., O.Hansen, New York, 1977, pp.341-347; Lewis Mumford, *The Golden Day*, 3rd. edition, New York, 1968, pp.134-137。

[2] AE, p.375.

[3] AE, p.278.

效果来看待意义、评估价值，因此注重观察的经验程序和构成科学方法核心的经验性检验假说。杜威对经验研究和经验方法的热烈倡说（即使在伦理领域），为他在中国赢得了"赛先生"（Mr. Science）的称号，且如我们所见，亦导致同样的批评，即他的哲学是单向度的科学性。但是经验（审美经验的主要观念所示）亦明显地构成审美欣赏和快感的核心（及内在价值感），一如实验是艺术革新的核心。

通过让经验成为艺术哲学的核心，杜威巧妙地显示其经验实用主义并不是狭窄的科学性的，而是圆满、统一的，且可填补文化与科学之间的分离与冲突的鸿沟。艺术如同科学，是知性经验的产物。而且，这两个领域（杜威十分强调其间的连续性）皆将经验当作一种成功与否的检验，并将提升了的经验当作激发目标或价值的关键。他早年坚称，哲学自身理应是改良主义经验意义上的"一种生活经验的研究"，寻求解放与发展"日常经验的潜能，求得欢乐与自治"。[1] 杜威意识到美术（以及自然美等）的审美经验通常因为其统一与圆满而显得如此强烈、令人欢欣，从而凸显为"一个经验"，但是杜威也认为，审美经验的最基本维度——联结审美经验诸要素的直接可把握的统一特质——是将任何情境或事件构造为一个连贯的、可识的经验的必要基础。杜威得出结论，"为了理解审美经验，哲学家必须去理解什么是经验"[2]。

既然坚持审美经验是理解一切经验的关键，杜威似乎可以理直气壮地声称，虽然他的哲学被反复地批评为单向度的科学性，实际上审美才是他整个哲学计划的核心，因为它构成了他的基本的、围绕经验的经验主义的核心。事实上，我要指出，杜威的审美经验的核心概念，本质上

1　John Dewey, *Experience and Nature*, Carbondale: Southern Illinois University Press, 1998, pp.40–41；下文简称 EN。

2　AE, p.278.

来自他先前对更为一般的直接经验的分析,而且,他认为其可感的质性的统一是一切连贯的精神生活的必然基础,包括对艺术整体及其特质的知觉。假若如此,杜威的美学就可以被阐释为他早期心理学或心灵哲学的一些观念的运用或发展。在这更大的哲学语境中将他的审美理论语境化,不仅可以让我们更好地理解其根基和背景,而且意味着这反过来也可以是当代心灵哲学研究的资源。

那么,经验就是杜威联结其科学的、哲学的经验主义与审美文化的观念。宽泛完全意义上的经验概念也可以统一那种扭曲艺术与生活的二元论。经验既可以是认知的,也可以是非认知的;它既包括客体与主体,也涉及经验的内容和经验的对象。经验既是罕被察见的意识生活流,又是巅峰的、独特的时刻——是从"真正的经验"流中凸显的时刻[1]。经验拥抱过去、现在和未来,经验包含着累积的传统智慧;这些智慧曾为保守思想趋之若鹜,但也象征着向变化与实验的开放。正如人的经验总是位于历史、社会和政治语境之中,因此,将艺术界定为经验,则确保这些语境得到应有的关注,而不是将美学孤立在狭窄的形式主义之内。

而且,由于经验本质上是具身化的,故不可能囿于单纯的理性认知,而是关乎整个人。因为它既是动词也是名词,"经验"意味着完成的事件和过程,包含直接性和持续性。经验属于生活和艺术,于艺术家与观众同样重要。经验既可以是人去积极产生的,也可以是人经受的或卷入的(如审美迷狂)。经验中夹杂的这种被动因素,可以解释为何杜威最终倾向于将艺术界定为"经验",而不是同样实用的、多面的"实践"——杜威也偶尔借"实践"描述艺术。

但是在彰扬精确的哲学家看来,经验的多重意义是成问题的。杜

1　AE, pp.42—43.

威在英美美学的接受正受阻于此。虽然他的经验美学在艺术界具有一定的影响，惠及 T. H. 本顿（Thomas Hart Benton）、R. 马瑟韦尔（Robert Motherwell）、波洛克（Jackson Pollock）、A. 卡普罗（Alan Kaprow）等艺术家，出现了抽象表现主义和偶发艺术等艺术种类，但杜威的艺术哲学在 20 世纪中期基本上被分析哲学当作"相互矛盾的方法与散漫的思辨的混杂物"[1] 打发掉了。这是一个非常不公平的判定，但是它也表达了许多哲学家面对杜威风格的沮丧感，因为其流动的阐述有时具有较浓的暗示性，却不够清晰。他对多义的经验概念的宽泛使用无法更无助于提高其清晰性，他自己后来也对这个词可能会引起的混淆表示过忧虑。[2] 一些杜威的新实用主义仰慕者，尤其罗蒂，认为他用经验一词是完全错误的，因为它似乎招致了基础性的、非语言的给定神话。杜威从直接经验界定艺术，似乎很容易招致批评。即便有人（如我）深深地欣赏经验概念及其在重思艺术定义中的实用主义用途，也仍然可以认为，杜威对经验概念（或其直接的、不可言说的质性感受）寄寓过多，不仅将它用来界定艺术和艺术价值，还拿它来建立一切思想连贯性的基础。[3] 接下去我们来看杜威对直接经验特质的说明，先从他将之当作必然的、普遍的心理基底的一般讨论开始。

---

1 Arnold Isenberg, "Analytic Philosophy and the Study of Art", *The Journal of Aesthetics and Art Criticism*, vol. 46, 1987, p.128.
2 1949 年，在为《经验和自然》（*Experience and Nature*）准备导言时，杜威写道："经验就是以一种概括的方式来指派一切具有人性特点的综合体。"他进一步断言，这个词的宽泛的"不确定性……是其哲学价值所在"。但是，到 1951 年，他重新回来写这一导言时，他本人表示他怀疑以一种包容性的方式来使用这个词是否可以成功，甚至他反悔了，如果现在写（或重写）《经验与自然》，他"宁可将书命名为《文化与自然》"，虽然他依然相信这个词具有理论价值，"指派那种包容性的主题"，现代哲学却往往将之分裂为主体与客体、心灵与世界、心理学与物理学的二元论。见 EN 的附录，p.331, pp.361-362.
3 比如，见 Richard Rorty, "Dewey's Metaphysics", 收入 *Consequences of Pragmatism*, Minneapolis: University of Minnesota Press, 1982; "Dewey Between Hegel and Darwin", *Truth and Progress: Philosophical Papers*, vol. 3, Cambridge: Cambridge University Press, 1998。

三

杜威认为，直接经验的统一性是一切连贯思想和行动的基底。他在 1930 年《质性思想》("Qualitative Thought")一文中首次对之进行系统的阐明。杜威当时想必正在准备 1931 年纪念威廉·詹姆斯的系列美学演讲[1]，满脑子美学与詹姆斯。倘若我们考察此文的观点，则会发现它不仅有意味地借用了艺术，而且詹姆斯的回响也确然无处不在（虽然未经言明），尤其是詹姆斯认为，直接经验的特质在一切精神的连贯和认知之中具有基础性作用。

杜威认为，对于物事的经验、判断与思想，从来不是在绝对孤立中完成的，而恰恰是位于语境整体之中——他称之"情境"。但是，是什么创造了情境并赋予这情境以总体、结构与限度？杜威指出，它就是直接可感的"直接特质"（immediate quality）。情境或经验"无论其内部多么复杂，却能聚拢在一起，是因为其完全受同一种特质的统治并以此为特征"；这种特质被把握为"一种直接在场"。[2] 而且，在建构这一情境的过程中，这"整个情境的直接特质"[3] 同样控制着对象或构成部分的区别，而后思想将这些对象或构成部分进行界定并用作情境或经验的部分（关系、元素、对象、区别）。"底基性（underlying）的质性整体，规定着每一种区别与关系的关联性与力量；它引导一切明确的构成部分的选择、拒绝和使用方式"，因为这些构成部分"就是它的区别、关系"。[4]

---

1 John Dewey, "Qualitative Thought"，重印于 *John Dewey: The Later Works,* vol.5, Carbondale: Southern Illinois University Press, 1984；下文简称 Q。此后杜威继续在《艺术即经验》中坚持这一观点，进一步的深入则在于他后来的书《逻辑：研究理论》，*Logic: The Theory of Inquiry,* 1938, Carbondale: Southern Illiniois University Press, 1986。
2 Q, p.246, p.248.
3 Q, p.249.
4 Q, pp.247–248.

这种"底基性的、遍在的特质"也显示，是什么构成充足的判断，是什么层次的细节、复杂性或精确性足以让语境性的判断变得有效。判断总是可以更趋具体或精确，但是，杜威言道，"充分的就总是充分的，而底基性特质本身即是一切具体情形中检测是否'充分'的试金石"[1]。直接特质的另一种功能是决定并维持情境的基本感觉或方向，尽管一般的经验流扑朔迷离。虽然直接特质是非话语性的、"喑哑"的，但它拥有"朝向同一方向的运动或过渡"，"从而提供了统一的背景、线索和方向性暗线"。[2]

杜威认为，直接经验的综合特质是解释观念联想的唯一充足方式。以物理上的相邻或相似去解释观念联想并不令人满意，这是因为"时空中有不计其数的相邻之物"，而且各物之间总会有某一方面的相似。杜威得出结论，联想必定是从"控制对象之间联结的底基特质"产生出来的"一种智性联结"；所联结的"两个观念与情境之间的关系必定有统一的特质"。[3]

我同意，我们经常感觉到直接经验的某种遍在的统一性的特质，这种特质体现了精神生活的五种功能：将经验构建成一种连贯的整体，组织其构成部分和限度，赋予思想以方向，决定联想的关联性和恰切性。不过，正如我在别处说过，杜威的观点并不表明直接经验的这种统一性特质必定总是在场并且总是必要的。这是因为，经验中其他的遍在因素也可以一起实现这五种功能——尤其是习惯的连续性和方向、意图的实践目标的统一性，这也是杜威自己强调的因素。

意图将其追求中包含的情境性因素联结起来，习惯暗示着一种内在的构造，而且进一步推向未来新的构造，习惯和意图不仅塑造我们对

---

[1] Q, p.254, p.255.
[2] Q, p.248, p.254.
[3] Q, p.258.

对象和情境内各种关系的区分，而且也引导我们对其关联性和重要性的判断。习惯和意图也为情境及其经验赋予某种稳定的方向。杜威坚持，"一切习惯都有连续性"并具有"预示性"，思想习惯自然而然地继续其方向进程，并往往拒绝被分神干扰。[1] 杜威意识到，意图为行动"给出统一和连续性"，因为它的"目标"要求一系列的相互协作的手段去达到它。[2] 而且，杜威承认，意图进一步解释了何者在判断中是充分的，既然"任何服务于这一意图的主张在逻辑上是充分的"[3]。最后，习惯和意图可以解释观念联想，而不必求诸联结观念之间的不可言说的统一特质。杜威问道："当我想着锤子的时候，为什么接着会出现钉子的观念？"[4] 更加明显的答案不是那种直接的、不可言说的统一特质的黏合力，而是"建造某物"这种实用意图的功能性联想的根深蒂固的习惯。

我不是在强调我不同意杜威关于这种遍在的、统一的直接经验对于一切连贯思想的普遍必要性，而恰恰是希望解释其心灵哲学中这种本质的、统一的、质性的因素如何转化为《艺术即经验》的核心。为此，我对这本回响着"质性思想"的著作中的某些段落做一评说。我还会继续说明，杜威关于直接经验的遍在的、底基性的、统一性的特质如何强烈地回响着（更像是直接源自）詹姆斯《心理学原理》关于思想的直接经验的说明。《心理学原理》对杜威的影响昭然若揭，研究者多集中于他的心灵哲学、形而上学、认识论和社会理论（因为习惯概念），但却忽视了对杜威美学的影响。但是假如杜威的美学源于他的精神生活观念，那么，詹姆斯也通过塑造杜威的精神生活观念而富有意味地塑造了杜威的美学。

---

[1] John Dewey, *Human Nature and Conduct*, 1922, Carbondale: Southern Illinois University Press, 1983, pp.31, 168.
[2] John Dewey, *Ethics*, Carbondale: Southern Illinois University Press, 1985, p.185.
[3] Q, p.255.
[4] Q, p.258.

篇幅之故，我无法对这些"质性思想"在《艺术即经验》中的回响进行综合讨论。仅以《艺术即经验》第九章关于艺术创造和知觉的描述为例。"质性思想"中关于直接经验的无所不在的、统一的特质明显在这一章中回荡。"艺术家和观众皆始于所谓一种总体的屈从（a total seizure），一种包容性的质性的整体，未及被清晰表达或区分成诸部分。"[1] 从"起始"甚至"模糊未定之际"，这种直接特质就具有了其决定经验的"独特性"。"如果感知继续下去，区分必定嵌入其中。注意力必定向前移动，而移动之际，诸部分、诸成分渐渐从背景中浮现。倘若注意力并非散漫无定，而是在一种统一的方向中移动，那么它就会受到占主导地位的质性整体的控制；注意力之所以受到这种质性整体的控制，是因为注意力乃是在这其中运行。"[2]

杜威接着断言，"这种贯穿艺术品诸部分并将其联结成独特整体的弥漫性特质，只能在情感上'被感觉'"。这一特质"只能被感觉，即被直接地经验……它无法被描述甚至无法具体地指出——因为艺术品内部任何被具体化的东西只是其中的一个区别"。"它是如此彻底地、普遍地在场，故视之当然"，但其本质的、无所不在的统一化的力量却确保了"艺术品的不同因素和具体特质以一种物理事物无法比拟的方式进行混杂与融合。这一融合是同一种质性总体的可感在场"。虽然艺术品的不同部分可以被辨别，但"若没有那可感的笼罩性特质"，各部分只能"相互隔离或机械地相关联"。它们之所以构成艺术品的真正重要的、内在的部分，正是因为它们"拥有了某种无所不在的特质，这种特质并未因它们被区分而消失"，并且决定着这件艺术品的本性。[3]

这里问题在于：这一特质如何在被区分、被表达成诸部分而得到

1　AE, p.195.
2　AE, p.196.
3　Ibid.

欣赏时，依然是同一种特质？但是杜威并没有提出这一问题，他的立场似乎阻止他做出具体陈述。这是因为，要恰切地陈述这个问题，看这种特质如何不受经验改变而保持同一，则必须能够具体说明或规定这一特质。但是，对杜威而言这一特质不可能被具体化，因为它无法命名；它是被"拥有"或被直接经验，而不是通过对概念和话语性思想的沉思而"得知"的。杜威坚称，"它不可命名"，但是，"它是艺术品的精神"。[1] 他进一步说，这种特质是"背景"，是"不确定的"和"模糊的"。他指责心理学中的客观主义倾向，假定经验本身的一切内容、思想和形式，必定拥有那些我们当作经验对象的物理对象的同样清晰有限的性质。相反，这些经验的内容和形式是模糊的，并伸入"不确定的总体背景"之中。而且，这种"暗示性的不确定性"并不是一种缺陷，而是生产性地致力于艺术品的"完满效果"。[2]

杜威忠实于他在《质性思想》中的描述，承认这种"不确定的、遍在的特质"不唯艺术独有[3]，相反，它是统一我们一切连贯思想经验的东西，并在这种思想和知觉的连续进程中为"每一种明确的受关注对象"提供语境背景[4]。既然无法通过将这种无名的、不确定的特质（将之命名或界定）具体化而证明这一说法，杜威因此认为，这种特质在场的最好证据正是这种超验性论点：没有它，就不会有对于连贯性、关联性或方向的统一的感觉。"最好的证据是，我们对某物是否相关的感觉，是一种直接的感觉"，不是"反思的产物"。[5] "除非这种感觉是直接的，否则就无以通向反思。对于一个广延的、底基性的整体的感觉是每一种经验的语境，是理智清明的要素……倘若没有这种不确定的背景，任何经验

---

[1] AE, p.197.
[2] Ibid.
[3] AE, p.198.
[4] AE, p.202.
[5] AE, p.198.

的质料都是不连贯的。"[1]

　　杜威所言甚是。有意义的思想和知觉要求一种背景语境，作为结构性背景的语境无法在对象的关注前景中出现，使结构性背景成为可能，这一观念在当代心灵哲学变得愈加重要。[2] 杜威坚持，这"背景"必定是其中的一种"质性"感受，一种心理学感知，它是在现象学意义上在场的、被感觉到的，但是它无法被命名或具体化或被恰当反省（因为会涉及反思）。连贯性思想和有意义的经验要求一种背景，但是有一点依然未明：为什么这种背景本身（至少在某些场合）无法通过其他要素，诸如习惯和意图（同样是心理因素）及环境条件得到充足的建构，却需要假定直接经验的一种特别的、含糊可感的特质呢？这种特质并不会改变，即使经验本身会随着部分和阶段的不同而改变。

　　无论我们如何看待这一问题，现在已经明确的是，杜威的艺术理论和审美经验是他心灵哲学中有关连贯思想的一般描述的某种阐发。但是，如果每一种连贯的经验，皆具有这种充分显露出广阔的、底基性之整体的遍在的、无名的统一的特质，那么问题来了，什么是艺术和审美经验的独特性呢？杜威的解释是艺术"突出"这种特质："艺术品将伴随每一种普通经验的笼罩性的、不确定的整体进行深化或将之明晰化。"[3]

1　AE, p.198.
2　重要的心灵哲学家、语言哲学家约翰·塞尔（John Searle）把"背景"这个词当作他的心灵、意义、意识、行为和社会现象的理论。比如，John Searle, *The Rediscovery of the Mind*, Cambridge: MIT Press, 1992, pp.175-196；及 *The Social Construction of Reality*, New York: The Free Press, 1995, pp.127-147。塞尔并没有讨论詹姆斯或杜威对背景的说明，他自己的"背景"理论则颇富意味地不同于詹姆斯或杜威（比如，比现象学方式更注重因果分析）。但是，像詹姆斯和杜威那样，塞尔认为，位于外显意识之下并"构造着意识"的背景，使得连贯的"知觉阐释"以及"语言学阐释的发生"成为可能，并给予我们的经验某种方向或"叙述形式"，指引或"支配（一个人）进行各种各样的行为"（ibid., pp.132-136）。
3　AE, p.199.

《艺术即经验》第三章论审美经验的经典描述中也可见同样的论点（以及他的"质性思想"原则的运用）。不过，杜威坚持认为，审美经验并不只是一种由遍在的背景情感所统一的连贯经验而已。相反，它是通过特殊的方式被统一的，因而生动、显著、难忘，因而"凸显"，从而构成了杜威所言的"一个经验"，他时而也称之为"生动的经验"或"整体的经验"[1]。若说所有的经验皆具一个基本的整体（为了清晰的需要，我们将它将其区分为"单一性"[unicity]），那么，"一个经验"则显示出一种独特的、突出的整体，没有一丝精神上的"分神和溃散"，"一切相连续部分皆自由流动，没有接缝，没有不被填满的空隙"。对杜威而言，"当我们拥有经验的时候，没有漏洞、机械的连接点和死角"[2]。在这种统一经验的流动中，各部分"持续地合并着"，虽可分辨，却又无缝地整合进转化的运动之中。对于这种各部分（或各阶段）的混合，杜威引用詹姆斯的心理学解释之。詹姆斯"敏锐地"把"意识经验的过程"比作是"鸟的飞行和栖息的交叉进行"[3]。

而且，通过它的尤其强烈的统一性，一个经验就是一个独特的"整一的、完整的经验"，看起来"自足，因为与之前、之后相区别而凸显。"[4] 杜威认为这种经验的完整或"整一"是其令人满意的圆满，"各个部分，通过其经验到的关联而走向圆满与结束，而不只是时间上的停止"[5]。我们也许享受一部电影并完全卷入其统一的经验流中。但是，如果这部电影中断或我们提前离开，那么我们并不真的拥有了一个经验。杜威由此引入了另一个审美标准来区分审美经验与日常连贯经验：不仅在于其流动连贯性的突出整体（超过最小限度的单一性），而且在于所要

1　AE, pp.42, 61.
2　AE, pp.42, 43.
3　AE, pp.43, 62.
4　Ibid.
5　AE, p.61.

求的完整的统一性或圆满。

然而，杜威继续指出，不仅所有连贯的经验必定拥有遍在的质性整体的基本审美因素，而且严格意义上的审美经验的特征在于其独特的意图以及突显经验的质性整体（通过有意地、明确地展示其本身并因此将之主题化）。这个质性的整体是一切连贯经验的基础，亦是那些经验（尤其是在他的"一个经验"意义上的特别统一的经验）中最为显著的部分。这样的经验"主要是审美的，并产生以审美知觉为特征的愉悦，当此之际，那些规定'一个经验'的因素被提升至知觉的门槛，并因为自身的原因而显明"[1]。杜威认为，其他生动的、统一的经验"主要是理智的或实用的，而不是以审美为主要特征，这出于激发和控制它们的兴趣和意图之不同"[2]。需要注意的是，在这里，是意图而不是特质在构造和控制这些统一经验的决定性背景。

四

如果说，杜威的审美经验是统一性的观点植根于他的精神生活连贯性的一般理论，那么由于这一理论植根于他对詹姆斯心理学的接受，我们也就不应该惊讶于在杜威的经验美学中发现了一些詹姆斯的明显回响；这已然在詹姆斯一章勾勒过。现在来看为何有人批评杜威美学并不具有充足的实用主义精神。S. 佩珀（Stephen Pepper）曾率先对此做过一个导引性的批评，认定其缺陷在于杜威的"艺术即经验"的理论。但佩珀的反对意见倒不在于杜威应该选择一种更为清晰的实用主义概念当作审美理论的核心的决定性概念，比如，以行动或实践代替经验；而是说，杜威的审美经验的概念，就其性质而言，并不是充分的或明确

1　AE, p.63.

2　AE, p.61.

的实用主义。在他收入 1939 年《杜威的哲学》(The Philosophy of John Dewey) 的文章中，佩珀描述了杜威如何在 1932 年开始构想一篇"实用主义美学"应为何物的文章，这基于杜威的一般的实用主义视角和他《艺术即经验》之前的"关于艺术和审美经验的零散的评论"。[1] 在佩珀看来，《艺术即经验》虽然拥有他所期待的实用主义特征，令他吃惊的却是那些独断的观念，其或许受美学的"有机唯理论者"(如克罗齐) 的信奉，却"与杜威本人的实用主义精神背道而驰"[2]。这些所谓成问题的观念，包括杜威强调有机的统一体以及如何解释审美经验的特殊价值：审美经验的独特的连贯性、统一的完满或圆满，以及个体需要在对艺术作品的知觉和想象中重造艺术家在创造艺术作品之时的那种质性的、统一的经验。相反，对佩珀而言，"实用主义美学"并不倚重于经验的统一性，而更多在于经验的独特的、直接的"特质"(包括其"强度、深度和生动度")，以及经验与环境交互并随着交互情境或因素而变化的方式；因此，作为经验的艺术品并不具有固定的价值，而恰恰因人、因语境而变化[3]。佩珀认为，杜威强调经验的交互和直接特质，在这一点上，杜威是完全地实用主义的，但是，杜威让经验特质的决定性本质和功能来统一经验材料并将之变成一个有机整体，是做出了折中的。换言之，用杜威的话来讲，"经验的遍在的特质正是将所有我们集中关注的一切确定因素联结成一个整体的东西"[4]。

在回应佩珀的过程中，杜威不仅依然不愿接纳"实用美学"观念，而且重申他对统一、连贯和完满的强烈热忱。[5] 更为重要的是，杜威也

---

1 Stephen Pepper, "Some Questions on Dewey's Esthetics", 收入 The Philosophy of John Dewey, eds., P.A.Schilpp and L.Hahn, 3rd edition, La Salle, IL: Open Court, 1989, pp.371-389；下文简称 P。
2 P, p.371.
3 P, pp.374-375.
4 P, p.386; AE, p.198.
5 John Dewey, "Experience, Knowledge, and Value: A Rejoinder", 收入 The Philosophy of John Dewey, pp.517-608；对佩珀的回应文章见第 549-554 页，下文简称 EKV。

解释了为何他从未在此旗下或以实用主义之名发展他的美学。杜威的理由明显是方法论的，以悖论的方式来表达，即：美学的真正的实用主义方法，不应该以发展一种实用的或实用主义的方法为目标。因为这种目标并不完全是经验的（实用主义理应如此），而是以实用主义倾向（以实用主义范畴或原则）来选择、建构重要的美学主题，而不是考察重要的美学现象本身。杜威解释道，"我明确反对当下的典型的哲学美学现象：其形成的基础不在于对美学艺术经验主题的考察，而是从前人的偏见推断出后者本应如何"，这意味着，提出一种显明的"实用主义美学"本身就是错误的，因为这正好是他批评的其他哲学运动或哲学流派所采用的演绎性的、经验上不充分的程序。[1] 那么，对于杜威而言，"实用主义的经验主义"[2]的本质，似乎是全副武装地反对将实用主义美学当作一种特殊的项目。如果有一个"经验主义的实用美学"，那么其决定性特征想必是经验的方法而不是任何明确的实用主义原则；杜威声称，经验方法必须"公正对待"审美经验中的统一性、完满和整合的重要核心意义[3]。

杜威终其一生拒绝实用主义美学概念。在他逝世前四年，这种拒绝更是激烈，甚至在回应著名意大利美学家克罗齐时，他的口气堪称暴躁。克罗齐撰文勾勒杜威与他自己的有机唯理论之间的相似之处，同时也提到佩珀对杜威美学的批评，说他的美学是不充分的实用主义。杜威用一种非同寻常的坏脾气回答，他无法正当"回应"克罗齐，因为他发现他们之间根本没有什么"共同基础"。[4] 杜威声称，原因在于，克罗齐

---

[1] EKV, pp.550, 554.
[2] EKV, p.549.
[3] EKV, p.554.
[4] 见 Benedetto Croce, "On the Aesthetics of Dewey", *The Journal of Aesthetics and Art Criticism*, vol.6, 1948, pp.203-207; John Dewey, "A Comment on the Foregoing Criticisms", *The Journal of Aesthetics and Art Criticism*, vol.6, 1948, p.207。

认为杜威的目标是对实用主义的美学理论做出系统阐述，但他却从未有此意向，因为他将实用主义限定在知识论，且从不认为美学主题可以从属于认识论领域。"克罗齐想的是，我写这些关于艺术的文字，是为了将它带入实用主义哲学的范围……事实上，我一直将实用主义理论视作是'认知'理论，限定在认识主题的特殊领域。而且，我已明确拒绝了这一观念，即审美主题是一种知识形式，并指出过，艺术哲学的主要缺陷一直是想当然地把审美主题当作认识形式。"似乎还嫌自己对实用主义美学的放弃不够明显，杜威声称他"并不是把《艺术即经验》当作（他的）实用主义的附属或运用"，因为他相信，美学的理论化不应该借势于"所偏爱的哲学的范畴"，而应该"考虑它自己以及自己的术语"。[1]

在佩珀和克罗齐看来，杜威明显未能提供充分的"实用的美学"，而且自己也拒绝运用，他对追寻这样一种理论路数的观念的激越拒绝，更使得其他学者踌躇于以"实用主义美学"来指定一个既定的、受杜威影响的理论方向。因为，如果伟大的杜威，这位唯一一位阐述过具体审美理论的实用主义者，都反复否认实用主义美学的观念，那么，其他卑小的实用主义哲学家（无一例外地受惠于他）又怎么会提及这个贴着遭受唾弃的标签的理论呢？如我们所见，这种经验记录表明，这个术语的确罕被提及，直到新实用主义在20世纪80年代开始复兴。

实际上，我如今确信，实用主义美学这一术语（虽然不可否认地受到杜威的启发）本质上是新实用主义思想的产物，这一术语获得广泛的、国际性的传播，是在我系统地运用、倡导它之后，包括《实用主义美学》（1992年）及其他著述（自1998年至今）。现在回想起来，我怀疑自己最初从事实用主义美学项目（宣称杜威是其创立者）的自信和

---

[1] John Dewey, "A Comment on the Foregoing Criticisms", pp.207-208。可以说，杜威自己在《艺术即经验》中的论点恰恰是反对知识与艺术题材、审美经验之间的对立的，但是我在这里不再展开，因为它已在《实用主义美学》中做了说明。

热情,部分是因为我是实用主义的新手,在重释杜威观念时反而少受约束,甚至谈论连他自己都不屑一顾的观念,比如实用主义美学这一观念。

我对实用主义的兴趣始于20世纪80年代中期,当我在牛津完成分析哲学的训练并获得了分析美学的专业知识之后。实际上,我初遇《艺术即经验》时并不为之所动。[1] 我发现他概念模糊不清,风格冗长,论证令人沮丧地松弛且不成结构,他的观点过于混乱,对我的项目显得无用。直到1988年,当我重读此书,我开始理解它的价值,那是因为我已然倾向于运用明显的实用主义视角——更为具体的新实用主义——来研究美学。(或许我起初对杜威的思想的淡漠,使得我可以漫不经心地提出他反复坚决蔑视的实用主义美学。)无论如何,我对于实用主义美学之兴趣的最初根源并不在于杜威,而是新实用主义哲学的语言和文学理论。接着我会在下一节中勾勒其根源以及它们如何将我带向杜威和实用主义美学的阐述。

五

作为一名研究美学和语言哲学的分析哲学家,我尤其关注的是文学理论。我最初的两本书是《文学批评的对象与目标》(*The Object of Literary Criticism*)和《艾略特与批评的哲学》(*T. S. Eliot and the Philosophy of Criticism*)。[2] 在文学理论领域,阐释问题构成了我的主要研究兴趣。我仰慕的分析哲学家(如罗蒂和J. 马戈利斯 [Joseph

---

[1] 比如,见 Richard Shusterman, "L'expérience esthétique comme forme de l'art", *Revue d'esthétique*, vol.25, 1994, pp.179-186。

[2] Richard Shusterman, *The Object of Literary Criticism*, Amsterdam: Rodopi, 1984; *T. S. Eliot and the Philosophy of Criticism*, New York: Columbia University Press, 1988.

Margolis〕)打着实用主义的旗号,转向解释学理论和其他大陆哲学,尝试发展出一种非基础主义的后分析阐释哲学,回避固定的、物化的意义。是时,我备受启发而欣然跟随。S. 费什——与欧洲大陆文学思想勾连甚深的极具影响力的文学理论家,也开始发展出一种拒绝固定的、基础论意义的解释理论,并将之归于实用主义。在批评性地研读新实用主义文本之余,我开始广泛阅读大陆阐释学和解构理论,将这些理论置于与分析美学的批评性对话之中,并提出整合分析哲学和大陆理论的最具洞见的新实用主义路径,同时避免了走极端的问题。实用主义似乎为美国理论家提供了这样一个视角:既是相当哲学的,又是充分实践的、有弹性的,且摆脱了模糊、深奥的思辨(这使得整个理论蒙上污名)。

新实用主义首先在文学理论取得了广大的国际性影响。它在文学理论(尤其是阐释问题)中的显赫,在 1985 年出版的一部重要文集中可见一斑。这部文集具有一个富有挑衅意味的名字《反对理论:文学研究和新实用主义》(*Against Theory: Literary Studies and the New Pragmatism*)[1]。正如书名所示,这部文集的意旨在于文学而不是美学理论;包括罗蒂和费什的文章,关注的是理论如何表达文本的意义和阐释。毫不奇怪,我关于实用主义和艺术的最初著述是阐释问题,寻求一种调和分析哲学的严苛与大陆哲学的过度的实用主义。这些文本既不讨论杜威,也不讨论他关于经验的美学概念,而是探索讨论意义、阐释和指涉身份的新实用主义路径如何表达一些相关论题的重要问题。这些论题来自伽达默尔(Hans-Georg Gadamer)、德里达(Jacques Derrida)、罗兰・巴特(Roland Barthes)、克罗齐、艾略特、赫希(E. D. Hirsch)、比尔兹利(M. C. Beardsley)、摩尔(G. E. Moore)、维特根斯坦(Ludwig Wittgenstein)、古德曼(Nelson Goodman)、罗蒂和马戈利斯(后两位自

---

[1] *Against Theory: Literary Studies and the New Pragmatism*, ed., W. J. T. Mitchell, Chicago: University of Chicago Press, 1985.

认为是新实用主义者)。[1]

新实用主义文学理论策略的探索性论调,鞭策我更为全面地研究实用主义哲学,研究它如何更为一般地运用到艺术。这也反过来促使我去重读杜威美学;1988 年与我的博士班的舞者学生共探杜威的兴奋经历令我转向实用主义美学,经验的概念最终扮演了核心的角色,如杜威所为。而这个概念在此之前却从未在我的理论中扮演过任何角色,无论是分析哲学还是实用主义。

我遂决定写一本关于实用主义美学的专著,发展出一种综合性的理论,从以下五种资源中获取洞见与论点:杜威的经验美学及对哲学的重构主义(reconstructionist)视角,关于意义、解释和身份的新实用主义理论,马克思主义对艺术自律性和精英倾向的挑战以及对这种趋向的辩护(阿多诺[T. W. Adorno]和布尔迪厄),流行艺术的建构性研究(包括我自己对流行音乐的美学分析和对说唱音乐歌词的细读),福柯和罗蒂思想中包含的伦理作为生活艺术的后现代视角。[2] 正在出版我编的《分析美学》的牛津布莱克维尔出版社看了我为这本书写的简短大纲之后,同意提前签署合同,出版一本新实用主义美学专著。1988 年 8 月,在十一届世界美学大会(诺丁汉)上,我宣读了该书第一章论杜威的部

---

[1] 比如,Richard Shusterman, "Analytic Aesthetics: Retrospect and Prospect", *The Journal of Aesthetics and Art Criticism*, vol.46, 1987, pp.115-124; "Croce on Interpretation: Deconstruction and Pragmatism", *New Literary History*, vol.20, 1988, pp.199-216; "Organic Unity: Deconstruction and Analysis", 收入 *Redrawing the Boundaries: Analytic Philosophy, Deconstruction, and Literary Theory*, ed., R. W. Dasenbrock, Minneapolis: University of Minnesota Press, 1989, pp.92-115; "The Gadamer-Derrida Encounter: A Pragmatist Perspective", 收入 *Dialogue and Deconstruction: The Gadamer-Derrida Encounter*, eds., D. Michelfelder and R. Palmer, Albany: SUNY Press, 1989, pp.215-222; "Interpretation, Intention, and Truth", *The Journal of Aesthetics and Art Criticism*, vol.46, 1988, pp.399-411; "Eliot's Pragmatist Philosophy of Practical Wisdom", *Review of English Studies*, vol.40, 1989, pp.72-92。

[2] 比如,Richard Shusterman, "Postmodernist Aestheticism: A New Moral Philosophy?", *Theory, Culture & Society*, vol.5, 1988, pp.337-355; 及 "Aesthetic Education or Aesthetic Ideology: T. S. Eliot on Art's Moral Critique", *Philosophy and Literature*, vol.13, 1989, pp.96-114。

分，题为《分析的和实用主义的美学》；是年《新文学史》秋季刊（我的《克罗齐论阐释：解构和实用主义》出现在上面）在作者注释中说明我"正在写一本关于实用主义美学的书"；1989 年，我发表了《为何重提杜威？》，重提当代文化需要新实用主义美学，使得杜威的核心议题更为切身。[1]

我在 1990 年完成了《实用主义美学》的初稿，那一年，我在巴黎的布尔迪厄研究中心做客座研究员，看起来远离从事实用主义历史研究的恰当文献资源。不管怎么样，我的书意在前瞻的革新，而非重释杜威及实用主义传统。[2] 而且，这本书也寻求美学、文化研究中的一般读者群，而不仅是实用主义内部的非常有限的受众。因此，我一开始只在副标题中对实用主义做出限定，称作"生活之美，重思艺术：实用主义美学"（Living Beauty, Rethinking Art: A Pragmatist Aesthetic），强调我发展后现代美学的目标，恢复美在艺术中的重要性，重新确认伦理即生活艺术的古代观念。可是，我的布莱克威尔的编辑 S. 钱伯斯基于其敏锐的市场直觉和出版知识，建议我做一点微小的改动。他认为，我提出的主标题虽然动听，但过于含糊，很难在读书市场的目录类别和交叉编目系统中脱颖而出。但是"实用主义美学"则似乎可以界定一种源自实用主义和

---

[1] 该文刊于杜威《艺术即经验》75 周年专栏，见 The Journal of Aesthetics Education, vol.23, 1989, pp.60–67。

[2] 正如此书第一版封底语所示，既然"新实用主义还未出现在新美学当中"，我的目的就在于"为当下的后现代语境提出一种实用主义美学"。这本书的评论者们也普遍意识到其目的在于提供一种新的实用主义美学，而不仅仅是对杜威的注释；杜威理论仅限于此书前两章。J. 列文森（Jerrold Levinson）在《心灵》上的评论就是个很好的例子。他将此书的"艺术哲学新方向"视为一种范例，称其表现了"英美哲学美学的新趋势，特点是强劲地参与国内外后现代哲学的各种挑战，持续地关注、对待流行艺术及其产品"，但书中杜威部分恰恰是"最不明显受益的"。见 Mind, vol.102, 1993, pp.682–686。即使是杜威的追随者，如 J. S. 约翰斯顿（James Scott Johnston），也认为《实用主义美学》"在一些明显的方面比杜威走得远"，因此此书"不应被看作杜威的阐述，而应是实用主义如何为 21 世纪美学争鸣做出贡献的案例"，见 J. S. Johnston, "Deweyan Aesthetics for These Times", The Journal of Aesthetic Education, vol.35, 2001, pp.109–115, 引自 pp.112, 115。

美学这既定领域的哲学门类，具有辨别度却仍不失新奇。而且，一个像"实用主义美学"这样一般性的标题，可以借势于新近出版的《分析美学》一书，暗示这种新风格的理论在挑战或丰富分析派的艺术哲学。钱伯斯从而把我原来的书名颠倒了一下，就这样，这本书的英语书名成了"Pragmatist Aesthetics: Living Beauty, Rethinking Art"。

回想起来，出版商的命名行为是明智之举，造就了它所命名的流派的有效确立。但惊人的是，这本书最早的两个译本即德法译本，却没有按照书名逻辑使用"实用主义美学"作为主标题，恰恰各不相同地强调了"生活之美"的观念，将"实用主义"赶到了副标题。[1] 事实上，前四个译本的主标题皆无"实用主义"字样，其中三个甚至未在副标题中出现。如果这意味着实用主义美学的观念太过陌生，无法吸引外国读者，那么，这本书在国际上的传播明显改变了这一状况；因为接下来的十个译本（自1998年始）中，只有一个未在主标题使用"实用主义美学"。显然，实用主义美学至今已演变成周知的观念，这无疑（而且无可争议地）可以用来界定杜威的美学，尽管杜威本人反复与之对立。

然而，"实用主义美学"这一术语的使用显然戏剧性地骤增。我相信它还会继续作为一个熟悉的语汇在哲学和人文学科话语中存在，因为它有效地标示并促进了一个富有希望的广阔的研究领域。它建基于不断扩张的实用主义哲学传统；此传统的改良主义往往旨在超越理论话语的界限，提升我们体验艺术、日常生活甚至社会政治现实（其建构着我们的经验）的能力。假如这意味着，实用主义美学的最终价值依据，不应该囿于学术话语的流行，而应该涉及非学院、非文本性的现实的提升，那么，我们不应该忘记学术话语也可以塑造现实，一如现实可以塑造学术话语。

---

[1] 法文译本标题是 *L'art à l'état vif: la pensée pragmatiste et l'esthétique populaire*, Minuit: Paris, 1992；德文译本标题是 *Kunst Leben: Die Aesthetik des Pragmatismus*, Frankfurt: Fischer, 1994。

第八章
在实践与经验之间：布尔迪厄与实用主义美学

一

实用主义与法国思想之间的关系悠久而复杂。从皮尔斯那里借取核心概念而将实用主义确立为一场哲学运动的詹姆斯，曾受到 C. 勒努维耶（Charles Renouvier）的哲学的启发，就此从萦绕他早期生涯的严重抑郁中摆脱出来，继而又得到柏格森（Henri Bergson）的滋养与启发。但自此之后，由于被右翼宗教思想家借用，实用主义的地位在法国戏剧性地式微了。E. 迪尔海姆（Emile Durkheim）曾指责实用主义"侵袭理性"，情形如同"新宗教运动"，感受、信仰和行动的反智主义论断被危险地四处滥用。[1] 但在过去二十年间，经过一段较长时期的黯然之后，实用主义作为一种显著的视域已然在法国思想界重新抬头。

实用主义在法国的新近接受中，势头最为强劲的并不在认识论、心灵哲学、伦理学、形而上学、语言和逻辑哲学这些核心的哲学学科，而是在于社会理论和美学。P. 布尔迪厄在这两个领域皆具影响力，但他与这些实用主义视野的关系却颇为复杂、充满矛盾。在社会学领域，L. 布

1　Emile Durkheim, *Pragmatism and Sociology*, Cambridge University Press, 1983, pp.1, 9.

尔当斯基（Luc Boltanski）和 L. 泰弗诺（Laurent Thevenot）最初曾与布尔迪厄共事并内在于他的理论框架，如今却引领一批研究者公开使用"实用主义社会学"之名，以实用主义观念抗争布尔迪厄的诸多观念。理论家 B. 拉图尔（Bruno Latour）和 L. 凯雷（Louis Quéré）也在发展行动理论的过程中自称实用主义者，但行动理论本身恰恰是在挑战 20 世纪 60 年代以来布尔迪厄的理论范式在法国社会理论中的主导地位。[1]

我在此尝试分析布尔迪厄与实用主义思想的充满歧义的关系以及他在法国实用主义思想的接受中同样模棱两可的作用，但集中在实用主义美学，对此，我本人更具理论的专业储备，也略知他法国生涯的内情。在展开对布尔迪厄对实用主义的批判性介入的理论分析之前，我理应对实用主义在法国接受的一些基本事实和布尔迪厄在其中的作用做一番说明。我自己与布尔迪厄的关系在这里显得颇有意义，因为实用主义在法国接受的一个关键因素或许在于：他为午夜出版社主编的系列丛书中出版了我的《实用主义美学》。想必读者对这样的细节是缺乏耐心的，并且深信学术讨论理应限于非个人的批评性阐释，也出于缓解我自己对私人叙述的不适感，我只给出为何做此私人历史叙述的三项理由。

首先，阐释可以富有成效地由历史事实所充注，而历史事实也可以塑造被阐释的话语。T. S. 艾略特曾有过一个极端的说法。他大胆宣称："'阐释'的首要任务是呈现读者所不知道的重要历史事实"，因此之故，"哪怕只产生了最低程度的真实"的批评也要高于最富思辨性的解释。[2]布尔迪厄本人（如我们所见）也认定历史事实是理解文本和艺术作品的关键。第二，压抑或忽视理论的个人的、专业化的维度（比如作者和杂

---

1 关于实用主义在当代法国社会理论的详细讨论，见 Thomas Benatouil, "Critique et pragmatique en sociologie", *Annales*, vol 54, no.2, 1999, pp.281–317; Albert Ogien, "Pragmatismes et sociologies", *Revue française de sociologie*, vol.55, 2014, pp.563–579。

2 T. S. Eliot, *Selected Prose*, London: Faber, 1975, pp.45–46, 75.

志掌门人的网络，潜在地允诺了依据个人专业方向而给予的理论地位，以及在这一领域中个人发展的类似策略），就是将个人限定在"学院视角"，这正是布尔迪厄一贯批评的。这种视角佯称，理论思考可以摆脱实践利害和理论家自身的限制因素，包括他在相关文化领域中的地位、专业联系以及与此联系相关的发展和自我形象问题。（布尔迪厄在实用主义的法国接受中的作用，表明这种利害和限制因素的力量，同时也证实了法国理论界暗中鼓励的那种误解。）我的第三个理由是伦理上的，我个人受惠于布尔迪厄极深，不单因为他的理论文本，而且也因为他邀请我去他的巴黎研究中心并把我介绍给法国知识界，这剧烈地改变了我的人生和思想，其程度远远大于我从其著作中收获的洞见。他如今已不在世，无法为自己的观点辩护或起而应对那些最初激怒他的实用主义哲学家的挑战，那么，一味谈论那些"超越布尔迪厄"的观念而不阐明他对实用主义在法国接受中的贡献，就显得有违情理了。

二

虽然布尔迪厄对自己与实用主义哲学的联系轻描淡写，但他的诸多重要论点却与经典实用主义极具亲合性。来看以下论题：习性（habitus）在行动、思想和感受中的构造性作用（如布尔迪厄标志性概念"习性"所示）；坚持实践的核心作用；受实践利害引导的行动与知识之间的本质关联；语境或"背景"在理解一切行动中的批判性意义；随之而来的，理解目前现象需要基于历史知识的谱系学解释（揭穿它们作为自然的必然性的基础）；经验的态度："哲学的田野工作"而非先验理性；对心灵的基本的具身化的反笛卡尔信念（比如，习性、行动、实践和感受在思想中具有重要作用）；对认知和日常实践的非思考性（但包含知性）的维度的反智主义方面（源于这种认识，即非反思性的习性及其沉积其中的"实践感"有效统治大多数有目的的活动，包括精神活动）。我现在以一种略为不同但同样重要的调性，结束这一长段相似性的罗列，即：布尔迪厄和实用主义哲学家皆相信个人的理论努力应该施用到激进的政治介入中去。

当我开始发展实用主义美学的时候，这种亲合性最先将我吸引到布尔迪厄的作品面前。当时的实用主义正沉浸在强大的哲学复兴的欢乐之中，受罗蒂的后分析哲学和费什的阐释理论的启发，实用主义在文学理论中的表达已屡见不鲜。我当时是一名在牛津大学受过训练的分析哲学家，专业是美学，于80年代中期加入美国学术阵营，当时的文学理论唯法国理论马首是瞻，分析美学显得边缘、狭隘、过时。实用主义（比如罗蒂）提供了一条将分析哲学的清晰论证和大陆哲学的创造广度结合起来的道路。正如罗蒂富有成效地发展了德里达，我则视布尔迪厄为联结我的羽翼未丰的实用主义和时髦激进的后现代主义法国理论的阳光大道。

我于1986年作为特约编辑受命于《美学和艺术批评》杂志（分析美学的领军杂志）来组织"分析美学"专栏，试图从分析范式之外的视角，从外部界定这一领域。[1] 布尔迪厄热情地接受了我的约稿，还要求我推荐一些分析哲学文本。当时的我非常天真，难免受宠若惊，对布尔迪厄耕耘的法国文化领域所知甚少，根本无法想象正是这个领域中的某种富有竞争性的赌注和压力促使他热情地回应一个籍籍无名的、仅会阅读法文的年轻哲学家。我后来发现，布尔迪厄极其热衷于联结英美分析哲学，因为它的声誉不仅在于几近严苛的科学性、优先的逻辑精确性和论证的清晰性，也在于其对风行的法国哲学（其声誉依赖于别的价值）的批评性对抗。

---

1 这个问题日后拓展成一本书，*Analytic Aesthetics*, ed., Richard Shusterman, Oxford: Blackwell, 1989；下文简称 AA。

作为一名训练有素的哲学家，布尔迪厄在哲学仍是话语主角的法国文化领域中却被界定为专业的社会学家，他因此也就热衷于确认他作为哲学思想家的确实性和符号权力了。他晓得，外来的观念是最有效的动摇本国权威的办法，这些法国权威包括现象学、阐释学、解构主义和其他后现代结构主义诸如此类的大陆哲学。[1] 通过罗列分析哲学这一对手领域的符号力量，布尔迪厄可以抵御任何法国哲学家试图批评他的思想不具备充分的哲学性而将其边缘化的企图。而且，分析哲学的科学的、经验的声名令这种亲合关系显得更富吸引力，分析哲学与他频繁借用的法国科学哲学家G.巴什拉（Gaston Bachelard）和G.康吉拉姆（Georges Canguilhem）并不冲突，他又借之谴责同时代统治法国体制的哲学主流，嘲笑它们是非科学的"胡言乱语"或"圣化的蠢行"。[2]

布尔迪厄由此反复强化了他与语言、行动的分析哲学之间的联系，总是在最显要的位置上征引J. L. 奥斯汀（John L. Austin）和后期的维特根斯坦，并赞美有加。从他"最崇拜的哲学家之一"奥斯汀那里，布尔迪厄公开借取了他的两篇重要论文《哲学的田野工作》（"Fieldwork in Philosophy"）和《经院视点》（"The Scholastic Point of View"）的标题。他也承认，维特根斯坦"是在最困难之际帮助过我的哲学家"[3]。当然，分析哲学中也有一些思想家，包括罗素（Bertrand Russell）、卡尔纳普（Panl Rudolf Carnap）、波普尔（Karl Popper），其风格上强烈的科学性更甚于奥斯汀和后期维特根斯坦；实际上，奥斯汀和后期维特根斯坦甚至因为他们关注那些充斥着麻烦的、非科学的模糊与多样性的日常语

---

[1] 布尔迪厄认识到这种输入的策略，见他的论文"The Social Conditions of the International Circulation of Ideas"，收入 *Bourdieu: A Critical Reader*, ed., Richard Shusterman, Oxford: Blackwell, 1999, pp.220-228。

[2] 见 Pierre Bourdieu, *In Other Words: Essays towards a Reflexive Sociology*, Stanford: Stanford University Press, 1990, pp.4-5；下文简称 IOW。

[3] IOW, pp.9, 29.

言而饱受讥议。

　　布尔迪厄与奥斯汀、维特根斯坦之间的最深的亲合，不在于他们科学的经验主义，而在于他们认定社会实践和历史的背景是意义和理解的关键。语言和行动的意义本质上是社会的，并非来自外在社会世界的自足的指称或事实（如果这种观念事实上是可理解的），而是来自复杂的、语境性的社会实践与习俗——正是后者致力于生活世界的建立并随着社会历史条件而变化。背景语境于意义甚为关键，奥斯汀故而认为"我们必须研究的不是句子，而是在某个话语情境中对某种表达的实施"[1]，维特根斯坦也以审美判断的例子说明了同样的意思。我们应该"关注的不是'好'或'美'，那根本不是要点所在……而是它们被认为'好'或'美'的语境——在这些极其复杂的情境之中，审美表达的确占有一席之地，但这种表达本身几乎是无足轻重的"。审美判断和谓词"在我们所谓的时代文化中，扮演了非常复杂而又确定的角色。为了描述其用途或描述所谓的文化趣味，你必须描述文化"。而且，这种描述必须是跟随历史变化，既然"不同时代进行的是完全不同的游戏"[2]。至此，布尔迪厄通过全面考察整个文化领域来分析合法的美学趣味，为熟知的"纯审美"概念寻找"历史源起"的计划（这是他为《分析美学》撰写的文章的主要关注点）找到了最好的哲学支持。[3]

　　如果说我欣赏布尔迪厄的经验主义超越奥斯汀和维特根斯坦的方式，即对现实社会力量、位置、赌注、角色和策略（正是这些塑造着重

1　J. L. Austin, *How to Do Things with Words*, Oxford: Oxford University Press, 1970, p.138.
2　Ludwig Wittgenstein, *Lectures and Conversations on Aesthetics, Psychology, and Religious Belief*, Oxford: Blackwell, 1970, pp.2, 8; 下文简称 LC。关于布尔迪厄与奥斯汀、维特根斯坦之间的关系，见 Richard Shusterman, "Bourdieu and Anglo-American Philosophy", 收入 *Bourdieu, A Critical Reader*, pp.14–28.
3　布尔迪厄在那篇文章中批评分析哲学关于艺术的"体制"和"历史"理论中的历史意识的匮乏和对社会性的盲视，这激发我去研究维特根斯坦关于审美判断批评理论逻辑之语境历史主义方法（AA, pp.147, 154, 160）。

要的社会领域并从而建构着语言、行动的背景语境）进行系统的、细致的分析，那么，布尔迪厄则欣赏我如何理解奥斯汀和维特根斯坦的日常语言哲学，以及我理解他自己如何试图在科学的、经验的实证的支持之下，通过对社会做出更加系统的理论分析来拓展日常语言哲学。但是，这种强烈的相互理解是包裹在相互冲突的误解即布尔迪厄所说的"误识"（misrecognition）的背景之内的。如果说我认为（或误识）布尔迪厄通常从属于统治文学研究的法国理论，那么，他则视我为一位人脉不错的青年分析美学家，能够通过高尚的出版机构来传播他的思想，建立他在影响甚巨的英美分析哲学之中的地位，从而为他提供符号资本并突出他与法国其他理论大师的差别。但是布尔迪厄并未意识到，我认同奥斯汀和维特根斯坦之强调行动和社会背景是意义与理解的关键（无论是就言语行为还是语言游戏的实用而言），却将我引回到杜威的实用主义理论。

如果说，杜威式的实用主义跟奥斯汀和维特根斯坦一样关注行动、社会实践和背景，那么它与精英的牛津思想家的区别在于，它更强调哲学之促进政治进步的行动主义潜能和转变概念、语言游戏的修正力量。这些维度，加之杜威坚持具身化和批评唯智主义，使得实用主义于我而言极富吸引力。如果说，布尔迪厄对"哲学唯智主义"和"经院理性"的批判，是因为他坚持习性的身体维度，因为习性以非反思的、通过身体习得的实践感引领我们去整合社会领域的结构，那么，杜威的身体哲学则预示了这种指责"唯智主义"为"哲学的大恶"的趋势，同时信奉身体并承认身体在习性中的重要作用。[1] 对于杜威，习性"自我建构……它们形成我们有效的渴望，它们以我们的能力装备我们。它们统治着我

---

[1] Pierre Bourdieu, *Pascalian Meditations*, Stanford: Stanford University Press, 1997, p.17, 下文简称 PM；John Dewey, *Experience and Nature*, 收入 *John Dewey: The Later Works*, vol.1, ed., Jo Ann Boydston, 1925, Carbondale: Southern Illinois University Press, 1981, p.28；*Human Nature and Conduct: An Introduction to Social Psychology*, 收入 *John Dewey: The Middle Works*, vol.14, ed., Jo Ann Boydston, 1922, Carbondale: Southern Illinois University Press, 1983, p.25。

们的思想"，并通过（调节）整合环境而统治我们的身体行为。

不过，当布尔迪厄在1990年邀请我去他巴黎的研究中心待一年，并在柏林自由大学为1989年10月授予他荣誉博士学位的会议上做主题演讲的时候，他依然把我当作一名分析哲学家。我的演讲"形式与惊恐：流行艺术的审美挑战"暴露了我的整个实用主义哲学与布尔迪厄的正统学说的分歧。它挑战了布尔迪厄的信念，即流行美学（以及流行艺术）的观念本质上是矛盾的，因为艺术和美学是从其与流行文化及其服务于生活的旨趣相对立的差异上被界定的。在辩护流行艺术的审美有效性上，我使用实用主义观点（强调艺术跟生活、实践的连续性），也借用布尔迪厄的更为一般化的信念，即艺术和审美的意义本质上是受到它们运行其中的更为广阔的社会文化语境的塑造。因为美国文化不同于布尔迪厄的理论所基于的法国文化（美国没有贵族或宫廷传统，没有中心化的教育体制，恰恰是多元化的联邦政府、坚定的平等主义者、民粹主义意识形态，熔铸了一种持续不断被少数派移民文化的潮流所充注的文化）。我故认为，布尔迪厄也许错在从法国视角（甚至更为一般化的欧洲视角）做出了普遍化，而美国文化（尽管其社会的不平等根深蒂固）却可能提供了一个富有希望的语境，流行文化（其中某些令人兴奋的混杂形式，如嘻哈文化）可以真正地声称审美有效性和真正的艺术地位。而且，美国的实用主义民主精神与改革派信念（相信事实、概念可以在更为生产性的方式上得到重塑），更可支持对流行文化的审美重估与合法化。

不幸的是，我未意识到法国学院文化是极其不同于英美哲学文化的。在英美哲学文化内部，尊崇某位思想大家，仍不妨当面带着敬意追问其著作中的一些问题。而此种对学院英雄的垂直批评，于法国学院礼仪，至少于布尔迪厄的"宫廷"是陌生的。虽然我宣称布尔迪厄错在否认流行艺术美学的可能性，但我也提到他在更大方面是对的，因为他认定艺术和审美状态是由社会规定的。然而这无济于事。因为震惊和愤怒，他在随后讨论中指责我的观点是无稽之谈[1]，在闭幕式致辞中抨击我的论点是误入歧途的"激进时尚"，这种"民粹主义的审美主义"因为忽视了研究对象真实的社会文化语境，忽视了自身理论化的主要境况，从而将"经院偏见"的危险暴露无遗。[2] "我们不应该一边公开指责无产阶级遭受的非人性的社会生存条件，尤其是美国的黑人区……一边又肯定此情境之下的人完全实现了自身的人类潜能，尤其是肯定其无端的、淡漠的性情，且蓄意或明确地以'文化'或'美学'的概念对之进行书写。"因此，他批评说，我对流行文化（如说唱音乐）的"貌似值得称赞的复原之举"必定失败（因为其目标观众缺乏美学所必需的文化），而且（甚至更糟）将"因为屈从于相反的结果而告终"，即使赋予这种表现性形式以某种理论的合法化，也还是不能改变它们在社会中被否定的现实处境，也不能改变那些赏玩所谓艺术的阶层从社会文化层面上抛弃它们。换言之，这种受实用主义启发的旨在"尊重人民"的修正理论，实则是"通过把遭到抛弃的艰辛状况转换成一种折中的选择，进一步拉低他们，从而将他们圈囿于其自身所在之处"。

在柏林发生的巨大误解摧毁了让我们之间令人吃惊的"误识"的浪漫史。布尔迪厄意识到我并非他想象中纯粹的分析哲学新人，我也伤心地看到他根本无法理解我的实用主义修正理论的野心，因为他坚定地致力于科学理解的实证主义概念，甚至在艺术领域。一旦我们看清这种误解背后的复杂因由，他曾经在他的中心迎接我的礼仪性的距离消失不见了。这其实植根于实用主义哲学和布尔迪厄批判社会学之间不同的学术

---

[1] 他的批评是如此严肃，充满怒气，以至于后来德国组织方决定从论文集中删除我的文章，事先未通知我，布尔迪厄后来声称，他们也没征求他的意见。
[2] 此文后来被翻译并发表，即"The Scholastic Point of View"，收入 *Cultural Anthropology*, vol.5, no.4, 1990, pp.380-391，本段引自 pp.387-388。

文化和理论的分歧。实用主义缺乏分析哲学的体制性力量、象征资本和科学光晕；其最显著的当代代表罗蒂，不仅亲近布尔迪厄所厌弃的海德格尔、后现代主义和解构主义理论，而且与他的英雄杜威相反，罗蒂还公开鄙视布尔迪厄所推崇的社会学理论。[1]

然而，在实用主义和布尔迪厄之间有着足够多的共同主题，足可供他发展出对新实用主义的批判性兴趣。他慷慨地为我提供了一个批判性对话的法国舞台，把我介绍给他的传奇的午夜出版社，在1992年1月出版了《实用主义美学》，比英文版本更要早几个月。[2] 该书的接受，最终为杜威的《艺术即经验》（1934）的迟到了的法文版的出版铺平了道路。[3] 布尔迪厄于2002年去世，未及参与实用主义美学的全面的影响进程或发展他柏林及随后讨论中的批评。分析这些批评以及他最后（身后出版）论马奈一书的新论，可以有效地阐清实用主义和布尔迪厄之间的分歧，也可以解释为何我认为美学可以超越他的理论范式而不必忘却他的重要洞见。[4]

三

布尔迪厄最尖锐的批评指向的是实用主义的理论行动主义或理论的修正之道。实用主义视真实是一种变动和行动的世界，一个由变动的事

1　关于这一问题的详细讨论，参见我的 "Pragmatism and Cultural Politics: From Rortyan Textualism to Somaesthetics", *New Literary History*, vol.41, no.1, 2010, pp.69-94，经修订并重印于 Richard Shusterman, *Thinking through the Body: Essays in Somaesthetics*, Cambridge: Cambridge University Press, 2012, pp.166-196。

2　此书法译本的标题是 *L'art à l'état vif: la pensée pragmatiste et l'esthétique populaire*，将实用主义从副标题中删去，因为很少有法国知识分子对这种哲学感兴趣。

3　John Dewey, *L'Art comme expérience*, trans., Jean-Pierre Cometti et al., Tours: Farrago, 2005。我为此法文本撰写了序言，2010年由著名的巴黎出版社伽利玛以袖珍书的形式重印，这表明实用主义美学在法国的逐步流行与影响。

4　Pierre Bourdieu, *Manet: Une révolution symbolique*, Paris: Seuil, 2013；下文简称 M。

实和"制造中的事物"(詹姆斯)组成的世界。不仅行动,而且信仰(指导行动)亦可以影响事实的制造。"理论由此成为工具",借此,我们去改变的不仅是被共同信仰塑造的社会世界,而且也"不时地重造自然"。[1] 这种向前看的理论行动主义旨在更好地转化现实,而不仅是简单地解释其偶然的发生或所谓的必要性。虽然布尔迪厄的理智行动主义堪称范例,但因为他自己忠诚、狭隘地致力于那种建立在事实基础上的无利害探索的理想,他还是谴责了修正理论。他认为,既定事实对于客观认识而言是必要的,客观认识反过来又是真正改革的关键。

这种态度解释了布尔迪厄为何偏爱奥斯汀-维特根斯坦的分析哲学。虽然分析哲学和实用主义皆欣赏日常使用和社会语境,但奥斯汀和维特根斯坦却坚信传统的无利害的客观性,认为哲学理应通过正确地描绘而不是改变事物来阐清事物。这包括避免通过改变语言用途来修正概念。奥斯汀在揭示语言误解导致的谬误时说过,哲学分析仅仅是"把我们丢在开始的地方"。尽管他机智地承认普通语言不是"最后的词语"(the last word),本质上可以被"提升、取代",但他还是坚称我们"记得它是最先的词语",其无止境的、不断重生的复杂体必须在冒险做任何提升之前,得到充分的阐清。[2] 这种观念的实践结果就是对任何语言修正的不断延宕;就"语言"和"社会"之间的相互关联而言,语言修正是可以促进社会修正的。虽然维特根斯坦确认作为生活方式的哲学的个人化的转化性力量,他却比奥斯汀更为明显地拒绝将哲学当作语言的或概念的改革。"哲学无论如何不会干扰语言的现实使用;它最终只能描述它……它任一切如其所是。"[3]

---

[1] William James, *A Pluralistic Universe*,收入 *William James: Writings 1902–1910*, New York: Viking, 1987, p.751; *Pragmatism and Other Writings*, New York: Penguin, 2000, p.28。

[2] J. L. Austin, *Sense and Sensibilia*, Oxford: Oxford University Press, 1962, p.5; "A Plea for Excuses",收入 *Philosophical Papers*, Oxford: Oxford University Press, 1970, p.185。

[3] Ludwig Wittgenstein, *Philosophical Investigations*, Oxford: Blackwell, 1968, p.49。

与这种哲学寂静主义相反,实用主义却坚持理论可以改变思想和说话的方式。如果说,概念和语言服务于理解和探索世界,那么理论则有助于修正这个世界——当世界因为限制探索或降低发展潜能而系统性地阻碍我们的时候。理论从而不仅依赖于有关社会或自然世界的客观性事实,而且也依赖于需求和目的(其具有自身的真实)。如同科学家,哲学家可以提出概念的修正,但却必须面对经验和批评的检测。比如说,在美学上,众所周知,杜威将艺术界定为经验,旨在挑战精英主义和商品拜物教;这种拜物教也在于我们将艺术界定为物质对象物。杜威因此试图重新转向审美经验的价值,而对象物不过是审美经验的手段或工具而已。虽然他将艺术重新界定为审美经验,远非"艺术"的既定用法,但是杜威却正确地指出,理论不必汲汲于复现现有的事实、价值,尤其是当后者是可争议的时候。

杜威确认经验的转化性力量和审美价值,由此激励我从实用主义角度坚持流行艺术的审美潜能和合法性,来抵制布尔迪厄的申诉:流行审美的观念本质上是一种术语上的矛盾,因为流行趣味和表现只是"挫败或否定的参照点",任何合法性的审美必得避而远之。[1] 实用主义却挑战这种高雅文化和流行文化之间泾渭分明的二元对立,表明流行作品同样具有高雅艺术作品具备的审美品质,同时注意到流行艺术作品如何徐徐地演变成高雅艺术经典。高雅艺术和流行艺术之间并无确定、显明的审美分界(而只是模糊的、有争议的、变化的界线),实用主义理论由此宣称流行音乐的审美合法性,这被改良主义立场所确证:流行艺术要求经心的批评,因为它需要提升;流行艺术值得经心的批评,因为最好的流行艺术作品具有巨大的审美的、社会的潜能。

布尔迪厄谴责这种理论行动主义误导性地背叛了理论理解力和进

---

[1] Pierre Bourdieu, *Distinction*, Cambridge: Harvard University Press, 1984, pp.4, 32, 41, 57;下文简称 D。

步政治:"仿佛在话语上拒绝现实中存在的高雅文化和流行文化之间的二元对立,这种对立会真的消失了一样。那是在乞灵于巫术了,是乌托邦或道德主义的幼稚形式……艺术界、知识界中的主流却总是在实践这种激进时髦的形式,复原社会上低级的文化或合法文化的少数派。"布尔迪厄以为这只是徒劳一场。行动主义理论"并不能把我们带向任何地方",因为它对等级制度的理论挑战依然不能改变任何等级"社会机制"(诸如学术市场的认定)。布尔迪厄认为,"必须改变的是让这种等级制度存在的条件,包括现实与思想",而不是理论上的修正。[1]

布尔迪厄未能看到,理论确然改变思想,反过来,改变思想的过程又改变了由思想塑造的既定社会世界中的具体条件。或许这种盲视,在25 年前的法国是情有可原的,但在当代英语学界,理论转化了文学规则与学术上认定的审美研究对象范围,却已是不争的事实。理论让事物发生,因为它并不是空穴来风;理论创造本身就是塑造社会世界的其他实践(同时也被塑造)的有目的实践。实用主义虽然认识到历史的社会事实,却同样尊重事实的易变的、可争议的性质。虽然实用主义拥护布尔迪厄关于真理之论争性的看法——"如果真理存在,那么,真理就是挣扎中的一个赌注"——但进而指出,理论应该参与斗争、改善现实。[2] 这种转化源自理论,并且变成信念和态度,从而统治实践,并经此实践而产生新的具体的现实。

关于行为主义的这种争议,多是因为布尔迪厄和实用主义美学实属两种不同学科。布尔迪厄固着于实证的社会现实,表明他信仰他自己的社会学科学。但是,这并不是说他回避了哲学野心。他认定他的社会学理论是"一种否定性的哲学",试图尽可能地将"学术理性的批判(康

---

[1] Pierre Bourdieu and Loic Wacquant, *An Invitation to Reflexive Sociology*, Chicago: University of Chicago Press, 1992, p.84; 下文简称 IRS。

[2] PM, p.1.

德意义上）"推远，以揭开底基的条件——借此哲学建成并传播，同时揭露哲学的最深的无意识前提。[1] 科学的社会学提供了必要的工具和外在的视界，安置形而上学哲学的批评，并揭露本质主义的谬误——这正是哲学对社会条件的系统性盲视的结果。另一个重要的工具是科学的符号资本，它现在比哲学或审美理论更享有社会文化学上的可信度。布尔迪厄像科学家那样征引事实、数据，故而胆敢贬斥美学及其有关文艺的阐释性解读，将之归入模糊的胡言乱语领域，认为它们是受到了"主观经验"的启发，受到了天真的、本质化的哲学"直觉说"与"解释学传统的自恋、自满"的误导。[2]

如果说，布尔迪厄的方案是一种仰赖社会事实的强有力的"艺术品科学"——这一领域的社会史，一种创造特定艺术作品的艺术习性之条件的社会学，那么，这种对于实证事实的狭隘固着透露了他本人的焦虑："社会学的科学状态总是饱受争议"，苦于"无法变得跟其他科学一样"[3]。因此，他坚定回避有关艺术的实验性、阐释性的方法——正是其引导人文研究并使自身区别于生硬的科学。实用主义哲学家的应答是，有关经验和解释的事实是存在的，科学知识的观念远比布尔迪厄欣欣然接受的事实和因果解释的实证主义模式更为广阔。解释性的社会科学不是概念上的冲突，而是一种即定的研究计划。[4]

就算按照布尔迪厄的狭隘的科学观念，也依然可以认为行动主义理论是一种哲学事业。虽然如今哲学家需要通过受科学事实意识形态统治的大学获得地位，哲学的符号力量依靠的却不仅仅是科学资源。其中一

1　PM, pp.1, 7.

2　见 Pierre Bourdieu, *The Rules of Art*, Stanford: Stanford University Press, 1996, pp.302, 309；下文简称 RA。

3　IOW, pp.183, 189.

4　C. 格尔茨（Clifford Geertz）在《文化的解释》(*The Interpretation of Cultures*, New York: Basic Books, 1973）一书中提供了关于文化理论的进一步论证，将他的人类学研究描述为"寻找意义的阐释性科学，而不是寻找规律的经验"（p.5）。

个标志就是哲学关注的不只是事物在社会世界中的真实样态（包括统治社会世界的教条），而是就理想而言它们本应如何。哲学对既定观念和社会状态的批判非常典型地暗示了真实本应如何。简言之，哲学家的最有力角色不是既定事实的记录者，而是梦想的先知或充满想象力的、乌托邦的圣贤，他们的创造性观念藐视普通事实的绝对权威且暗示这些事实可以被改变而服务于更高的目的。最为改良主义的哲学理论，是事实与需要、与解放理想的联姻。在这个意义上，伟大的哲学家因为理想行动主义思维而有别于单纯的学者或哲学史家。[1]

  修正理论的一个最重要的资源是经验，无论是普通的令人不快的经验——其中的信念或事实令人不适，抑或是变容的、幻想性的经验——其启发新的信念和能量去转变事实。但是经验，这经典实用主义的核心概念，却同样令人联想起错误、主观性或捉摸不定的含糊性。王尔德（Oscar Wilde）会讽刺说，经验不过是我们加予我们的错误的命名，因为我们的哲学传统将经验（empeiria）与真知（episteme），与更为有限的技艺的技术性知识（techne）相对立，因为后两者关于认知的形式包含了有关原因的体系性的、理性的知识。不消说，布尔迪厄之提倡用艺术科学代替既有审美理解的无效泥淖，包含了对审美经验的猛烈攻击。布尔迪厄的批判并非源于对非语言性理解的一般性否定，因为他对具身化的、非反思性的实践感（sens pratique）的详细倡说，足以表示他明确致力于非话语性的智能。[2] 然而，对于审美经验的所谓现象学-解释学维度，其即刻显现的活泼泼的性质，布尔迪厄却毫无好感。他体系性地确立"经验对立于知识"，因此对审美经验的认知价值是抱

---

[1] 社会学家齐美尔（Georg Simmel）认识到哲学理论是一种"是什么与应该是什么"的混杂。Georg Simmel, "The Conflict of Modern Culture", 收入 Simmel on Culture, eds., D.Frisby and M. Featherstone, London: Sage, 1997, p.78。

[2] 布尔迪厄对具身化与非反思性理解的论述，参见 Pierre Bourdieu, "Belief and the Body", 收入 The Logic of Practice, Cambridge: Polity Press, 1990；下文简称 LP。

第二篇　实用主义美学：谱系与批评　　　　　　　　　　　167

有狐疑的，且满怀嘲讽地用宗教术语将之描述为"审美恩典的经验"，或与上帝的宗教性的"神秘联结"（如同阿奎那［Thomas Aquinas］的"对上帝的经验性认识"［cognitio Dei experimentalis］）。他甚至认为，审美经验其实是在贬低对艺术的知性之爱，贬低关于艺术的"解码的知性运行"和科学研究。[1]

布尔迪厄进一步谴责审美经验是本质主义的来源，认为"朝向艺术品的主观经验"必然排除"对这种经验的历史性关注"，并（通过"个案的普遍化"）建立起"一种特殊的经验……当作一切艺术知觉的跨历史标准"。[2] 由于忽视（并因此内在地否定）"经验的可能性的历史的和社会的条件"，审美经验阻止了对"艺术作品的意义和价值问题"的探索，"这大概只能在（艺术）领域的社会史中找到解决方案，社会史又与有关构造这一领域要求的特殊性情的条件的社会学相关联"。他继续讲道，这种社会性生产的性情，是"审美的性情"，是所谓"纯粹的目光"，也即无视任何其他功能而"独独专注于形式的属性"，沉浸于丰富的直接经验之中。[3] 这种对于审美态度之社会生产的论证，意味着驳斥审美经验意味的生动直接性。布尔迪厄认为，这种"直接充满意义和价值的艺术品的审美经验"，这种通过"无利害的知觉"而被普遍欣赏的经验，乃是一种本质主义的"幻象"；这种本质主义反讽地产生于制度和审美形式主义的调和，自身又无疑是"历史的发明"，是艺术制度领域和形式静观（所谓于艺术对象最为恰切）习性的相互强化的影响的结果。[4]

为了排除审美经验的幻象，布尔迪厄倡导"艺术作品的科学"；它的理解目标是"在作品的起源处重构生成模式"，是一项涉及"产生生

1　D, pp.68, 74; Pierre Bourdieu and Alain Darbel, *The Love of Art*, Stanford: Stanford University Press, 1990, p.110.
2　RA, p.286.
3　RA, pp.286, 290, 299, 301.
4　AA, pp.148, 150; RA, pp.286-287.

产者、消费者和产品的（艺术）生产领域的整个历史"的社会历史研究。[1] 布尔迪厄谴责审美经验概念是"唯智主义的经院谬误"，同时又认为它过于非理智、直接和形式化，从而无法提供对艺术的正当理解；对艺术的正当理解应该包括对作品的社会历史起源和接受的科学解释，对因果必然性的科学解释。[2] "理解是通过在具体作家的具体案例中重构某种生成模式，从而把握必然性和存在的理由，这种知识又允许我们在另一种方式中重造作品、感知其必然性，哪怕没有任何移情经验。"[3] 布尔迪厄极力强调，重构生成模式，跟对那些所谓具有审美经验品质的作品的直接的、瞬即的认同并无关联；审美经验与作品、创作者之间的想象性同情的性质，则被讽刺为"解释学自恋"的"浪漫"陶醉[4]。

　　布尔迪厄批评审美经验的认知限度在于其直接性的主观的、宗教浪漫的方式，这自有其价值。每一种理解艺术的方式皆有其限度（明智的印象主义批评知道如何在主观之道中挥洒）。但是他的论证并不足以拒斥所有的审美经验和阐释，这也不符合他的科学方式。

　　首先，审美经验的生动性和直接性经常在宗教的、直觉的甚至反智主义的术语中被描述，仅此并无法证实这种经验本身就是神秘的或缺乏理智内容、精密性。事实上，直接而生动的审美经验因理智质料而勃发，譬如，高雅现代主义的知性作品甚或数学证据皆可引起强烈的审美经验。而且，对审美经验本身的活泼泼的欣赏从未排除对产生这种经验

1　RA, pp.296, 302-303.
2　布尔迪厄虽然非常清楚地认识到审美经验的传统概念是与主观性相纠缠的模糊概念，但他视之为一种唯智主义的错误，因为它是"经院视角"的产物。这种视角来自"特定历史社会中的一些受过教育的男人和女人"——即"学院"（skholè）的产物，而后形成一种"特殊案例的无意识的普遍化"。换言之，它将知识分子的"单一的经验当作一切审美知觉的跨历史标准"。见 Pierre Bourdieu, *Practical Reason*, Cambridge: Polity Press, 1998, pp.135, 136；AA, p.148。
3　RA, pp.302-303.
4　RA, p.303.

的条件（包括艺术家和观众）的历史的、社会学的探询。相反，审美经验经常刺激这种要求，因为其激动人心的力量激发我们去探索经验的对象及成因。正是这种生动的、经验的审美兴趣（而不是发现某种生成模式的单纯的科学兴趣）最先启发了艺术批评并最终产生了艺术史和艺术的社会学。

从这种社会历史探询中获得的事实可以反过来整合进入未来的艺术作品的审美经验，因为这些事实频频沉积于具备一定知识的观察者的性情化的记忆和知觉习性之中，从而以某种方式筑构经验；在此经验中，对那些事头的意蕴的鉴赏是被直接经验到的。最后，渗入知识的审美经验要求文化的调和。这并不意味着其内容无法通过先在的文化沉积而被经历、理解、赏玩为直接性的。文化调和并不排除经验的直接性。

布尔迪厄所言不假。受康德启发的审美经验观念已然促发了错误的本质主义的幻象：认为艺术的意义和愉悦纯然是天才和趣味的礼物，而无关历史中的制度构成、观念以及各种利益。但当布尔迪厄基于本质主义而批评审美经验时，他错误地将审美经验本质化了，仿佛它仅仅存在于一种模式，即形式主义的无利害模式，而且他又将之与康德相关联。他谈论审美经验和"审美性情"，仿佛这些观念指向的只是一件事情——"纯粹凝视"的非历史的形式主义。[1] 但是其实还有一些丰富多样的审美经验和审美态度却并不属于这种模式。审美经验是一个无比复杂的概念，包含各不相同且相互冲突的概念。自亚里士多德（Aristotle）至尼采、杜威、维特根斯坦和今天的实用主义美学，审美经验的概念包纳语境、内容、利害和功能，已然屡见不鲜。[2]

---

1 D, pp.5, 54; AA, pp.150-151.
2 关于审美经验概念包含的精微的复杂性和多样性的分析，见 Richard Shusterman, "Aesthetic Experience: From Analysis to Eros", *Journal of Aesthetics and Art Criticism*, vol.64, 2006, pp.217-229。

如果说，布尔迪厄认定理解艺术的关键不在于审美经验，而在于那创造了用于生产作品的艺术家习性和决定作品接受的公众习性的社会历史事实，那么，他身后出版的关于马奈的著作则显示了某种有趣、微妙的转向，他强调我们需要用实践概念（明显与习性相关联）来替代审美经验和阐释的东西。布尔迪厄提出，"这是必要的，从作为被看、被读、被解码（读者，阐释学）的绘画，转向被做的绘画或绘画行为，即'没有理论的实践'（迪尔海姆）意义上的艺术"[1]。而且布尔迪厄认为，这种实践本质上是身体性的，而不只是明晰的想象性思想或记忆："绘画的眼睛和手（而不是他的记忆）充满着图像，形成了包含绘画史所要求的一切的'宝藏'（在索绪尔［Ferdinand de Saussure］的语言隐喻［'语言'］的意义上）——传统累积的观念和形式的储藏库"，画家则在他绘画的身体实践（通过模仿、拼贴以及身体性地吸收这些图像的训练）中对这些储藏的图像进行整合，并在他的绘画实践中"将这些图像以无意识的方式带入工作"[2]。

布尔迪厄阐述道，绘画实践涉及"内在于双重社会关系"的"双重实践关系"[3]。首先是"画家与古今画家（和批评家）的领域之间的实践关系"，假若这些往昔依然"有效"或跃动。"艺术场是挣扎之所，在此，形式既是工具又是赌注"，"每一个通向艺术场的入口，面对的是画家借此界定自身可能形式的空间"[4]。其次，存在着与绘画的"（潜在）公众的实践关系"。但是，这种关系的满足不应是"绘画行为的目标，而绘画行为的目标是在具体的艺术意图表达中清晰地自我界定"。相反，与公众的关系"是非直接地通过作品而完成的；作品通过公众的具体知觉

1　M, p.680.
2　M, pp.680–681.
3　M, pp.682–683.
4　M, p.682.

图式而被知觉，并对公众产生某种影响"；这种与公众的关系"是在画家与他在艺术场中的地位所铭刻的限制因素之间的关系之中"，通过他的习性获取、持续调整或更新的。[1] 这两种复杂的社会关系的合成，与其说反映在艺术家创造一种丰富的综合体的明确意图之中，不如说反映在创造一件艺术作品的行为之中。它是作品语义丰富性的真正来源。正是这种错综复杂的"艺术家的社会性、身体性的实践的多重决定（通过习性、专业和地位）产生了作品意义的超级丰富性、多义性"[2]。

在布尔迪厄这里，实践和习性紧密相关。"习性产生实践"，但习性又受先在实践的塑造；先在的实践反映并加强着习性合并的社会秩序。[3] 他的习性概念（如同相关的实践和"实践感"概念）意在铸造理智主义的客观主义（无论是结构主义的普遍认识结构或现象学的客观意识）与盲目无知的机械论或本能的自发性之间的可靠的中间道路。习性，"一种身体化的社会关系"和"历史的产物"，整合了"社会秩序或领域……并产生了立即适应那种秩序的实践"，同时产生这样的行为：虽然有规律可循并受规则统治，但却允许即兴的调整，而且这种行为的规律性并非出自意识上的服从，而是出自沉积的习性导致的自发性。[4]

习性和实践的明确的身体维度，提供了一种客观、公共、与审美经验截然两立的公共状态；审美经验却难以得到公共空间的认可并因此囿于私人的主观性之中。但是审美经验同样具有明确的、公认的身体维度与表现。经验艺术（在通过审美经验来理解艺术的意义上）也是一种实践，或更确切地说，一组各不相同的实践，这些实践的不同不仅在于艺

1　M, pp.682-683.
2　M, p.683.
3　PM, p.143. 也见 Pierre Bourdieu, *Outline of a Theory of Practice*, Cambridge: Cambridge University Press, 1977, p.78. "习性这种长期地内置于经过调整的即兴行动的生成原则之中的东西产生实践，这种实践往往重新生产这种恒在于其生成原则的客观条件之中的规律性……习性产生实践，而产生习性的社会条件"被调整到当下语境或"情境"的特殊条件。
4　LP, p.54; PM, pp.143, 179.

术的种类之多，而且还在于语境之多样（制度的和非正式的，群体的或个人的）——在这些语境中，我们把艺术品当作实验的关注点。跟布尔迪厄一样，实用主义确信艺术（如同理论）是一种实践，但坚称审美经验是实践的关键。因此，当杜威宣称"艺术是实践"时，继而又将实践的模式从直接经验的角度区分为"固有的愉悦与意义的愉悦"。[1] 所以，他最终将艺术界定为经验而非实践，原因正是审美经验是实践（无论是艺术家的还是接受公众的）的焦点，虽然其他目标也未尝不可为这种经验加增丰富性，哪怕这些目标并不主要是审美的。

虽然布尔迪厄认为经验是肤浅、捉摸不定的，不具有现实的确凿性，但经验却以一种令人惊奇的、有意义的方式不可阻挡地回归了。布尔迪厄意识到习性和实践因时而变，但又否认行动主义理论会改变它们，因之，他必须面对这一问题：是什么导致了变化？他略显悖论地给出了答案：经验。"习性可以在回应新的经验中不断地改变"，在将这种转变的力量和范围最小化的同时，他温和地承认"性情接受永恒的修正，但不是激烈的，因为它仅仅作用于那些在先前状态中已经确立的前提"[2]。然而，这种极简主义无法解释态度、习性和实践的突变，无论是宗教或政治信仰的转变，身体习性的基本转变（如成为素食主义者、戒烟或性取向变化），甚或审美趣味的显见变化。自传式的论证常将这种转变归因于强烈的经验（快乐、失望或厌恶），但是这种转变有时也源自温和却引人入胜的阅读经验，包括理论阅读。[3] 但是，布尔迪厄将这种转变归于"社会空间中的……危机情境或突变"，而经验的介入则仅仅在

---

1 John Dewey, *Experience and Nature*, pp.268-289. 然而，我应该承认，罗蒂的新实用主义拒绝经验的概念，同时又在文学批评和其他审美文本中赋予创造性阐释以特权。关于罗蒂拒绝经验概念的理由的详细驳斥，参见 Richard Shusterman, "Pragmatism and Cultural Politics"。
2 PM, p.161.
3 阅读布尔迪厄引发了我自己研究习性的剧烈转变。他教会我超越英美哲学范式（或超越一般意义上的哲学），用英语以外的语言工作，以一种非常明确的方式意识到潜在的社会的、体制的限制因素塑造着哲学理论，包括我自己的理论。

习性"失火或脱离常态"之际对这种偶然的"闪现"进行微调。[1]

四

　　实用主义美学承认理论具有解释与改良的转化之双重作用,同时又意识到实践和经验是艺术的意义和价值的中心所在。但是,布尔迪厄却将理论的作用立为阐释而将艺术立为实践,这说明了两者之间深层的分歧。如果说,实用主义是敏锐的多元论而且具有弹性,那么,布尔迪厄的智识习性略显单一与专断——他不仅将审美经验缩减为康德式的多样性,而且只允许一种理解艺术的合法方式:"作品的科学",解释每一件艺术作品的社会历史的起源和接受的"必然性"。我想,无论我们怎么看待科学,布尔迪厄把解释艺术作品起源和接受当作理解艺术的唯一合法形式,仍不算明智。对艺术作品的形式和语义因素及其综合运作的结构性解释是另一种方式,此外,还存在着其他各种各样的具有不同逻辑的阐释性理解。[2] 布尔迪厄的英雄维特根斯坦强调理解艺术模式的多样性,理解艺术也可以从了解"如何继续"入手,包括进一步描述作品和我们的反应,或如何完成作品、进行经典化,甚或如何做出合适的回应等等。带着某种实用主义的多元论姿势,维特根斯坦否认审美解释可以被还原为"因果解释"的科学,还嘲笑说,"以为心理学将会在未来解释一切审美判断的观点",实在是愚不可及。[3] 十分常见的是,当我们想知道为何某个形象头重脚轻或某首诗十分粗糙时,我们希求的答案并不是什么样的社会因素决定了艺术家(或我们自己)的趣味,而是什么样

1　PM, pp.161-162.
2　关于这些不同的逻辑的说明,参见我的"Logics of Interpretation",收入 Richard Shusterman, *Surface and Depth*, Ithaca: Cornell University Press, 2002, pp.34-52。
3　LC, pp.17-19.

的形象或诗歌引发了我们感到头重脚轻或粗糙的审美反应。维特根斯坦言道,正确的解释就是"啪嗒一声",契合无误。[1]

布尔迪厄大概会挑战维特根斯坦的观点,因为维特根斯坦对经验的诉求暴露了那种盲目地建立在理智自我意识的假定特权基础之上的自大的主观主义。他中肯地论道,客观的社会学分析通过深入到个体以及个体之间的对话性意识之下,来揭示思想的潜隐限度,对那些隐藏于显明意识之下、潜在地建构主体性和主体间性的深层的社会的、物质的条件和身体习性,进行批评性的反思。

布尔迪厄大概会要求对"头重脚轻"做出科学的解释,也许会指出它来自两种相关联的社会场-艺术场(作品的空间、形式和位置)及受众(鉴赏实践或使用"那些本身已打上了使用者的社会地位的烙印的东西")之间的关系[2]。然而,关于"头重脚轻"的科学解释,并不能因为它比意识和知觉的基础更深刻,而否认那种"啪嗒一声"的解释的价值。即使我们偏爱深刻的社会学解释,实用主义的多元论观点依然有效:更好的解释并不能取缔好的解释,因为在一些解释性语境中,好的解释不仅是充分的而且是较合适的,或是因为其单纯,或是因为它有利于解释那些表面的、经验性的现象(而非深层原因)。

很可惜,布尔迪厄对艺术的理解却只固守于单一的解释模式:揭开熟知、炫目却欺骗性的表面之下的隐含真理;这种表面缺乏用来解释表面本身的深层因素的真实。社会理论中的这种级层模式(stratigraphic model)或许植根于马克思主义的基础与上层建筑的模式,但是从一个更深、更隐蔽或所谓更真实的层面来解释某个层面的现象的观念,其本身就是一种科学的普通假定。正如布尔迪厄视社会是解释文化的底层,许多理论家则认为需要从心理层面对社会层面做更深层

1　LC, p.19.
2　RA, p.297.

的解释。反过来，生物学层面又是解释心理学层面的深层底基，最后，说到底，我们找到化学和物理学来解释生物层面。布尔迪厄显然投身于这种级层解释，正如他所言，"社会学的目标乃是发现不同社会世界的被深埋的结构，这结构缔造了整体社会世界以及确保它们再生产或转化的'机制'"。为了显示社会学可以走得多深，布尔迪厄描述说，由于"社会结构和精神结构之间的对应"及相互塑造，社会学乃"与心理学合并"。[1] 实用主义同样欣赏布尔迪厄的级层解释，但拒绝他的独断的推理，拒绝认为这是解释的唯一有价值的形式。同一层面的解释也可具阐发性；某种形式或文化的因素也能够解释其他形式或文化因素；某种社会实践也可以解释其他社会实践；某种生物学过程也可以解释其他生物学过程。

　　布尔迪厄美学级层模式的明显特点是，高雅文化层面不仅缺乏自身的有效的解释力（从而要求社会学的解释），而且同样缺乏真实性。高雅文化是社会世界通过其机构和中介人的习性创造的欺骗性幻象；中介人通过其信念或献身赋予文化世界（及机构和游戏）以某种真实感。这种献身——"这游戏……值得玩下去，值得认真对待"，布尔迪厄描述为"一种幻象"，其不可思议的力量不仅作用于虚构文学的明晰幻象，而且也作用于审美经验与解释的传统游戏；通过审美经验和解释，我们假装理解了虚构文学。[2] 在这种审美接受模式中，我们沉浸在"审美欢乐令人陶醉的循环之中"以及"审美信念"的"普遍性幻象"之中。[3] 为了避开这一错误的"被社会构造、认可的表象领域"，我们需要"社会学的解读来破除这一魔咒"，并探入"最深的真实和最为隐蔽之物"。[4] 在更为一

1　Pierre Bourdieu, *The State Nobility: Elite Schools in the Field of Power*, Stanford. Stanford University Press, 1996, p.1.
2　RA, pp.334–335.
3　RA, p.304.
4　RA, pp.302–303.

般的层面上,布尔迪厄论道,"社会学揭开了自欺的面纱,那种集体的自娱的、被怂恿的自欺,在每一个社会中都是神圣价值的基础,并因此也是一切社会存在的基础",无论"国家主义的神话",抑或"对艺术和科学的崇拜"。[1] 甚至"常识世界"也是从我们共同的幻象中社会性地建构起来的,这种幻象的最终基础是"一种根本性的幻象,即相信世界是真实的"[2]。虽然社会科学也必定有自己的幻象,但布尔迪厄认为,它可以通过对其自身社会构造的性质的反思和意识,即通过对社会历史真理的"最深真实"的透见,而摆脱幻象。

实用主义的多元论不仅确信方法的多样性,而且还确信真实的基本多元性,后者无法还原为单一的形式或单向影响的等级秩序。詹姆斯如此描述这种"多重宇宙"的真实:"这多元的世界更像封建的共和国,而不是帝国或王国。"[3] 不仅永恒的真理是真实的,而且转瞬即逝的经验性表象也是真实的,包括非话语性的、想象性的甚至幻觉性的经验。经验对象是虚构的,这并不意味着经验本身及其效果是不真实或无足轻重的。错觉经验或愿景将其真实性加诸身心并且改变行为。对于实用主义者来说,即使经验(想象性经验或虚幻的理论化)只是捉摸不定的、转瞬即逝的表面的真实,它也依然是一种真实的力量,影响着那些塑造经验性表面的更深、更恒定的真理。尽管布尔迪厄一贯地批评经院思维,他自己却犯下了平庸的唯智主义者的错误,通过混淆真实与真理(真理被认为是话语性的)而贬低经验,而后又狭隘地将真理限定为科学真理。或许是因为美学经常自我呈现为情感的、反唯智论的形式,布尔迪厄又拒绝审美经验和行动主义审美理论——这也堪称唯智主义的顽固残

---

[1] IOW, p.188.
[2] IRS, p.244; RA, p.334.
[3] William James, *Some Problems of Philosophy*,收入 *William James: Writings 1902–1910*, pp.1099–1100。

余（虽然他自己在其他场合曾毫不留情地抨击过唯智主义）。

詹姆斯富有说服力地将他的"多元论的宇宙"等同于受行动主义思想方式允诺的"改良主义的宇宙"，一个人类希求参与改善的宇宙，虽然比起自然的非个人化的宇宙力量，人类显得短暂与肤浅。詹姆斯认为，假若我们相信自己的视界并愿意试图让别人也信服，"我们就可以去创造某种结论"，但我们只能"通过我们预见性的信任"而看见这其中的真理，因为它超越了当下确定（虽然亦可争议）的事实。但唯智主义者却坚称，只有在现存事实中"等到（足够的）证据"，才能证实理论结论。[1] 我最后妥满怀爱慕地确信，布尔迪厄其实是跟詹姆斯一模一样的行动主义知识分子。他一边诋毁行动主义的审美理论是激进、自利、无效的文化政治的时髦之举，一边却又提供了一种行动主义的范本，即批判性地参与社会文化生活的现实政治，并以激进的理论批判性地分析社会文化的不公正，从而启发了他自己并不看好的行动主义理论。[2] 实用主义多元论欢迎布尔迪厄的科学方式，也意识到其自愿施加的限度为别的理解方式留下了空间，包括尊重实践和历史，尊重那些持续重塑实践、历史的想象性经验与阐释的转变性力量。

---

1 William James, *Some Problems of Philosophy*，收入 *William James: Writings 1902-1910*, pp.1099-1100。

2 对于布尔迪厄的政治行动主义，包括其行动主义著述的理解，参见 Richard Shusterman, "France's Philosophe Impolitique", *The Nation*, May 3, 1999。

第三篇

实用主义、宗教与生活艺术

第九章
艺术与宗教

一

在古代,艺术源自神话、巫术与宗教,其神圣的光晕令其魅力长存。如同那些备受膜拜的圣物,艺术品编织了笼罩我们的魅影。虽然与日常的现实事物迥然两异,艺术的生动经验力量却提供了强烈的真实感,更比常识、科学深邃。黑格尔认为,在朝向更高形式并终结于哲学认知的精神之旅中,宗教高于艺术,但接踵而至的19世纪艺术家却认为艺术高于宗教甚至哲学,堪称当代人精神追求的顶点。艺术思想家,诸如阿诺德(Matthew Arnold)、王尔德和马拉美(Stéphane Mallarmé),预言在我们这个被干巴巴的"事实崇拜"[1]日渐统治的世俗社会中,艺术理应替代传统的宗教,成为神圣超拔的神秘的核心和抚慰心灵的意义的核心。马拉美声称,由于艺术道出了"存在的神秘含义……它赋予我们的栖身以本真,并构造独特的灵性"[2]。阿诺德言道:"越来越多的人发现,我们必须转向诗歌来为人生做解释,求慰藉,求生存。若无诗歌,科学

---
1 Oscar Wilde, "The Decay of Lying",收入 Complete Works of Oscar Wilde, New York: Barnes and Noble, 1994, p.973。
2 Stéphane Mallarmé, Message Poétique du Symbolisme, Paris: Nizet, 1947, vol.2, p.321.

只能是残缺的；如今宗教哲学的作为，也终将被诗歌所替代。"[1]

这预言实则在很大程度上已然实现。在 20 世纪的西方文化中，艺术品成为我们拥有的最接近于神圣文本的东西，艺术几乎是一种宗教形式：创造性艺术家形同预言家，经年累月传播新的福音，阐释者即批评家则形同牧师阶层，向信众口若悬河地做着解说。尽管艺术的重要商业面向不言而喻，却俨然占据着那个具有高级精神价值的、超逸物质生活与实践的神圣领域。它那令人浩叹的废墟（无论其如何竭力世俗化），供奉在庙宇般的博物馆，供虔诚的人们做精神教育的追寻，此与宗教徒频频造访教堂、清真寺、犹太会堂，又何其相似！

在倡导实用主义美学时，我曾批评这种艺术的彼岸宗教论。这是由两个世纪以来的现代哲学意识形态所塑造，将艺术归向非真的、无目的的想象世界，从而剥夺了艺术的权能。我已言及，这种宗教，正是实用主义追寻艺术和生活之整合的死敌；实用主义的追寻亦体现在西方古典生活艺术观念以及某些亚洲艺术传统之中，它们认为，艺术与其说是创造对象，不如说是让从事创造的艺术家和吸纳创造性表现的读者变得更为文雅的过程。[2]

尽管人们普遍意识到艺术的商业之维与世俗性，艺术的神圣化过程却依然铿锵有力、引人入胜地进行。我想，原因在于艺术确然表达了深刻的意义与灵性的洞见——这曾为宗教与哲学所擅，但于当今世界上的大众而言，宗教和哲学的传达方式已然失去了说服力。在此我想从另一个角度重新思考艺术与宗教的关系，希望探讨这一观念：艺术提

---

[1] Matthew Arnold, "The Study of Poetry", 收入 *The Portable Matthew Arnold*, ed., L.Trilling, New York: Viking, 1949, p.300。

[2] 我关于实用主义目标的解释详见 *Pragmatist Aesthetics: Living Beauty, Rethinking Art*, Oxford: Blackwell, 1992; 2nd edition, New York: Rowman and Littlefield, 2000; *Practicing Philosophy: Pragmatism and the Philosophical Life*, New York: Routledge, 1997；*Performing Live,* Ithaca: Cornell University Press, 2000；以及 *Surface and Depth*, Ithaca: Cornell University Press, 2002。

供了一个有用的甚至高级的宗教替代品，却没有宗教的许多缺点，因此艺术理应被奉为宗教替代品，让我们的跨文化世界从宗教引起的敌对和倒退中挣脱出来，走向理解、和平与和谐。但是，同样需要考虑另一个矛盾而有趣的假说：艺术无法与宗教相分离，艺术与其说是宗教的一种真实的替代品，不如说是宗教的另一种形式或表达。或者，以一种挑衅性的、含蓄的方式来说，艺术只是宗教的另一种接续。假如这一假说有理——实际上艺术和宗教之间有着千丝万缕的关系——那么，我们就无法简单地跳过宗教而径直奔向艺术。因为，你将会看到，艺术哲学的形而上学与意识形态产生于某种宗教观，宗教观又间接（若非直接的话）地塑造审美哲学，即使我们并未意识到这种宗教性影响或否定了某个宗教的真实性。为了更为具体地说明这一点，我接下来会用两个例子来说明，不同的宗教形而上学如何产生了不同的关于审美经验、艺术与生活之间的关系的哲学。

二

在我转向宗教和艺术的精神允诺和路径之前，让我先来简单地说明哲学问题。哲学，经由现代的专业化进程以及继之追求科学性的愿望，基本上放弃了追寻智慧的模糊领域和沾染情感色彩的灵性。至少在其主要形式上，它倾向于保持客观的、严谨的知识，探索的方式是冷冰冰的批评分析，致命的"干涩"（如 I. 默多克［Iris Murdoch］等人所述）。[1] 虽

---

[1] 见 Iris Murdoch, "Against Dryness"（1961），重印于 *Existentialists and Mystics*, London: Chatto and Windus, 1997；罗蒂确认了这种对分析哲学渴望变得"干巴巴的、科学的"的描述，参见 "The Inspirational Value of Great Works of Literature"，收入 *Achieving our Country*, Cambridge: Harvard University Press, 1998, p.129；丹托（Arthur C. Danto）同样将当代哲学（他偏好的主流的分析派）描述为"冷的"，不关心智慧问题，见 *The Abuse of Beauty*, Chicago: Open Court, 2003, p.xix, pp.20-21, p.137；下文简称 AB。

然宗教中依然可见智慧与灵性情感，但它与超自然的千丝万缕的关系、有关世界起源的教条式神学信念（已遭现代科学的断然质疑），使得宗教对于大多数西方知识分子而言不再是一种可靠的选择。此外，宗教歧视、不宽容和十字军圣战的漫长而惨痛的历史，让很多人没法再把宗教奉为精神教育和拯救的资源。

这也提醒我们，在这个联结紧密的全球化世界中，还有另外一个与宗教相关的问题。宗教，其词源 religare 强调了聚集、联结、捆绑，曾被社会学家们认作传统社会中重要的社会团结黏合剂。但是，宗教的多样性与同一宗教内部的各分支，无疑制造了大量的分裂与冲突，又与狂热和不宽容纠合，最终导致整个世界分崩离析——而非相互联结。今日尘嚣日上的所谓文明冲突，在很大程度上不过是植根于不同宗教观的冲突的婉辞。这种冲突以西方犹太-基督教与伊斯兰教之间的冲突为主；伊斯兰教是这三个产生于中东地区的亚伯拉罕宗教中的最后一个。甚至在同一宗教文明、地区和时期之内，宗教在产生和谐凝聚的同时也易产生愤怒的异见。我在耶路撒冷当学生时亲睹过宗教内部的纷争，狂热的正统犹太教徒曾频繁地唾骂我、朝我掷石子。最后，大多数宗教严苛的审美专断及其严格拘泥的戒律（常常伴之以对不虔行为的严重甚至致命的惩罚），难以吸引追求快乐和感官愉悦的当代感受力。

与之相反，艺术似无这等缺陷。艺术表达智慧、灵性意义的方式更为有效而怡人，而且充盈着感觉、情感和知性的愉悦。艺术提供了神秘的快乐却不诉诸迷信，因此我们不必遭受苦涩羞耻感的折磨——因为我们内心的科学意识往往试图消除被科学否认的对彼岸世界的信念。因此，阿诺德认为，我们这些智识进化中的人类，在艺术中：

> 感到越来越安详。没有哪种原则牢不可破，没有哪种教条不容置疑，没有哪种既定传统不会有消亡的一天。我们的宗教却是在事

实中、在假定事实中具体化；它把情感依附于事实，而现在事实正在瓦解。但是，于诗歌而言，一切就是观念……诗歌的情感依附的是观念；观念即事实。我们今天宗教的最强大的部分是其无意识的诗性。[1]

除了诗人，哲学家同样倡导艺术在宗教中的归并作用。摩尔，这位分析哲学的奠基人、布鲁姆斯伯里美学圈的哲学缪斯，在 1920 年时写道："宗教只是艺术的分支"，因为"宗教所献身的一切有价值的目的，也是艺术之所向"，不过，"艺术兴许更广阔"，因为"艺术的对象和情感的范围要更大"。[2] 认为艺术为宗教提供了更广阔、更具说服力的替代品的观念，在近期再次从直言不讳的世俗哲学家口中道出，譬如实用主义哲学家罗蒂。罗蒂将宗教拒斥为"交流的绊脚石"，转而赞美"伟大文学作品的启迪价值"，"希冀一种文学的宗教，世俗想象的作品将取代圣经，成为每一代年轻人灵感和希望的主要来源"。这种艺术宗教，他称之为"无神论的宗教"。它是多元、自由的，但并不是要宣称在公共领域中进行行为的胁迫，而是在"我们独处之际"抚慰我们，将我们与更广大的、充满启示的世界——伟大艺术的神奇世界联结起来，同时引导我们去实现个体的完善、对同类的仁爱。[3]

如果说罗蒂的艺术宗教看似过于私人化，那么其实也有坚持艺术之重要社会团结功能的美学家，诸如罗蒂本人的（以及我的）实用主义英雄：杜威。杜威将艺术描述为"共同体经验在更大的秩序和统一中的重

---

[1] Matthew Arnold, "The Study of Poetry", p.299.
[2] G. E. Moore, "Art, Morals, and Religion", 1902 未刊稿，引自汤姆·雷根（Tom Regan）的摩尔生平研究, *Bloomsbury's Prophet*, Philadelphia: Temple University Press, 1986。
[3] Richard Rorty, "Religion as Conversation Stopper", 收入 *Philosophy and Social Hope*, New York: Penguin, 1999, pp.118-124; "The Inspirational Value of Great Works of Literature", 收入 *Achieving our Country*, Cambridge: Harvard University Press, 1998, pp.125, 132, 136。

造",杜威甚至指出,"倘若一个人可以控制一个民族的歌谣,那么他就不必在意谁来制造律法"。[1] 艺术一直因其交流性表达的统一的、和谐的力量而备受赞颂,将各种各样的观众结合为一个如痴如醉的整体。席勒曾经赞美艺术通过其趣味的愉悦,"为社会带来和谐,因为它滋养了个体的和谐";一切其他的知觉形式因为过度强调感性或理性而分裂了,但审美知觉却和谐地联结了它们。"一切其他的交流形式分裂社会",因为诉诸差异,但艺术的"交流的审美模式联结社会,因为它与一切人类共通的东西相联络"。[2] 其实,中国的荀子在两千年前谈论音乐(包括舞和诗)时说过类似的话,"故乐行而志清,礼修而行成,耳目聪明,血气和平,移风易俗,天下皆宁,美善相乐……故乐也者,治人之盛者也"(《荀子·乐论》)。我们何尝不是在目睹,通过创造性理解的友好交流而非破坏性武器,国际性的艺术世界、民族和文化的界限正在渐渐消解。

当然,同样应该意识到,艺术领域也并非没有愤怒的分裂、狂热与不宽容。精英和大众艺术的拥护者之间的冲突(甚至偶也爆发成流血冲突,如纽约阿斯特广场暴动[3]),不同的艺术风格、各种不同的"主义"之间也常常有着凶险的对立和尖刻的批评。不过这种争论很少产生身体暴力和文化伤害。有人还会认为它提供了创造性的竞争性刺激。艺术的破坏性的、复杂的但时而隐蔽的压抑性分裂形式,却在于某个历史时期占统治的艺术概念总在剥夺那些不属于此概念的范式表现的艺术形式。

---

[1] John Dewey, *Art as Experience,* Carbondale: Southern Illinois University Press, 1987, p.87, p.338; *Freedom and Culture*,收入 *John Dewey: The Later Works,* vol.13, Carbondale: Southern Illinois University Press, 1991, p.70。

[2] J. C. F. von Schiller, *Letters on the Aesthetic Education of Man,* trans., E.M.Wilkinson and L. A. Willoughby, Oxford: Oxford University Press, 1983, p.215.

[3] 阿斯特广场暴乱(Astor place riot):1849 年 5 月 10 日,纽约阿斯特剧院上演莎剧《麦克白》期间观众冲突斗殴导致 20 多人死亡,120 多人受伤。背后原因在于支持英国著名莎剧演员麦克雷迪(Willam Charels Macready)的纽约精英阶层与拥戴美国本土最受欢迎莎剧演员福里斯特(Edwin Forrest)的工人阶级粉丝之间的趣味冲突。——译者注

从日本同行得知,这正是明治时期曾发生的一切。当西方的艺术概念如此强硬地加诸日本文化时,日本传统艺术(如茶道和书法)被逐出艺术(geijutsu)范畴而被贬为纯文化实践,所谓 geidō(字面义即文化之道)。[1] 可见,艺术特殊的霸权式概念已导致令人痛心的文化破坏(幸运的是,纠偏正在进行)。不过与宗教导致的蹂躏相比,艺术上的偏执和敌意导致的破坏相对较轻。

宗教的好处自不待言。若无宗教在历史上的积极作为,人类或难拥有今天的道德、理性、爱、共同体聚合、情感的丰富性、想象性的庄严及艺术创造。艺术代替宗教,意思是艺术保留宗教的价值,同时将宗教的弱点最小化或加以改善。譬如,杜威虽未倡导以艺术代替宗教,却提出宗教需要被净化,由此,"伦理的和理想的内容"才会与"超自然存在"信念的不健康关联相分离,才会与那些寡淡无味的、过时的意识形态、社会实践和宗教崇拜形式相分离。它们无非是"滋生各种宗教形式的社会文化条件"的"无关紧要"的积增(他意识到"并不存在单数意义上的宗教")。[2] 杜威提出要区分并保存所谓的"宗教性",但不是传统意义上的具体宗教。他将宗教界定为一种经验或态度,"具有带给生活更好、更深、更持久的调整的力量",较斯多葛派"更外向、自然、快乐",较单纯的屈从"要主动"。[3] 此外,杜威认为"任何一种出于理想目的,冲破重重障碍,坚信普遍永恒价值而不顾一己利害的活动,在性质上都是宗教性的"[4],同时指出艺术家以及其他类型的身心投入的探索者也都在从事这种活动。

---

1 见 Takao Aoki, "Futatsu no Gei no Michi (Two Species of Art): Geidoh and Geijutsu", 收入 *Nihon no Bigaku* (Aesthetics of Japan), vol.27, 1998, pp.114–127。

2 John Dewey, *A Common Faith,* Carbondale: Southern Illinois University Press, 1986, pp.3, 7–8; 下文简称 CF。

3 CF, pp.11–13.

4 CF, p.19.

事实上，在论及宗教是献身于理想和生活目的时，杜威转向桑塔耶那（Santayana）将宗教想象与艺术相等同的观点。"宗教与诗"，桑塔耶那说，"在本质上是同一的，只是联结实际事件的方式不同而已。当诗歌介入生活时，它被唤作宗教；宗教，当其仅仅俯瞰生活时，即是诗歌"。[1] 然而，杜威想从中得出的结论是，诗歌想象与"它关于……人生的理想与目的的道德功能"[2] 不应该只是"为艺术而艺术"的纯游戏的、孤离的俯瞰，而是让社会、公共生活及私人经验变得更具艺术价值与美的构造性力量。换言之，杜威坚持实用主义理念，即最高的艺术是生活的艺术，以拯救此世而不是死后的天堂为目标。

三

至此，我们这些世俗的进步论者尚愿意相信。可是，借用莎士比亚的质问，"这玫瑰难道不是有虫病吗？"艺术真的可以脱离宗教以及那些偶然的社会意识形态和制度实践吗？正是它们把理想的"宗教性"变成了可疑的"宗教"。但是，倘若没有信念、实践和文化制度，艺术可以出现、繁荣并继续存在吗？尽管文化的不纯的社会维度本身是偶然的、不完美的，却仍催生并维续艺术。很难想象，假如没有这些偶然的、无端的和不纯的文化信念、价值和实践，艺术如何可能发现有意义的内容？即使艺术可以存在于这个纯粹的理想状态中，它真的会像杜威渴望的那样，通过审美重建世界而产生重要影响吗？如果其想象性观念并未与信念、实践和机构的网络获得稳固联结呢？正是那些事物建构社会并因此成为引入积极变化的必要手段。杜威在此似乎不实用得近乎蹊跷。

---

[1] 桑塔耶纳的评论见 *Interpretations of Poetry and Religion*, New York: Scribner, 1927。杜威在 CF, p.13 引用了其评论。

[2] CF, p.13.

他倡导理想的目标但却不把具体的文化手段——我们的体制实践——当回事儿。

如果艺术是文化的自然产物,不可能脱离宽泛意义上的文化——迷信、愚昧、偏见、邪恶,等等,那么我们可以说,艺术本质上是不可能脱离宗教的。艺术与文化之间具有不可消泯的关联。从广阔的人类学视角看,文化与宗教之间也具有不可消泯的关联。在这一重要方面(F. 博阿斯[Franz Boas]和其他人类学家、人种学家做过影响深远的描述),文化是"共同信念、价值、风俗、行为和人造物品的系统,社会成员借文化应对世界与他人,通过学习而代代相传"[1]。在此意义上,在整个历史上,"若不与宗教相联系,文化无法出现或发展";正如艾略特所言,"从旁观者的角度看,文化将会是宗教的产品,抑或宗教将会是文化的产品"。[2] 在较为原始的社会中,文化或宗教生活的方方面面紧密缠绕、水乳交融,只是在经历过马克斯·韦伯(Max Weber)所说的理性现代化过程之后,即现在所谓的科学、政治、宗教和艺术才成为分门别类的领域,艺术才在抽象意义上与其他领域相分离。但是,在现实中甚至现代世俗的西方,此种分离却无法维持下去,正如这些领域的各种喧嚣的碎片所示,比如堕胎问题或宗教上有争议的公共艺术基金(或仅仅是表演)。

假若艺术无法与文化相分离或文化无法与宗教相分离,那么艺术与宗教之间就具有无法消泯的、富有意味的关联。如我在开头指出的,它们之间无疑存在着本质的、亲密的历史关联。我想,过去两个世纪的现代理性化过程逐渐损坏了这一联结,但是历史并不会在短时间内瓦解,或许在美学和自律艺术的世俗领域的表面之下,宗教传统犹然生气勃勃地跃动,其程度超越了我们所知,比如,艺术天才和创造的概念、艺

---

1 D. G. Bates and F. Plog, *Cultural Anthropology*, New York: McGraw-Hill, 1990, p.7.
2 T. S. Eliot, *Notes on the Definition of Culture*, London: Faber, 1965, p.15.

的崇高灵性价值的概念、艺术对世俗兴趣和纯现实物的超越、解释艺术的神秘性的方式（或语汇），等等。且从一个最近艺术哲学中非常有影响力的概念说起。尽管分析传统的非宗教艺术哲学家已反复运用过此词，但若对其宗教意义及灵氛不做严肃的探究，则很难知其三昧。我指的是"变容"。

阿瑟·丹托，当代分析美学最具影响力者，以变容概念作为其艺术哲学的奠基石。从视觉上看，或许艺术作品与其他非艺术的普通物非常相像。因此，丹托得出结论，艺术要求艺术家将物品阐释为艺术，且这一阐释在艺术史和艺术理论的框架下是可能的。这种阐释要把普通物（丹托称之为"纯现实物"）变容为艺术品——于丹托，实属完全不同的范畴与本体论状态。即使在著名的1981年的《平常物的变容》之前（其影响如此深远，以致最近首届美学大会专门庆祝其出版25周年），丹托就已经运用变容概念去解释艺术界（the artworld）这一重要概念（这一概念也启发了同具影响力的艺术体制理论）。[1] 在他1964年《艺术界》（"The Artworld"）一文中，丹托言道，艺术界"之于现实界……犹如上帝之城之于世俗之城"，在此，我们发现变容的核心观念：艺术品以某种方式变容为高级、神圣、本体论领域，与这个世界的纯现实物迥异；它或是视觉上、知觉上变得不可辨识（indiscernible），或是直如现成之物，物理意义上的同一。我发现，在这篇早年的文章中，丹托已然以天主教的圣餐变体之神秘，暗指沃霍尔（Andy Warhol）的布里洛（Brillo）盒子——这个奇迹般的艺术变容的引人遐思的符码，象征了一个"潜在艺术品等待被变容"的世界，"就像现实世界中的面包和葡萄酒，通过某种幽暗不可知的神秘，变容成了圣餐中不可辨识的肉与血"。

虽然丹托自称他的艺术哲学受到黑格尔的启发，但跟黑格尔不一样

1　Arthur Danto, "The Artworld", *Journal of Philosophy*, vol.61, 1964, pp.571-584; *The Transfiguration of the Commonplace*, Cambridge: Harvard University Press, 1981.

的是，他否定"艺术被哲学超越"[1]。事实上，在某些方式上，他认为，艺术不仅已然夺过哲学的艺术理论化的功能，而且也夺过哲学关于人生深层问题之智慧的传统关注。他坚称："哲学在处理大的人生问题上，完全是无望的。"[2] 而且，丹托当然赞同占主导的现代趋势，认为艺术超越宗教，认为宗教表达了"艺术能够提供的那种意思"，最高的灵性价值和意义，包括"形而上学或神学"的"超自然意义"。[3]

我反复指出过丹托的非常天主教式的宗教修辞，但是他总是回答说，他是一个完全世俗的人。[4] 虽然，我在以色列当学生的时候，一开始以为丹托是移居到纽约城的意大利天主教贵族，但他后来告诉我说，他其实就是来自底特律的不信教的犹太人，一名犹太共济会成员的儿子。他坚持，他理论中的一切有关变容的天主教修辞并不是他个人的宗教信仰，而只是一种说话方式。但是这一宗教维度真的就此消失了吗？我并不认为如此。首先，谈话的方式不可能与生活方式、信仰的真正问题、实践和事实轻易相分离，否则这些说话方式会失其效力。假如变容的宗教意义并未以某种方式与我们的宗教感受力，与宗教经验、信仰或想象发生共鸣（无论其如何被误置或伪装），那么，这种说话方式就不会引人入胜或具有影响力。为何一个世俗的犹太哲学家选择这种方式谈论艺术？为何这种方式如此成功、引人关注？我想，原因在于，基督传统的宗教上的彼岸性，深深地嵌入到我们西方艺术传统和西方艺术哲学传统之中。因此，它富有意味地塑造了这些传统，甚至包括那些意识上并不归属于基督教信仰和态度的艺术家、批评家和哲学家。不应该认

---

1 AB, p.137.
2 Ibid.
3 Arthur Danto, *After the End of Art*, Princeton: Princeton University Press, 1997, p.188; *The Madonna of the Future*, New York: Farrar, Strauss, and Giroux, 2000, p.338.
4 我们在不列颠泰特美术馆（Tate Britain）的讨论，参见 http://www.tate.org.uk/context-comment/video/contested-territories-arthur danto thierry de duve richard shusterman。

为，我们西方艺术界的世俗甚或反基督的理论家的理论完全摆脱文化意义上的宗教；在由西方塑造的全球化的当代艺术界，大概也无人可以摆脱之。

我并不是说，艺术的变容力量是一个狭隘的基督教观念。如果说，一切文化中的艺术有什么共同属性的话，那应该就是它的创造性表达和审美经验的变容的、转化的力量。我的看法是，如果我们希望从变容的角度来理解艺术经验，那么应该认识到两种基本不同的宗教本体论和变容意识形态。首先，熟悉的、占主导的彼岸超越的基督教风格——建立在一种超验的神学之上，一个永恒的、不变的、无形体的上帝，存在于他所创造的世界之外（但奇迹般地道成肉身来拯救那个世界上的人类）。这种神学的核心是与之相应的观念，即非物质化的、永恒的人类本质（灵魂）是可拯救的，可以提升到上帝的超然性。在这种超验性鸿沟的宗教中，灵性（无论是在艺术或其他地方）意味着超然于普遍物质世界，向一个完全不同的世界的拔升，无论是艺术界还是天堂。这里，变容意味着形而上学状态的激进转化，从单纯的时空实体转入不同的、灵性超验的存在——因此，艺术品必须与"纯现实物"相异（丹托意义上）。

相反，禅宗风格的艺术概念和宗教实践，却是一种内在性宗教，其中没有超验性，没有世界之外的人格神；没有与其具身化显现相分离的永恒的、个人化的、非物质的灵魂；没有超越经验流的神圣世界（艺术界或天堂）。神圣和世俗之间或艺术与非艺术之间的本质区别，不再是截然不同的物质世界之间的强硬的本体论界线，而是同一个世界如何被不同地感知、经验以及生活其中：是艺术性的、充注着存在的启迪精神与摄人心魄的深义或神圣感呢，还是寡味的、循规蹈矩的平庸？在这种内在性宗教的意义上，变容并不意味着通过向高级形而上学领域的超拔而形成的本体论状态的变化，而是知觉、意义、使用与态度的转化；并不是向超然领域的垂直移位,而是生动、直接地存在于世,感知生命及其存在和韵律的全部力量,是以一种奇妙的明晰和清新之眼观看事物。中国唐代禅宗大师青原如此敏锐地描述了变容之道:"老僧三十年前未参禅时,见山是山,见水是水。及至后来,亲见知识,有个入处,见山不是山,见水不是水。而今得个休歇处,依前见山只是山,见水只是水"。[1]

四

让我用两个例子来解释关于艺术变容的两种截然相反的观念。关于超验的、经典的天主教观念,来看拉斐尔(Raphael)著名的《基督变容图》(图 9-1),画的是《马太》《马可》和《路德》三福音书中的变容事件(略有改动):耶稣带领彼得、雅各和约翰,"暗暗地上了高山",就在他们眼前,耶稣变容,而后与摩西、以利亚这两位作古多年的先知交谈一番——他们的出现确证耶稣作为弥塞亚的神圣地位。从山上下来之后,耶稣与他的三位门徒在一群人中遇见了别的门徒。有一位男子在人群中向耶稣呼救,请求将他的儿子从恶魔手中拯救出来,而先前耶稣的门徒未能治愈他。拉斐尔对这个事件的再现同时包含了这个故事的两个因素:山上奇迹般的变容,山下发狂的众人与被恶魔附身的男孩;画布被垂直分割成两个不同部分来描绘这两条故事线。山顶变容的场景理所当然地占据了画面上方,下方绘的则是耶稣下山之前骚动不安的人群,其中一个穿红袍的人(显然是一个门徒)用力指向山顶(画面的中心),于是乎,在视觉上,画布的上下两部分及其叙事要素,在一种戏剧性对角线中联结了起来。

---

[1] 有趣的是,丹托本人也引用了这段话,参见"The Artworld"及 *The Transfiguration of the Commonplace*。

图 9-1　拉斐尔,《基督变容图》,1518—1520 年

对我而言，最有意味的是，在上半部的变容场景中，基督的身体不仅升至了山顶，实则明显地飘浮在了半空，位于山顶（以及拜倒在地的随从门徒）之上。基督与两侧前来谈话的两位先知相挨，却明显比他们站得高。他的身体周边镶嵌着亮光，头部晕染着一圈金色的光晕。实际上，《马太福音》言道，当耶稣"变了形像"，他的"脸面明亮如日头、衣裳洁白如光"（17：2）。但是并没有哪部福音书把基督的变容描绘成高山上空的超验性悬浮。而拉斐尔却明明白白地画出了这个场景，这或许是在强调基督的神圣的、超越此世的本质，暗示了真正灵性的超然本质及其必然的超越日常现实物世界的超验性运动。

黑格尔用这幅画论证艺术的变容性超拔以及感性传达至高灵性价值的能力，即使它们偏离视觉真相，没有哪个正常的视点可以同时囊括图中两个场景。然而，黑格尔写道，"基督的视觉上的变容是指他从尘世的拔升、他与门徒的诀别，这种分离与诀别也必须（在图画中）是可见的"[1]。如果我们遵照福音叙述，那么，拉斐尔将变容的基督描绘成从地面"拔升"或"分离"，不仅不符合视觉的真实，也不符合圣经的叙述。但是它却极巧妙地传达了经典基督超验论的所谓真理（一如黑格尔的哲学唯理论），同时亦极好地暗示了艺术上的对应之处——艺术的变容是一种向更高的超世俗性的"超拔与分离"。

此外，门徒未能治好被鬼附身的男孩，耶稣却成功地通过触摸而治愈了男孩，这一暗示性的叙述也令这幅画传达了艺术天才之神圣超验性的艺术寓意。大艺术家的手——如拉斐尔（他的名字在希伯来语中意味着上帝治愈了你）——与上帝之子耶稣自身的神圣的治愈之手，以类比的方式联系在一起了。在我们的文化中，高不可攀的艺术天才与庸庸碌碌的观众之间，高雅艺术与流行文化的着魔发狂的大众媒介艺术之间，存在泾渭分明的分界线。于此，这则类比具有无限的意蕴。但是，我还是暂且把文化政治搁一边，回到黑格尔的论点，即认为这幅画是杰作，因为它表达了基督教的灵性精神（即使它并不真的具备这种精神），而且，它非现实地分割了画布——这客观的视觉真实。

丹托在《美的滥用》一书中捍卫黑格尔，借用《基督变容图》（丹托认为它伟大但不美）进一步提出，审美的视觉价值，包括美，从未是艺术伟大性的本质。丹托认为，"美是显见之物，如同蓝色"，是一种可以"通过感官"直接把握到的、可知觉的事物，但艺术却"是思想"，因而"要求觉察与批评的智能"。[2] 他谴责那种漫长的理论传统，认为艺术中

---

1 G. W. F. Hegel, *Aesthetics: Lectures on Fine Art*, trans., T. M. Knox, Oxford: Carendon Press,1998, p.860.
2 AB, pp.89, 92.

（或其他地方）存在着一种艰深的美，并不是直接感觉的对象，却要求罗杰·弗莱（Roger Fry）所说的"注视"（hard looking）；弗莱认为，对于那些在公众眼里初看吓人的后印象主义绘画而言，"注视"是必要的。但丹托认为这种"酬赏注视的姗姗来迟的美"是一种美和艺术洞察力的混淆，为此他嘲笑这种想法：这种看给予我们"某种感性的战栗，那是审美意义上的美在我们内心引发的，无须仰赖论证或分析"[1]。

我虽然认同丹托，认为美并不总是艺术成就的必然因素，但我却觉得，确然存在着某种难以感知的美，其唯有通过一种严格的凝视而呈露。现在有一个例子，可以解释我前面勾勒过的禅宗与实用主义的内在性变容的观点。我的例子既非来自官方的艺术世界，也非来自自然美领域。相反，它却涉及一只生锈的大铁桶，其惊人的美是在我经过一段持续的冥想之后乍然向我显现的。那是我在日本做研究的那一年，正经历着禅宗清规的启蒙。

我生活和训练的禅寺少林窟道场（Shorinkutza），坐落在日本美丽的濑户内海边上忠海村的一座小山上。寺院的主持是井上城户大师（Roshi Inoue Kido）。他思想自由，竟接纳我为徒弟。当时的他几乎不晓英语，而我的日语也少得可怜。他认为，一个人的身心性情，比双腿紧紧地、长久地盘成莲花座更要紧。他打比方说，钝刀割不了水稻。他建议我要是感到累了，则完全可以从禅堂打坐的垫子上站起来，回到我的小屋打个盹提提神，好让心灵变得敏锐。他解释说，持续专注能力的增进来自精神敏锐度，而不是简单的意志性的执拗劲儿。可是，在一切他认为于禅修紧要的事上，大师则不啻为严苛的纯洁主义者。作为一名入道但遵循戒律的人，大师在他认为必要的时候从不吝惜手中之棒（我躲过他的呵斥，只是因为我的日语实在太差劲，连一个愚蠢的问题都提

---

[1] AB, pp.92-93.

不出来，但我曾经也因为碗里剩三粒米而遭到过严厉的训斥）。

　　禅堂和学员憩息处之间有两条小路，我注意到在其中一条小路边上有一块小小的空地。由此望去，海景开阔而美丽，海上有着星星点点的小岛，看起来葱郁、柔和、灌林密布。空地中央是一条简陋的凳子，由一截圆木粗制。这段矮矮的直立的柱子（依然挂着树皮）上面搁着一块小小的长方形木板，是给人坐的，没有钉子或粘胶，只靠着重力粘牢下边的圆木。在这个木凳子前面几英尺开外，立着两只生锈的破旧的铁桶（图 9-2），是那种我在美国城市贫民区经常看到的铁桶，无家可归的人们常常拿它们凑合着充当户外炉子用（熟悉艺术界用法的读者或许会把它们认作克里斯托（Christo）和珍妮·克劳德（Jeanne Claude）的那类桶，他俩在两个著名的装置艺术《铁帘》(*Iron Curtain*)和《墙》(*The Wall*, 图 9-3）中用了许多这样涂满颜料的桶，桶挨着桶堆起来）。坐在

图 9-2　理查德·舒斯特曼，少林窟道场的鼓罐

凳子上看道场下面的海的时候，视野会不可避免地被这两个锈迹斑斑的褐色铁桶所挡住。我在想，为什么这一对难看的桶会在这个可爱的地方呢，它们简直以一种工业性的丑陋损害了壮美的自然海景。

图 9-3　克里斯托和珍妮·克劳德，《墙》，1999 年

有一天，我鼓起勇气问大师，我可不可以在那个俯瞰大海的地方做一会儿冥想，不过，我没敢问他为何那两只吓人的大桶（日文称作"鼓罐"）被允许去玷污那海景的审美的、大自然的纯洁。大师居然同意了，因为禅修本质上可以在任何地方进行，而且大师感到，我已有长进，足可以在道场之外练习了。我就坐到了那条凳子上，视线有意越过了铁桶，静观美丽的大海，同时遵循大师的指导，意念集中于呼吸之上，摒除各种杂念。在将近二十分钟的有效冥想之后，我不再能集中注意力，决定结束这次功课。当我把目光转向靠近我的那只桶的时候，我的知觉

已然变得敏锐，我发现眼前之物陡然间变容成令人窒息的美的景象，美得像大海，实际上比大海更美。我感到，我第一次真正看见了这个鼓罐，品尝到了其色彩的微妙奢华，各种层次的橙色，蓝与绿的色调又突显出大地般的褐色。我震惊于这不规则肌理的丰盛，层层剥落的铁皮屑装饰着坚硬的铁壳，或软或硬的表面活像是美味的千层饼，又像是共同交织成一首交响乐。

兴许最令我惊喜的是这个感知对象的美的完满。锈迹斑斑的鼓罐具有一种直接的、强劲的、极其吸引人的现实，令我眼前的大海相形见绌。它并不是变容成非物质的、灵性的超验世界，而是以变容的方式散发出光芒和灵气，借此，我们内在性的物质世界的奇妙流变与之共鸣并熠熠生辉了。因而，我自身也感到了变容，却并未感觉到大桶或我自己有了本体论范畴上的变化或超拔到超验的理想性。相反，我意识到，我以前视作美的并不是大海本身而是大海的观念。我实是通过熟悉思想的帷幕看见它的，通过它俗套的浪漫主义意义以及不可抑制的私人联想（一个特拉维夫的海边男孩变成了哲学家）。与之相反，铁桶的美却是最具体、最动人的直接性，但同时也显示出，美需要一种持续的严格的观照。虽然注视起初指向的不是鼓罐，但注视本身却使得对美的知觉成为可能，我得以在接下来的场合中，越过海景而观想铁桶本身，而恢复对美的视觉。

这种注视现象学，我以为与弗莱所言不同，它太过复杂，在此先不做探讨。但这复杂性显然与知觉与存在的悖论相关：我的注视也应该是一种非视（non-looking），因为它的动力不是来自对于物的真正意义的阐释学探究，正如禅宗思想经常被描述为非思想，其启蒙的完满性被描述为空性。还有一个问题是，这种内在性变容是来自眼前的特定对象（鼓罐），感知主体的经验还是塑造这两者及其相遇的整个充满能量的情境呢？

无论我们怎样表达这些问题，必须立刻面对一个质询：这些变容的鼓罐是艺术吗？很明显，它们并不是体制艺术界的一部分，但却可以是一个精心设计的装置作品的一部分，意在提供有意义的、激发思想的、诱发审美的体验。[1] 而装置的精心设计往往意味着，它明显是"关于某物"的（一般被认为是艺术所必需的意义条件）。但是，鼓罐"关于"什么，却有许多可能的答案：冥想的力量和可能性，工业废品的令人惊奇的使用，自然与人工产品的对立，美的问题（"艰难而隐匿"与"轻易而常规"），甚至我最终在其中觅得的意义，即日常物的内在性变容。这种变容使得日常物变成为艺术，而无须将其从现实世界中拔出而进入一个与现实世界隔离的、超验的艺术世界，因而无须具有那种完全不一样的形而上学状态。这种内在性变容，其充盈的存在之义就在于将艺术与生活熔铸起来，而不是强调其根本的对比与断裂，这正是禅宗与实用主义美学之间的叠合。

那么，如何看待拉斐尔的《基督变容图》？为了理解其宗教意义，我们必须要坚持那种艺术与现实物、生活相分离的艺术超验形而上学吗？我并不认为执着于基督变容事件的真实性及神学教条的形而上学真实性对于理解这幅作品是必要的。我认为，我可以无须持有相关的形而上学和神学信仰，而在某种程度上依然欣赏这件艺术作品的超验性的宗教意义。我怀疑一位虔信徒或许真的可以通过这种信仰更好地欣赏这幅画，但我本人却倾向于牺牲这种额外的利益，而保持一种不具有超自然的彼世性和基督教神学的本体论，以及一种不诉诸彼世性来解释或证实艺术的变容力量的美学。

---

1 必须指出，一些艺术界的艺术家同样欣赏铁锈的美，在它们的雕塑和装置中运用科尔腾钢（Corten Steel），因为科尔腾钢易为铁锈包裹，从而通过铁锈的微妙调子和肌理潜在地提高了作品的审美效果。一个明显的例子是 R. 塞拉（Richard Serra）的了不起的《扭曲的椭圆》（*Torqued Ellipses*）。

五

难道必须在这两种变容形式及其各自的艺术宗教意识形态之间做出非此即彼的选择吗？[1] 抵制这种选择的一个理由是，这些选项并未穷尽艺术的变容经验的种类或阐释。我在此考虑儒家宗教传统中的审美变容，其更强调审美仪式和艺术甚于超自然事迹，使得它对东亚人而言显得如此动人、影响深远，经千年而不衰，比其早期的反对者墨子更富吸引力。墨子的似基督教的"兼爱"学说，伴随着对于至高的超自然神灵的信仰，较少相信鬼神，带有一种荒凉的反审美的禁欲主义（这具有新教的严厉）。古代儒家的天才部分在于，一方面接受同时期不断增长的神学怀疑论，一方面实质上回避超自然的宗教形而上学，将其关注限定在拯救和重新激发那些传统宗教仪式及艺术中包含的实证理想、价值，为其注入更为智性的阐释，即集中于个人和社会的审美、伦理的教化，以获此世生活的精致、和谐的拯救。事实上，当下对超自然主义的怀疑，强调盛饰、丰富、复杂（而不是道家或禅宗式的简单）的蔚然一时的审美转向，使得儒家成为21世纪最富吸引力的宗教，至少于世俗心智而言。我承认自己也深受吸引，就像禅宗和实用主义改良主义之于我。

但是在这里并不是要决什么胜负，我想在结尾处简单地提出另一个选择。既然我对艺术的宗教传统的研究是如此粗略有限，未顾及其他宗

---

[1] 与之相反，在由不同的宗教形而上学所塑造的不同文化中，可以发现对于"灵韵"（aura）概念的不同审美阐释。比如，本雅明（Walter Benjamin）——一位浸润于欧洲文化的世俗犹太人（虽然因其犹太传统而比丹托更为投入），用"距离""唯一性和永恒性"来界定"灵韵"。当然，这些特征与超验的领域相联系，因此远不同于普通现实，又因为（通过其神圣性）抗拒变化而具永恒性。此外，与一神教遥远超拔的神圣性的联系使得"灵韵"这一概念（在艺术真实性以及真正的神圣性上）跟独特性相关，比如基督教神格的神秘的三位一体、原作的印刷品或同一个雕塑的复制品。见 Walter Benjamin, "The Work of Art in the Age of Mechanical Reproduction", *Illuminations*, New York: Schocken, 1968, pp.222-223。相反，禅宗审美经验的灵韵强调了非永恒性与普通日常的亲近性；因此重复性未必摧毁这种灵韵。

教文化，包括伊斯兰教、犹太教和亚非土著宗教，那么，我们何不接受一种关于艺术宗教本体论的更为多元的方式？或许这可以让艺术作品的语境及其文化传统来决定，何者是欣赏其变容意义和灵性真理的最佳方式。我们可以是艺术"宗教"的多元混合主义吗？即使传统宗教、形而上学和受宗教塑造的伦理学缺乏这样的弹性。

  实用主义的审美多元论愿意承认这种可能性。倘若它真的可能，美学的确可以成为文化之间的桥梁，甚至是相互冲突的文化之间的桥梁。但是，如果美学最终无法与文化底下的宗教态度相分离，那么更不可能在不完美的世界中实现这种可能性，除非我们不仅通过美学而且超越美学去转换我们的文化和宗教态度，走向更深的、更开放的理解。当然，这并不是意味着对确凿的邪恶和明显的错误的毫无原则的宽容，也不应该消除一切真实的区别和不谐和、异见的作用——无此，我们从来不可能欣赏艺术的谐美。

第十章
实用主义与东亚哲学

　　早在多元文化、全球化成为我们时代最富争议的流行词之前，福柯在一次简短访谈中断言，哲学的未来将面临极大的危机，或许最终得仰赖于亚洲思想。他在1978年寻访日本禅寺时与禅师言道："西方哲学终结时代已至"，倘若哲学尚有未来，则必是欧洲与非欧洲的相遇与影响（交互）的结果。[1] 我认为，无论欧洲哲学时代是否终结，哲学最光明的未来恐怕在于亚洲思想与西方思想的进一步互通。

　　倘若说，福柯将欧洲哲学的终结等同于欧洲"帝国主义"的终结，那么美国实用主义在20世纪八九十年代戏剧性的强势复兴，是美国在多国资本主义和冷战中获胜并在全球逐渐占统治地位的表现吗？比起经典实用主义诸家创造实用主义哲学最佳范式的时期，今日的美国哲学似乎更引起世界性的兴趣。虽然我欢迎这晚近的趋势（我自己的著作亦极大受惠于此），但也曾批评性地指出，对美国哲学（包括实用主义）兴趣的剧增，部分是因为美国在政治经济文化诸领域的霸权

---

[1] Michel Foucault, "Michel Foucault et le zen: un sejour dans un temple", 收入 *Dits et Ecrits*, Paris: Gallimard, 1994, vol.3, pp.618-624, 引文来自 pp.622-623。应该指出，福柯的话忽视并排除了美国哲学的可能性，只是简单地将西方哲学与欧洲哲学画上等号，将"西方思想的危机"等同于"（欧洲）帝国主义的终结"而带来的"欧洲思想的转折点"(p.622)。

地位。[1]

现在，多半是因为自己这些年来的东亚经历，我更愿意采取较为肯定性的方式，而不是自我批评与怀疑。许多亚洲同仁解释说，他们对实用主义充满热情，因它挑战了欧洲主流美学模式；后者当然与现代欧洲的美的艺术、高雅艺术的概念唇齿相依。欧洲美学模式曾在19、20世纪陡然强加于亚洲文化，丰富的亚洲艺术实践则被贬斥为纯技艺、民间艺术和仪式（与欧洲的美的艺术传统相对立）。在日语中，这种审美实践从geijutsu（"艺术"，指称欧洲的美的和自由的艺术）降为纯文化实践或geidō（字面义是"文化之道"）。[2] 除了美学（bigaku），整个哲学领域亦舶自欧洲；虽然有了一个崭新的亚洲名称"tetsugaku"，却仍保留着基本的西方内容并在新兴欧洲风格的大学系统中传播下去。随着哲学思想渐渐等同于欧洲哲学传统，哲学智慧、神圣性、自我教化的传统亚洲观念就难免跟geidō一般，遁向智识生活的边缘，且被当作古代历史和民间传说打发掉了。

文化剥夺的西化趋势曾以日本为最，在此语境中，新兴的实用主义美学受到青睐不足为奇。实用主义美学大体上与主流的欧洲范式相对立，倡导具身化实践美学，强调经验而不是语词定义，坚称艺术广泛多样的功能性而不是康德的无目的性。实用主义的艺术理论虽是西方的、当代的，却与传统的亚洲艺术与自我教化的美学实践声气相投。如同亚洲思想，实用主义美学也认为，哲学是全球化的生活和自治的艺术，可

1　见 Richard Shusterman, "The Perils of Philosophy as a Lingua Americana", *Chronicle of Higher Education*, August 11, 2000, B4-5。
2　Jutsu 意指艺术或技艺。传统茶艺、书法、射击、马术等，在西方模式输入前，属于日本前现代的 geijutsu 或艺术，现在则被视作 geidō。这个术语，是由日本中世纪能剧理论家世阿弥（Zeami Motokiyo）在谈论能剧时最先使用的，在20世纪则是那些不符合西方标准的各类艺术的总称，是一种审美的反话语权，以此抵抗舶来的西方当代艺术霸权。见 Takao Aoki, "Futatsu no Gei no Michi（Two Species of Art）: Geidoh and Geijutsu", 收入 *Nihon no Bigaku*（Aesthetics of Japan）, vol.27, 1998, pp.114-127。

使个体与社会（个体受其塑造并为其奉献）之间实现更好的动态和谐。

我想说，实用主义为何赢得域外心灵，并在全球化新世纪哲学中悄然扮演重要角色，盖是因为它与亚洲思想的深沉的亲合吧。既然美国实用主义和亚洲哲学两者皆出生于欧洲之外域，它们会是福柯想象的非欧洲的哲学重生之地吗？若说美国哲学是西方思维，依然主要从属于欧洲传统，那么它与欧洲哲学、亚洲哲学的亲合性，可使它成为欧洲思想与非欧洲思想之间进行富有成效之对话的有效工具吗？

谈论这个问题的第一步，应是探讨实用主义与亚洲思想之间的复杂叠合。美国的中国哲学专家，如安乐哲（Roger Ames）和 D. 霍尔（David Hall），其实已然探求此务。[1] 在此，我将透过我自己实用主义哲学的核心议题视角，勾勒出实用主义和中国古典哲学之间的某些重要亲合之处，继而指出，在 21 世纪的全球化文化背景下，实用主义的西方方法与传统的亚洲智慧如何互惠，如何生产性地结合出新的视角。作为一个亚洲研究新手，我并不打算论及实用主义如何提高悠久强大的中国哲学传统的影响力，但希望指出，体味这一丰富的传统，有益于扩充当代实用主义的范围和力量。它提供了有益的论点、洞见和案例。

在实用主义美学中，我试图发展出一种建立在美国哲学基础上的美学理论，来更好地理解美国流行文化。[2] 受大众媒介和美国政治经济地位的影响，美国流行文化在全世界广泛散布，但是外国观众和知识分子却未必深谙其道，因为，正如我在几本书的前言中指出，笛卡尔和康德并

---

[1] 见 David Hall and Roger Ames, *Thinking from the Han: Self, Truth, and Transcendence in Chinese and Western Culture*, Albany SUNY Press, 1998; *The Democracy of the Dead*, Chicago: Open Court, 1999。也见 Roger Ames, "Confucianism and Deweyan Pragmatism: A Dialogue", Boston Research Center Newsletter, Spring 2002, pp.17-57。我感谢安乐哲教授的慷慨回应，他在信中回答了我关于中国哲学的提问。由于本文集中讨论实用主义与中国哲学的关系，我也理应指出，实用主义与日本京都学派的创始人受詹姆斯影响甚深。

[2] 此章的部分观点建基于我为中译本《实用主义美学》（彭锋译，北京：商务印书馆 2002 年）所撰序言和《哲学实践》（彭锋译，北京：北京大学出版社 2002 年）。

不是解释说唱音乐的正确工具，甚至连法国、德国的说唱音乐也解释不了。我的课题的美国性，或许会被误解为某种文化帝国主义甚至沙文主义，但实际上却是对文化差异的谦逊认识；文化差异恰恰暗含了艺术及其理论的语境性方法。

认识到哲学的语境性，并不必然导致那种排斥所有一般化的无望的相对主义，因为各不相同的语境往往包含着大量的叠合和共性。比如，虽然美国的城市黑人贫民窟无疑特殊，但其他贫民窟也有类似的贫穷与社会政治的压抑。实用主义虽被认作美国在哲学上的独特贡献，却依然可谓创造性地酿造于"新世界"坩埚中的英德哲学传统的丰厚混杂，因为脱去了旧民族文化领地的枷锁，这两种哲学故而混杂得更加自由并更加丰盛了。[1]

但是，实用主义的多重根基也曾拓展到亚洲的思想世界。爱默生，这位皮尔斯旗帜鲜明的实用主义运动之前的公认先贤，曾深得《奥义书》和佛陀教义的濡染。詹姆斯的宗教经验研究同样颇有意味地汲自瑜伽、吠檀多和佛教。曾在日本旅居数月的杜威，也无不格外地陶醉于那"至精至雅"的、生机洋溢的文化与技艺。而他1919至1921年间在变动的中国文化之中的一番经历，影响更其深沉。女儿简（Jane Dewey）承认，这一经历"是如此重大，几近重燃他的智识热情"，他从此视中国是"祖国之外最接近自己心灵的土地"。[2] 杜威对中国的激赏得到了温暖的酬报。他的演讲广受欢迎，在当时新文化运动中传播热烈，影响巨

---

[1] 关于哲学观念从其原初地域、语境的移植之动机、价值和危险的讨论，以及美国哲学如何挪用和吸纳欧洲哲学，见 Richard Shusterman, "Internationalism in Philosophy: Models, Motives, and Problems", *Metaphilosophy*, vol.28, 1997, pp.289-301；"Comment l'amérique a volé l'identité philosophique européene", 收入 *L'identité philosophique européene*, eds., S. Douailler, J. Poulain, and P. Vermeren, Paris: L'Harmattan, 1993, pp.253-266。

[2] 见 Jane Dewey, "Biography of John Dewey", 收入 *The Philosophy of John Dewey*, ed., P.A. Schilpp, 2nd edition, New York: Tudor, 1951, p.42。

大。除了杜威这一历史特例外，我还看到实用主义与中国古典哲学在一般方向上具有诸多的叠合处。当然，中国古典哲学也曾是日本和朝鲜思想的主要资源。

中国哲学与实用主义的共同议题中最为核心和综合的，或许当属人文主义。陈荣捷和杜维明这些杰出的学者曾以此术语界定中国哲学，詹姆斯、杜威，尤其是其牛津同盟席勒（F. C. S. Schiller）也将实用主义解释或描绘为人文主义。[1] 这种人文主义不必排除广阔的精神维度，也不会傲慢宣称，普通的人类生存是宇宙的最高表达，或者人类与自然世界相对峙。不如说，它认定，哲学必然受人类条件和人类目的的塑造，理应以保存、教化和完善人的生活为目标。由于知识和价值无法截然两分，人类经验本质上又是社会经验，哲学也就有了不可泯灭的伦理、社会的意旨。换言之，哲学旨在益世、彰显人文，不见得只是为生产"真值句"而描述现实。

詹姆斯与杜威一直认为，哲学处理经验、行动和意义的领域，比阐述真理的领域更为广阔。詹姆斯强调逃脱话语之网的无名感受的意义，杜威也主张哲学的话语性真理的真正价值乃在于超拔"具体的人类经验

---

[1] 陈荣捷说："如果用一个词概括整个中国哲学史，那么，这个词必是'人文主义'。"杜维明也这样描述中国"人文主义"："从自然与人在宇宙中的功能之综合视野中，整合了精神和自然主义维度。"见"Self-cultivation in Chinese Philosophy", *The Routledge Encyclopedia of Philosophy*, London: Routledge, 1998, vol.8, pp.613-626。这一描述也符合詹姆斯、杜威和 F. C. S. 席勒的实用主义视野，虽然詹姆斯在更有限的、技术的意义上使用"人文主义"，强调认识论和形而上学问题：比如，认为哲学没办法提供一个上帝视角，真理不是绝对固定的，而是多元论的、变化的，认为纠错主义和多元论反映了实在的变动性和人的多元的、变动的兴趣。见 F. C. S. Schiller, *Humanism: Philosophical Essays*, London: Macmillan, 1903; *John Dewey: The Middle Works*, vol.5, Southern Illinois University Press, 1977, pp.312-318; William James, "Pragmatism and Humanism"; *Pragmatism and Other Essays*, New York: Simon and Schuster, 1963; "Humanism and Truth"、"The Essence of Humanism"和"Humanism and Truth Once More"，收入 *William James: Writings 1902-1910*, New York: Library of America, 1987。

及其潜能……澄清、释放、拓展"生活和实践之"善"[1]。话语性真理的确定阐述，虽然在处理绵延流动的经验世界上颇有价值，却无法佯装抓住了它的本质或价值。同样为世界之变动性惊叹不已的古代中国哲学家，也更在意完善人性，而不是为现实提供一个精确的语言表征。事实上，诚如汉森（Chad Hansen）所言，古代中国思想家并不把语言视作描述世界的媒介，而当作"指导行为"的工具，更为务实。[2]

如果认为哲学是完善生活而非编汇真命题，那么某种美学推论也接踵而至，即认为美学的最高功能是提升艺术和美的经验，而不是生产准确的语词定义来映现概念外延。但新近的分析美学却汲汲于此务。在《实用主义美学》中，我批评这些定义是"包装理论"（wrapper theories），因为其意在完整覆盖某个概念的逻辑外延，而不是彰显界定对象的意义或提升对象的价值。杜威意识到，在审美之务上，这种"形式定义让我们变得麻木冷漠"。敏于美感的詹姆斯早年曾痴迷绘画，也一样批评道："美学的分析研究……对于艺术无甚好处"，艺术的关键在于"逃脱语词定义，那类美学则旨在提供语词定义"。换言之，美学话语的真正价值，包括定义，是在实践中导向更好的艺术体验；因此，杜威正确地指出，

---

[1] William James, *The Principles of Psychology*, Cambridge: Harvard University Press, 1983, pp.244-245. John Dewey, *Experience and Nature*, Carbondale: Southern Illinois University Press, 1988, pp.41, 305.

[2] 参见 Chad Hansen, *A Daoist Theory of Chinese Thought: A Philosophical Interpretation*, Oxford: Oxford University Press, 1992, p.42。汉森认为汉语与印欧语系之差异鼓励中国思想家别样地将语言理论化，并发展出不同的哲学观及其问题。其中一些差异略似于实用主义之不同于主流西方传统。比如，"中国思想家并不沉浸于意义问题，他们不会从界定概念开始构造哲学"（p.40）。当"西方语言意识形态……把语言的主要功能立为传达思想、事实和描述性内容"，中国思想则基本上"将语言描绘为人们相互反应的方式"。因此，"中国语言理论开始于实用主义——语言和使用者的关系"（pp.41-42），中国理论"谈论断言性（assertability）而不是真理"，古典中国思想本质上关心的知识种类，并不是"命题式知识"（既然"古文中并没有对应于命题真理的语法对应物"），而是更为实用的知识："知道如何做事"，知道去做事，以及关于某事的知识（p.44）。

"好的定义必定要指明如何迅速朝向某种经验的方向"。[1]

儒家美学看来也同样注重实用。孔子曾满怀激情地谈论音乐（音乐的多样性、用途和价值），但从未试图提供关于艺术的正式定义。孔子很怀疑单纯的语词可否解决实际问题（他警惕"巧舌如簧"），倒是引导如何在经验中认识音乐的价值，诸如标明音乐的高下、给出简短而启发性的评论、提出音乐实践的示范性方法，等等。他评价音乐，"子谓《韶》，'尽美矣，又尽善也'。谓《武》，'尽美矣，未尽善也'"。"《关雎》，乐而不淫，哀而不伤"(《论语·八佾》)，而"郑声淫"(《论语·卫灵公》)。此外，孔子还提出具体方法提升音乐体验的品质。"子语鲁大师乐。曰：'乐其可知也：始作，翕如也；从之，纯如也，皦如也，绎如也，以成。'"(《论语·八佾》)虽然这些提升音乐认知的实用方法显得破碎、单薄、片面，但不要忘记，它们是处于丰富、具体的经验语境之中的，其实践提升也是音乐理论的目的所向。

实用主义和儒家美学无意提供精细的语词定义而旨在提升艺术经验，这并不是说，它们仅仅止于提高对艺术作品的欣赏和理解而已。因为艺术不仅是内在愉悦的来源（艺术的重要价值之一）；而且也向日常生活的社会功能贡献优雅与美的实用之道。艺术也是伦理教育的主要方式，可以让个体和社会更加精雅；教化秩序感、得体感，并注入和谐与意义的共同体验。

---

[1] 见 John Dewey, *Art as Experience*, Carbondale: Southern Illinois University Press, 1987, pp.155, 220; William James, *The Correspondence of William James*, vol.8, Charlottesville: University of Virginia Press, 2000, p.475。这就是为何我认为杜威将艺术界定为经验基本上是正确的，虽然按照逻辑-外延的标准明显不充足。我对之的观点，包括对杜威的批评，见 *Pragmatist Aesthetics*, ch. 2。反对我的批评而为杜威做辩护的，见 Tom Leddy, "Shusterman's *Pragmatist Aesthetics*", *Journal of Speculative Philosophy*, vol.16, 2002, pp.10–16 及 Paul Taylor, "The Two-Dewey Thesis, Continued: Shusterman's *Pragmatist Aesthetics*", *Journal of Speculative Philosophy*, vol.16, 2002, pp.17–25。我对这些批评的回应，见 "Pragmatism and Criticism", *Journal of Speculative Philosophy*, vol.16, 2002, pp.26–38。

儒家坚持礼乐在自我教化与文明社会中的重要性，更让这种美育模式昭然若揭。这种审美实践不只是单纯的审美，更关注恰当秩序和善政的形成，个体与社会的融合。孔子强调："礼云礼云，玉帛云乎哉？乐云乐云，钟鼓云乎哉。"（《论语·阳货》）他敦促弟子学诗："小子！何莫学夫诗？诗，可以兴，可以观，可以群，可以怨。迩之事父，远之事君。"（《论语·阳货》）也敦促弟子学礼："不学礼，无以立。"（《论语·季氏》）但是自我和社会的"和"才是更大的目标，所谓"礼之用，和为贵"（《论语·学而》）。[1]

于儒家而言，通过良好个性与和谐建立起来的善政的审美模型，是因为君子的魅力及他人的"思齐"，而不是控制、胁迫和惩罚。"君子以文会友，以友辅仁。"他人受其感召，直追其德，"见贤思齐"。因此，"其身正，不令而行；其身不正，虽令不从"（《论语·子路》）。而且善行或美德也可从审美上理解；它不是遵从固定法则的死板勉强之为，却要求行为本身具有某种呈现恰当感受的恰当外观。[2]因此，儒家强调德性的表达需要"动容貌"，"正颜色"，"出辞气"（《论语·泰伯》），这也通向和谐与善政。

实用主义同样强调审美实践之构造伦理与政治的重要力量，但也因此使得实用主义美学观念与主流哲学背道而驰，因为占主导的康德式观念是通过实践的对立面来界定美学。儒家也强调艺术与审美经验的必要的、广泛的功能性，这或许可以表明，美国实用主义美学这新近的哲学

---

[1] 荀子解释了礼的和谐功能，因为它滋养感知、情感和欲望，同时赋予其一种秩序感、区别感，使其不至于脱离正轨，而产生愉悦与美。礼使事物精雅，在于它提供了恰当的"手段"。"礼者，断长续短，损有余，益不足，达爱敬之文，而滋成行义之美者也。"（《荀子·礼论》）荀子同样称赞音乐赋予个体和社会以秩序与和谐的功能："且乐也者，和之不可变者也。"（《荀子·乐论》）他也看到乐和礼如何制造秩序上相互补足："乐合同，礼别异。"（《荀子·乐论》）

[2] 子夏问孝。子曰："色难。有事，弟子服其劳，有酒食，先生馔，曾是以为孝乎？"（《论语·为政》）

上的离经叛道者，并不是美国审美贫乏和文化庸俗主义的结果；既然它的精神其实也内含于这种博大精深的哲学传统——其因精致的审美趣味和艺术成就而闻名，实际上也因过度的审美主义而遭受讥评。[1]

眼光略略超出目光短视的欧洲现代主义，就会发现那种分离、纯粹、非功能的审美现代性实际上是历史的异常现象。审美实践明显具有造就合适性格的实用的伦理价值，因此有利善政——这无疑亦是柏拉图与孔子的英雄之见。柏拉图在《理想国》第十卷中贬斥同时代人模仿艺术，其实是他早年论美育的工具性力量的逻辑（也是悖论式的）结论；他认为，美育塑造人的心灵并影响心灵的秩序感，反过来促进善政的和谐秩序。如果说，席勒的《美育书简》(1795) 依然倡导艺术的伦理、政治潜能，那么为艺术而艺术的审美主义则令实用主义的功能性观念略显卑微、庸俗。此后，纳粹精明地借用图像和盛会，促使本雅明及时但短视地将纳粹主义与"审美进入政治生活"画上等号，错误地暗示美学无法扮演积极的民主角色。[2]

实用主义却承认美学在伦理和政治教育中扮演着进步角色。艺术不

---

[1] 比如，墨子批评孔子的审美主义："孔某盛容修饰以蛊世，弦歌鼓舞以聚徒，繁登降之礼以示仪，务趋翔之节以观众，博学不可使议世，劳思不可以补民。"(《墨子·非儒》)

[2] Walter Benjamin, "The Work of Art in the Age of Mechanical Reproduction", 收入 *Illuminations*, New York: Schocken, 1988, p.241。我强调审美具有积极的伦理和政治用途，但并不是将要把一切价值还原为审美价值，而是强调价值的纯粹性是如此紧密地混合在经验之中，它们无法被分割成伦理的、认知的、审美和政治的部分。在伦理判断的一些案例中，有一些基本的权利和责任的原则看似不同于对和谐、恰当、美好、善、优雅等的考虑；伦理似乎超过了后者。但我依然认为在一些场合，我们用来衡量和评价的伦理考量并不受任何算术模式的统治，而受平衡和反思性平衡的模式，以及关于什么是恰当的感觉——一种所谓趣味的伦理感。见 *Pragmatist Aesthetics*, pp.243-245 及我的 "The Convergence of Ethics and Aesthetics: A Genealogical Pragmatist Perspective", 收入 *A Difficult Dialogue: Twelve Essays on Ethics and Aesthetics*, ed., Sanda Iliescu, Charlottesville: University of Virginia Press, 2003。杜威虽然坚持伦理判断的多重资源，还是指出了建立在这些多重资源之上的谈论复杂性的审美模式，见 "Three Independent Factors in Morals", 收入 *John Dewey: The Later Works*, vol.5, Carbondale: Southern Illinois University Press, 1984, pp.279-288。

仅是一己之趣味；趣味本身又总超越个人，因为它是受社会的构造。作为交流性的社会实践，艺术是"无可比拟的教育官能"，有儒家的和谐功能。[1]杜威言道，艺术是"以大秩序和大整一，重造共同体经验"，声称"音乐在共同的征服、忠诚与启发中团结不同的个体"。[2]这听起来像是法西斯诉求：统一服从于固定的社会秩序与景象。[3]但杜威反驳道，"艺术比道德还道德"，因为艺术想象性地提供比共同体现有状态更好的秩序景象，尊重个体的本质正如同审美形式，其多样性理应受尊重。杜威明确地将美学与民主理论相关联，声称，有意义的审美整体"必定是由本身具有意义的部分组成……唯有部分有意义，有意义的共同体才可能存在"[4]。

但或许我们不应止步于杜威关于艺术与社会之和谐有机的观点。其实，艺术既带来统一也带来分离。比如，不同趣味群体之间的冲突是对创造力的有力刺激。除了统一的愉悦，在极度分离、不协调的和摧毁性的艺术体验中也有审美、教育甚至社会价值。这就是为何我对说唱音乐投以关注，以及为何当代视觉艺术充满破裂、不和谐的形象。而且审美维度（在创造和欣赏阶段）包含重要的批评契机，艺术家或观众批评性地估量作品展现的价值与限度，以求得变化或改进。这意味着，审美欣赏社会和谐也应警觉于不和谐之音，即遭掩盖或驱逐的部分。

一旦意识到社会、交流和批评的维度，宽泛意义上的审美教化就理应不仅有利个体自我完善的伦理追求，其实也造就广大的、公共的政

1　AE, p.349.
2　AE, pp.87, 338.
3　杜威自己后来指出，极权主义利用艺术和其他美学实践令其专政更为动人而不是"压抑"的，他同样注意到教堂利用其审美力量来保持对"大众"的影响力。杜威也说过："如果一个可以控制这个国家的歌曲，那么，他也就不必去管法律了。"见 Freedom and Culture，收入 John Dewey: The Later Works, vol.13, Carbondale: Southern Illinois University Press, 1988, pp.69-70。
4　AE, pp.207-208.

治重构。[1] 正如我在《哲学实践》（第三章）所提，从实用主义角度论证民主。论据是丰富的交流经验和自我实现的审美价值。"民主的审美论证"有三个相关的观点。首先，共同体中的任何个体有需求、习惯和渴望，个体又跟共同体生活相关联并受共同体影响。如此，个体对民主生活的自由、积极的参与——在参与式的公共互动中，而不只是为了保护和实践个人自由——会让其经验及自身更丰富、有趣（倘若无法通过公共行动参与社会统治，则无法办到）。既然民主制为个体提供了更多参与政治的机会，也就为个体提供更丰富完满的生活，即是更为审美的生活。

第二个观点与之相关。在杜威的意义上，没有什么"像行动的协调一致更值得实现、更有价值"（因为参与式民主制提倡这种行动），那么这种行动带来的经验快感理应得到评估和追求。民主实践不仅是实践手段，本身也是令人满意的目的。正如杜威所言，"共同经验是最大的人类之善"[2]。

第三个论点再次诉诸丰富经验的观点，但更强调民主制的差异和个体表达独特生活观的权利。民主制倡导不同人自由平等（虽然不是无差别地）地参与指导共同体生活并因此丰富个人经验，因为它不仅提供多样的风格，而且也让个体更加认识到独特的视角与身份。"坚信差异表达不仅是他人的权利而且也是丰富个人生命经验的手段，故而参与合作

---

[1] 这就是我的新实用主义立场区别了杜威最有影响力的当代拥护者罗蒂的一个要点。罗蒂（虽然不同于本雅明）认为，美学理应限定在私人领域。由于美学本质上的社会维度及其接之而来的重塑公众的力量，我还是无法接受伊若泊（Robert Eno）认为早期儒教在"自我教化理论"和"政治观点"之间"分叉"的观点。儒家提倡经由礼乐仁等其他儒家原则进行自我教化，而自我完善、改进共同体、和谐社会，其实已然是一种政治观念。伊若泊认为，儒家的"学习"与"改造世界"的两个方面，实际上可以"还原为一个信息：学习并不断学习"，既然早期儒家并不常常在位，而且也孔子也提醒过在"邦无道"时如何参政。如此，这一实践致力于"群体的形式与存续，其早期儒家共同体的基本单元"。但是，共同体的创立本身是一个重要的政治工作，因为其教导的传播是通过并超越共同体的。

[2] EN, pp.145, 147.

而展示个体之间的差异，也内在于民主的个人生活之道。"[1]

实用主义关注人之改善，意识到人性复杂地处于自然大环境中，人类又生产性地参与自然环境。作为起因的个体总是情境性、关系性的（与社会环境、自然语境相关联）；从来不是完全地自律。从中国哲学可见，"仁"从属于包罗性的"道"。广泛的自然力量需要被觉察、使用，以增进人类事业，包括完善人性的全球事业。于美学，这意味着意识到艺术的节奏、形式和能量源于周遭自然世界并富有成效地建基于此（正如哥特建筑尖拱模仿森林中高耸树木以及我们凝视天空时激烈而谦卑的振奋感）。杜威因此将艺术描绘为"自然的圆成"，"在每一种艺术和艺术作品的节奏之中，存在着活的生物与其环境的基本关系模式"[2]。日本能剧大师世阿弥引用了一首和歌，解释人类艺术对周遭广大自然力的依存；和歌本身也指向大自然美物：

就近看樱树，

樱花近似无，

花开春日之空中，

不在树上住。[3]

花朵并非只是源自树木自身的内力；恰是与周遭自然能量、周遭结构（如春日天空）的交互作用的结果，并在其间绽放自身之美。如世阿

---

[1] John Dewey, "Creative Democracy—The Task Before Us", 收入 *John Dewey: The Later Works*, vol.14, p.228。杜威认为民主是"个性化的生活之道"（p.225）运用"发明性力量和创造性活动"（p.226），提供这种活动涉及的审美满足，包括通过公共的互动产生的丰富的自我教化和表达的报答。他在别的地方指出："唯有通过参与公共的智慧、分享共同的目的，个体才能实现真正的个体化。""在他人紧系的行动中形成的自我，比自了汉的自我更圆满、广大。"

[2] EN, p.269; AE, p.355.

[3] 译文取自《日本古代诗学汇译》，王向远译，昆仑出版社 2014 年，第 363 页。

弥所言,"自然世界是产生一切事物的容器"[1]。

艺术植根于自然力并受自然力塑造,并不意味着艺术唯完成自然而然降临之物,而无需文化传统与严格训练。艺术是由人类历史和传统所塑造的,但由于人类历史文化又由其参与塑造的自然世界所构造,因此,实用主义在把艺术视作文化产品的同时,也认识到艺术的自然之根和能量的构造性力量。同样,如伊若泊所言,虽然仪式的传统规则与单纯的自然行为截然两立,儒家依然将礼视作自然之艺,因为"仪式和社会秩序的形式……是通过自然与人类心灵的动态交互而诱发的……是自然宇宙的目的论的圆成"。如此,对荀子而言,礼是一种植根于自然的文化增补物,完善人性,最终成圣而使自然(天)"成"(《荀子·礼论》)。

三

实用主义和中国哲学皆有意于改善人的条件,展现了独特的实用立场。儒家传统坚持联结知识和行动,理论和实践。孔子说,"德之不修,学之不讲,闻义不能徙,不善不能改,是吾忧也"(《论语·述而》),"君子耻其言而过其行"(《论语·宪问》),"法语之言,能无从乎?改之为贵"(《论语·子罕》)。即使我们希望赋予哲学某种具体的内在价值,其主要价值仍不失为提升人类生命的工具性价值,这就是为何杜威主张哲学不应仅指向学院"哲学问题",而要指向真实的"人的问题"。[2]

将哲学当作通向完善经验的手段,并不是贬低其价值。假如我们赞

---

1 Zeaml, *On the Art of No Drama*, trans., J. Thomas Rimer and Yamazaki Masakazu, Princeton: Princeton Universtiy Press, 1984, p.119.

2 "哲学,唯有当其不再是处理哲学家的问题的手段,而是由哲学家用作关心人的问题的方法,才算自我恢复。" "The Need for a Recovery of Philosophy",收入 *John Dewey: The Middle Works*, vol.10, p.46。

赏、希望去实现目标，则必须尊重确保其意图的最佳手段（只要这些手段并不太令人反感）。[1] 作为一种尊重手段的哲学，实用主义也认识到如何在不同极端之间找到最佳手段，所谓恰切的手段并不是什么机械固定的平均值；在多样的语境中何者恰切，恰恰是动态平衡标准。[2] 对变动语境的敏锐感知，于中国思想也同样重要。也难怪中国哲学的"第一部经典"《易经》影响甚广。[3] 孔子反复建议根据情境行动（《论语·泰伯》《论语·宪问》《论语·卫灵公》）。他也根据两个弟子（冉求与仲由）的人格特征提出相反的建议："求也退，故进之；由也兼人，故退之。"（《论语·先进》）

中国哲学喜欢广泛的、开放的方式，这让我想起实用主义的多元论。它不是通过排除一切异见而追寻真理，而是赞赏互补性，因此试图在更为生产性、弹性的综合中结合不同洞见。儒家哲学迄今依然繁荣有力，部分是因为它知道如何兼容古典儒家的荀孟学说并将佛道洞见吸纳进新儒家的大综合之中。假若构造智慧的知识原本简单、单面，就不会难于传达或企及了。智慧的一个非常重要的维度就是人道，实用主义示之以可错原则——认识到现在认定的任何真理也许最终会被未来的经验所否认。但可错原则并不是怀疑主义，因为它坚信那些有理由认可的真理，直到有其他足够强大的理由去怀疑它们。可错原则也要求，若是出现新的经验来质疑它们，则我们就不应该死守不放了；因此，甚至坚定

---

[1] "人皆欲智而莫索其所以智乎。"（《管子·心术上》）

[2] 杜威追随亚里士多德，视手段为"伦理与审美的特点"，且又认为须从"积极的平衡"和"适当、恰切"来理解，也就是，"整个情形了然于心""无缺陷……亦无塌陷之处"（AE, p.47; EW, vol.4, p.425; EW, vol.3, pp.325-326）。《中庸》曰："中庸其至矣乎！民鲜能久矣！""道之不行也，我知之矣：知者过之，愚者不及也。道之不明也，我知之矣：贤者过之，不肖者不及也。人莫不饮食也，鲜能知味也。"这也是说，有一种像审美判断或趣味的东西在鉴别着手段的恰当性。

[3] 见 Roger T. Ames, H. Jr. Rosemont, *The Analects of Confucius: A philosophical Translation*, New York: Ballantine Books, 1998, pp.13-14，作者认为《易经》对孔子产生了很大的影响，孔子在《论语·子路》中谈到其中一卦。

也是有弹性的。孔子反复提警惕"固",并拒绝声称或要求确定性。[1]

若哲学意在保存、教化和完善人的生活,这至少拥有两个层面的维度。首先,个体自身的内在的自我实现,渴望达到个性的整一,表现为与自我、他人之间的和谐。但个体纯然的内在状态对实用主义哲学是不够的。它要求行动领域的外在表现,生活行为的卓越,借着个人践行和典范生活改善世界的能力。在中国思想中,这种内外兼修的双重理念即自我实现和社会成就,在于"内圣外王"。内外维度也不相分离。个体既是情境性力量而不是自主的内在力量,自我的个性也就不是隐匿的、永恒的内在本质,而是基本显见的行为和经验的动态的、常见的组织。如何吃穿住行乐,皆是重要组成部分,这即为何孔子重视察言观色。[2] 如果外观并不绝对与实质相对立,而恰恰是实质的组成部分,那么就此又更可相信审美教化的重要性。

自我教化和自我完善的哲学生活,有时被批评为孤芳自赏式的自恋。难道我们不应该让哲学致力于更大的公共关注和宇宙整体吗?难道个体自身是一个更为广大的社会力和自然力的产品吗?实用主义并不否认个体是由社会机构和自然力量塑造,社会机构和自然力量远远大于任何个体。但个体既是这些广阔力量的表现,也是激活、重塑力量的工具。只有通过掌握行动的主要工具,才能更好作用于广阔的社会、自然世界。即使更高的目的是社会或整体宇宙的利益,自我完善仍是达到这个目标的重要工具。实用主义看到,既然我们赞赏某些目标,那么也得尊重实现目标的工具。

这一态度与中国思想自有暗通之处。《大学》道:"古之欲明明德于

---

[1] "君子不重则不威,学则不固。主忠信,无友不如己者,过则勿惮改。"(《论语·学而》)"子绝四:毋意,毋必,毋固,毋我。"(《论语·子罕》)"疾固也。"(《论语·宪问》)

[2] "视其所以,观其所由,察其所安。人焉廋哉?人焉廋哉?"(《论语·为政》)他也注意到君子"察言而观色"(《论语·颜渊》)。

天下者，先治其国；欲治其国者，先齐其家；欲齐其家者，先修其身。"人类生活的许多邪恶源自有害的外在条件，但假若放弃自我关怀（不能完善知觉、知识、价值、健康和人性），则更不能征服、转化这些条件。

如果哲学的目标是自我完善，那么如何理解这种善和智慧的观念呢？我的《哲学实践》意识到西方哲学常以精神健康和治疗来分析这一观念，同时提出通过哲学生活进行自我完善的审美模式。哲学家将他的生活打造成动人形式的方式是：在沉思中雕刻思想和行动，心灵和身体，过去和想象的未来，并将之融为审美上动人的整体。在实用主义这里，审美并不脱离于道德和认知，因此最美的生活不与无知或邪恶共存。语境实践是不足够的；哲学必须践行。而且，审美无法脱离社会——社会塑造趣味并滋养创造性的、表现性的力量，孤独的自我沉溺也不可能是最美的生活。真正动人的实用主义形式，必须表达公共生活及其问题，哪怕在条件不成熟之际。或许有人会认为这异于儒家之道，因为儒家在条件不允许的时候往往规劝放弃，"天下有道则见，无道则隐"（《论语·泰伯》），"邦有道，则仕；邦无道，则可卷而怀之"（《论语·卫灵公》）。

自我塑造的工作不仅赋予哲学家以方向和自我实现，而且也为他人在追求人生之美的道途中提供富有启发性的榜样。据传苏格拉底是雕塑家的儿子，但他却思忖，为何艺术家兢兢业业于塑造木头和大理石，而任他们自身粗疏未琢——而只是运气、盲目之习与轻忽的偶然产物？自我完善的审美模式亦是中国哲学的要义所在，这很可解释为何中国哲学家往往又是成功的艺术家。孔子曰，"文质彬彬，然后君子"（《论语·雍也》），并主张借教育完善自我和社会的审美模式。君子唯有通过教育来教化人并确立习俗。"玉不琢，不成器；人不学，不知道。是故古之王者建国君民，教学为先。"（《礼记·学记》）孔子认为，人要通过美育来塑造："兴于诗，立于礼，成于乐。"（《论语·泰伯》）德与"道"不唯用于认知、意志、实践，实则也当取悦我们，如此才可爱，才值得实现。当问及如何看待"贫而无谄，富而无骄"，子曰："可也。未若贫而乐，富而好礼者也。"（《论语·学而》）又论及："知之者不如好之者，好之者不如乐之者。"（《论语·雍也》）

我的实用主义美学既然常被讥为享乐主义，我也就更为儒家"乐""悦"之论而备受鼓舞。这也表明，认为对愉悦的哲学关注是自私的、是颓败琐碎的后现代主义的软弱拜物教，是从现代性关注真理和进步倒退一截，有其不妥之处。黑格尔以降，西方美学风靡一时的唯理论曾对愉悦不甚友好，认为它与知识理念相峙立且应俯首称臣。这部分是因为，愉悦与感官、欲望和身体脱不了干系，而现代西方哲学（以及基督教）恰恰认为它们是通向真知的障碍或危险。阿多诺非常典型地将愉悦与知识相对立，说道："人在艺术作品中享受越少，则所知越多，反之亦然。"因为"一切享乐都是谬误"，"艺术享乐亦如此"；因此"那种认为艺术本质是快感的观念理应被抛弃……艺术品真正要求的是知识，或者说，公正判断的认知能力"。[1]

愉悦与认知、感受与认知、快感与理解之间的尖锐对立，为实用主义美学所否认，进而将这些概念相联系，确信艾略特的洞见："理解一首诗与享受一首诗是一回事。"[2] 较明智的实用主义者否认愉悦只存于经验主体私人思想世界中的被动感觉，而追随亚里士多德，视愉悦为活动的品质，愉悦让活动更热情充实，进而提升活动。愉悦无法与体验愉悦的活动相分离，并因为增加活动兴趣而提升活动。人们既然可以共事，那么也可以"共乐"。

孔子把愉悦与知识紧相关联，同时又视愉悦为一种超越私人精神状态的积极享受。《论语》开篇即强调愉悦与知识、实践和团体的

1　T. W. Adorno, *Aesthetic Theory*, trans., C. Lenhardt, London: Routldege, 1984, pp.18-21.
2　T. S. Eliot, *Of Poetry and Poets*, London: Faber, 1957, p.115.

关联:"学而时习之,不亦说乎?有朋自远方来,不亦乐乎?"(《论语·学而》)孔子进而将愉悦、认知与活动相关联:"知者动……知者乐。"(《论语·雍也》)他又自我描画:"其为人也,发愤忘食,乐以忘忧",听韶乐而乐极,以至"三月不知肉味"(《论语·述而》)。[1] 既然愉悦是与活动本相关联,愉悦又增进活动,且人是由其习惯性参与的活动所塑造,那么,追寻恰当的愉悦就不仅通向认知,而且也通向自我提升。因此孔子曰:"乐节礼乐,乐道人之善,乐多贤友,益矣。"(《论语·季氏》)

自我教化的真正审美之道,是一种愉悦之道,这就是为何"乐之者"强于"知之者"(《论语·雍也》)。哲学典型地将美学与禁欲主义相对立,将禁欲主义视作教化伦理品质的手段。但是智慧的实用主义将美学/禁欲的对立视作一种虚假的二元论,因为即使单纯的禁欲生活也涉及一种自我风格化的创造性体系,且呈现出独特的快感与美。孔子也确信:"饭疏食饮水,曲肱而枕之,乐亦在其中矣"(《论语·述而》),并且赞扬他最爱的弟子颜回在清贫的禁欲生活中自得其乐。

除清贫外,儒家的审美自我教化之道还包括伦理完美主义的"自律"(askesis):勤学笃行,精进不止。这种改良主义的、完美主义的自律表现在,从不知足而渴望更高自我。这也可见于实用主义观念,即更高自我的"无止境的追寻者","激越感",以及追寻无尽的"成长"。[2] 儒家践

---

[1] 中国思想中愉悦("悦")与音乐("乐")之间的密切关系,人所共知。我从实用主义角度辩护流行音乐(*Performing Live*, ch.2-4),或可从儒家的尊乐传统寻得慰藉。孔子说:"先进于礼乐,野人也;后进于礼乐,君子也。如用之,则吾从先进。"(《论语·先进》)孟子也认为"乐"之价值在于共乐(《孟子·梁惠王下》)。

[2] 见 Ralph Waldo Emerson, "Circles", 收入 *Ralph Waldo Emerson*, ed., Richard Poirier, Oxford: Oxford University Press, 1990, p.173;在此之前爱默生也写道,"持续地把自我提升到自我之上,在最后的高度上再高一筹"(p.168)。也见 William James, "The Moral Philosopher and the Moral Life", 收入 *Pragmatism and Other Essays*, New York: Simon and Schuster, 1963, p.233;John Dewey, *Ethics*, Carbondale: Southern Illinois Press, 1985, p.306。

行着这种审美禁欲生活。孔子拒绝自视圣徒或君子,声称"若圣与仁,则吾岂敢?抑为之不厌,诲人不倦"(《论语·述而》)。在完美主义眼里,德性并非绝对的状态,而是求进步的比较性标准。因此,若已然抵达自我教化的高境而知足,其德行反而不如境界较低却努力精进的人。如杜威所言,"运动的方向,而不是成就和终止的层级,决定着道德品质";因此,自我满足的自鸣得意与停滞不前是最大的失败。孔子生动地言道:"譬如为山,未成一篑,止,吾止也;譬如平地,虽覆一篑,进,吾往也。"(《论语·子罕》)

在《哲学实践》中,我提出哲学生存的审美模式的多重价值,并将之与皮埃尔·阿多(Pierre Hadot)等人提出的"治疗"模式相比较。但是我也认为,存在着审美模式的许多不同的有用模式,但在何种性质最具审美性上,却有着相异但旗鼓相当的观念。有人强调统一与和谐,有人强调新奇、强度或复杂度。《哲学实践》论及的仅仅是实用主义和西方哲学如何各个不同地描述、实践其审美-哲学生活。中国思想亦展示了类似的多样性。于孔子,自我教化的审美理想是复杂和精微,礼和乐被当作重要的自我调节、自我发展的手段(完善"仁")。相反,老子建议更为纯朴的审美生活,唯与自然相谐即可,无须求于礼乐。

为何生存的艺术哲学不唯一种,实用主义提供了另一种理由。人的生活无法脱离环境条件,人在其中生活并从中汲取行动的能量和机遇。不同的条件提供不同的手段和可能性,来使生活进入动人丰富的状态。实用主义哲学则恰恰欣赏变动的语境,以及根据语境调整思想和行动的需求。哲学生活多多少少是多元论的,不同个体受其身居其中的不同条件之塑造。实用主义与中国哲学的另一叠合之处,是强调多元论和语境化。甚至在礼治的儒家内部,也明显承认存在着不同语境及不同个性,比如,孔子的弟子们在《论语》中角色不一。因此,如杜维明所言,孔子本人并不是"人性完满的(唯一)严格范本……孔子的追随者拒绝模仿孔子，但却坚持其典范意义"。[1] 美的生存的伟大典范（以及前车之鉴）虽值得瞻仰探研，但也须依条件、个性而生出自家的生活美学。[2] 在此意义上，哲学是一切人的私人课题。

四

比起其他大多数西方哲学家，我的实用主义哲学更加强调作为生活实践的哲学的一个方面：培育有感知的身体，把其当作自我完善的核心手段，改善知觉、行动、德性和幸福的钥匙。为了恰当地处理哲学的身体维度，我曾经提出"身体美学"，这是我在《哲学实践》中首次引入的，并在《生活即审美》(*Performing Life*)中详细解说。[3] 简而言之，身体美学是对作为感知-感性知觉与创造性自我风格化的处所的身体之使用与经验的批评性、改良主义的研究。因此，它与认知、话语、实践和架构身体关怀或改善身体的身体原则的不同形式相关联。身体美学不仅是理论，也是具体实践，它确信并改善身心的基本统一性，旨在实现哲

1　见 Tu Wei-Ming, *The Routledge Encyclopedia of Philosophy*, vol.8, p.615。这是因为他们意识到私人生活的语境性："孔子的素养也仰赖于独特而不可复制的条件之合力，包括经济、政治、社会阶层和文化环境。"

2　这意味着哲学虽然基于往昔，却必定前瞻。虽然有人将实用主义与儒家传统相对立，认为前者前瞻、关心后果，后者关注过去，但是这些哲学家其实都将传统当作资源，来改善过去与未来。虽然来自过去，生活哲学的内容却是活在现时，并认为传统可以在运用中得到发展、更改，并朝向未来。意味着哲学，虽然基于往昔，却必定前瞻。虽然有人将实用主义与儒家传统相对立，认为前者前瞻、关心后果，后者关注过去，但是这些哲学家其实都将传统当作资源，来改善过去与未来。虽然来自过去，生活哲学的内容却是活在现时，并认为传统可以在运用中得到发展、更改，并朝向未来。《中庸》说："生乎今之世，反古之道。"古作今用。正如儒家传统也尊重现时与未来，实用主义传统也珍惜过去之用。比如，杜威认为"仰靠传统"甚至是为"创造性的观点与表达"，"当往昔尚未融入，结果就难免显得怪异"（AE, pp.270, 163）。

3　Richard Shusterman, *Performing Live: Aesthetic Alternatives for the Ends of Art*, Ithaca: Cornell University Press, 2000, ch.7–8. 我将身体美学与鲍姆加登的奠基现代美学的计划相联系，见"Somaesthetics: A Disciplinary Proposal", the concluding chapter of *Pragmatist Aesthetics*, 2nd edition。

学最古老、最核心的目标：认知、自识、价值、幸福和正义。

西方哲学界同仁质疑我过于关注身体，批评身体是狭窄、自恋的兴趣而势必干扰伦理和政治的广阔高贵的视界，我却从亚洲哲学对身体的明智尊重中寻得支持。亚洲哲学认识到，价值、仁爱、善政的政治实践无法在身体手段缺失的情况下完成。

正如孟子所言："不失其身而能事其亲者，吾闻之矣；失其身而能事其亲者，吾未之闻也。孰不为事？事亲，事之本也；孰不为守？守身，守之本也。"(《孟子·离娄上》) 他又道："形色，天性也；惟圣人，然后可以践形。"(《孟子·尽心上》)[1]

而且，倘若没法恰当地照看身体并照看自己，怎么可以恰当地统治一个国家？老子言道："贵以身为天下，若可寄天下。"(《道德经》) 中国哲学还意识到，生活之艺最具说服力的传达，或许无须借助于理论文本，要借助的是导师的肢体表达和优雅行动的无言力量，导师以其自身来补足、阐释他的教导。孟子说，"四体不言而喻"(《孟子·尽心上》)，《论语·乡党》中记录了孔子身行无言之教的典范：

> 入公门，鞠躬如也，如不容。立不中门，行不履阈。过位，色勃如也，足躩如也，其言似不足者。摄齐升堂，鞠躬如也，屏气似不息者。出，降一等，逞颜色，怡怡如也。没阶趋进，翼如也。复其位，踧踖如也。[2]

---

[1] 见 Mencius, trans., W.A.C.H. Dobson, Oxford: Oxford University Press, 1969, p.138, p.144 (4A.20; 6A.14)。恰当的言行举止当然也是儒家关于礼的核心观念。因此，难怪"'體'和'禮'相近，都包含明晰形式的核心概念"，都有在"豊"在里头。见 David Hall and Roger Ames, Thinking from the Han, p.32。

[2] 《乡党》多有描述孔子的容色言动、衣食住行，是无言之教的典范。荀子解释说，恰切地理解舞蹈，无法借助文字甚至视听觉呈现；它需要具身化的表演与内嵌的肌肉记忆。"目不自见，耳不自闻也，然而治俯仰、诎信、进退、迟速，莫不廉制，尽筋骨之力，以要钟鼓俯会之节，而靡有悖逆者，众积意谨谨乎！"(《荀子·乐论》)

亚洲文化从而勾连了身体的理论确认与冥想、武术等实践身体原则的发展；后者改善运动能力和精神集中力，也让行动更优雅，意识更敏锐。我将身体美学创立为一种理论和实践相统一的学科，是极大地受到了中国和其他亚洲哲学的洞见的鼓舞，但也受启于现代西方的身心学科，如费登奎斯方法（Feldenkrais Method）。我本人是费登奎斯专业执业师。现在从中国文本转向我自己的费登奎斯实践经验以及对身体美学的三种常见批评，为哲学的身体维度做几点辩护。[1]

1. 有人批评说，强烈关注身体与身体感觉，是从外在世界全然逃向自我沉溺的唯我论。但是，如果真的反观我们的身体经验，会发现世界从未完全消失。我们无法孤立地体验身体；脱离环境而孤立地感知身体，只能是幻觉或抽象。比如，闭上眼睛、背朝地板躺下，专意身体感受，就会发现，必须把感受地板当作感受自我的一部分；无法不感受到背部所触的地板而仅仅感受到背。一般而言，个人对于体重、体积的感受总是他在环境内的重力和空间的感受。当然，关注身体经验意味着将意识在某种程度上从人类活动的更大世界中抽回，而这个大的世界界定

---

[1] 身体美学的其他批评也可见于关于《实用主义美学》第二版的讨论（苏莱［Antonia Soulez］、泰勒［Paul Taylor］、莱迪［Tom Leddy］的文章及我的回应，收入 *Journal of Speculative Philosophy*, vol.16, no.1, 2002）及《生活即审美》讨论（希金斯［Kathleen Higgins］、哈斯金斯［Casey Haskins］的文章及我的回应，收入 *Journal of Aesthetic Education*, vol.36, no.4, 2002），包括 Martin Jay, "Somaesthetics and Democracy: Dewey and Contemporary Body Art" 及 Gustavo Guerra, "Practicing Pragmatism: Richard Shusterman's Unbound Philosophy"。也参见罗蒂的批评，语言本质主义的语言学转向排除身体教化于哲学的重要性，"Response to Richard Shusterman", 收入 *Richard Rorty: Critical Dialogues*, eds., Matthew Festenstein and Simon Thompson, Oxford: Polity Press, 2001, pp.152-157。罗蒂坚持将审美的自我塑造限于私人领域，强调强烈的新奇性和独特性，这也带出了他的新实用主义与中国思想的潜在关联。在这些问题上我与罗蒂的不同，见 *Pragmatist Aesthetics*, ch.9, *Practicing Philosophy*, ch.2, 4, 6 及 *Surface and Depth*, Ithaca: Cornell University Press, 2002, ch.11。也参见访谈 "The Pragmatist Aesthetics of Richard Shusterman: A Conversation", with Günther Leypoldt, *Zeitschrift für Anglistik und Amerikanistik: A Quarterly of Language, Literature, and Culture*, vol.48, 2000, pp.57-71。

着伦理领域。但是从实践领域的部分的、暂时的撤退，可以极大地提供自我认识和自我使用，如此，我们才会以更熟练的观察者和中介的姿态回到行动世界。

用一个例子来说明。一个好的棒球手若专注于球而不是身体位置和抓球棒，会击得更准。但是他若有肿痛，就会发现正是他搁脚、脚指头抓地的方式，或球棒握得太紧，使他失去了平衡并影响肋骨和脊柱的运动，因此他身体摇摆并影响到他看球。在这一点上，更多的注意力需要流向棒球手的身体姿态和感受，直到产生新的、更加有效的站立、抓握和摇动的习惯。但一旦确立，这些身体问题就可以沉入无意识注意的边缘背景，更多的注意力就可以再次回归到球。

2. 对于身体美学的第二个批评是，身体的教化本质上是自负的或狭隘的，是自私的审美主义，忽视或颠覆了具身化自我所置身的社会、自然世界的更大的善。这种批评错在两种意义上。首先，身体性存在和实践形成外在世界的部分。误用身体（比如抽烟）污染了空气，致使损害他人，滋养剥削性的工业，以及——通过普遍地让我们痛苦或无能——限制了我们去帮助他人的意愿和能力。身体关怀为何重要的另一个原因是身体行为的公共结果（以及福柯的控制性生命权力概念）。

许多身体美学实践，诸如费登奎斯和亚历山大法，主要是"他人指向"的：执行者的主要焦点是作用于别人，而不是他自己。然而，这些他人指向的"治疗"显示了为何对他人的身体关怀同样要求对自身的身体关怀。在教费登奎斯课时（费登奎斯方法里有一种教育模式，"治疗课程"面向的是"学生"而不是"病人"），我必须意识到学生的身体和呼吸，也要注意自己的身体位置和呼吸，双手和身体部分的张力，脚与地板接触的质量。我需要某种自我知觉来确信身体位置是对的、舒服的，身体是舒适的话，就可以更敏锐地去感受学生的身体张力和运动品质，给他正确的信息。否则，就会被自己的不舒服分散注意力，并在接触到他时把自己的身体不适传给他。我们常常没法意识到自己什么时候因为什么原因身体有些虚弱或不适，费登奎斯的部分训练就是致力于教某人去察觉这种状态并辨明原因。

3. 最后，由于身体的教化常被混同于健美人士和名模的暴露狂式的自大，身体美学因此被谴责为自恋式的自信、骄傲。身体美学的核心目标是增加个体的身体功能的能量，不仅改善主观上的生活经验，而且还改善外在实践和道德品质。身体美学具有明显的伦理维度。因为，对实用主义哲学家而言，真正的德性不仅依赖于意图，而且依赖于实现的力量，这总是要求身体手段。对更大力量的需求，或许会误导向某种自我张扬与自大。但是费登奎斯方法确信，个人提高实践能力不仅关乎自身，实际上也依赖于自身在环境中如何聪敏地运用能量。

让我用一个最近的例子来解释。一个八十多岁的老人来我这里寻求帮助，他膝盖疼痛无法站立，连拿杯水或拿本书都会带来痛苦，做这么简单的动作都得挣扎。医生为他开的药和针根本不管用，医生还告诉他说，这种病痛是长寿的代价。他的个性活泼好动，因为此疾而行动受抑，非常懊恼。我检查他站起来的动作，发现他用的正是大多数人在年轻力壮时学会的方式。我们起立的时候，是通过将脚用力地踩向地板，而后从膝盖着力。这就带给膝关节很大压力，尤其是当关节受伤或老弱时，就很容易带来伤痛。

但是，一个人也可以学会用另一种方式从坐处站起来。他可以把头、肩、臂膀和躯干带向膝盖方向，让上半身暂时下沉，直到地面。上半身重量（身体较重部分）的转移会让下半身和腿比较容易站立起来，无须通过膝盖用力。几堂课下来，这位八旬老人掌握了这种新的站起方式，习惯了新的平衡，他将之纳入日常生活，膝盖问题也渐消失。他的站立能力的提高并不是因为有了更大的气力，这来自重力（通过那个现在不那么受骨骼支撑的上半身），而不是来自肌肉中的任何外来力量或努力。从实用主义的费登奎斯观点来看，有效的身体能量并不是戏剧性的、昂扬的、自足的力量，而是指引和使用自然力量的聪敏方式，因为自然力量与个体身体相交合并嵌入其中。

这貌似与中国的"气"的观念和东亚武术相应，其实亦不足为奇。费登奎斯不仅是一位以色列工程师，在巴黎获得博士学位，后继续在那里与诺贝尔奖获得者 J. 居里（Joliot Curie）从事核物理研究；他也是欧洲最早的柔道黑带选手之一，写过两本论柔道和一本柔术的书。[1] "柔道"一词意味着"柔之道"，与传统所强调的强硬的身体力量截然相反。"'柔'这个中国词来自中国古代的兵书《孙子兵法》，'柔'可克刚。"[2] 言下之意是，依靠的不是蛮力，而是富有技巧地运用环境情境的能量，尤其是对手的力和姿势。费登奎斯信奉这个亚洲观念，并将之运用到一系列的运动功能中，同时试图锐化身体意识的技能，使我们更好地感觉力量如何影响身体并从而有效地运用它们。

这只是进步的、开放的西方思想如何向亚洲哲学和身体技巧学习的一例，亦以实用主义的方式发展了亚洲洞见，超越其原初的语境和运用——应该说，远非肤浅的新时代（New Age）模仿和异域主义。[3] 身体

---

1 Moshe Feldenkrais, *Judo*, London: Frederick Warne, 1941; *Higher Judo*, London: Fredrick Warne, 1952. 他关于柔术的书《弱者的防御》(*La defense du faible*, Paris: Etienne Chiron, 1933) 从未译成英语。费登奎斯关于这一方法的其他书包括 *Awareness Through Movement*, New York: Harper & Row, 1972; *The Potent Self*, New York: Harper Collins, 1992; *The Elusive Obvious*, New York: Harper & Row, 1977; *The Case of Nora*, New York: Harper & Row, 1977. 关于费登奎斯的生平和作品，参见《强大的自我》新版导言, Mark Reese, *The Potent Self*, Berkeley: Somatic Resources, 2002。关于费登奎斯方法的简略的哲学分析，见 *Performing Live*, ch.8。
2 关于柔道的词条，参见 *Japan: An Illustrated Encyclopedia*, Tokyo: Kodansha, 1998, p.667。
3 实用主义的改良主义者还会发现亚洲的身体实修值得商榷。比如，许多传统日本实践（从武术到茶道）广泛运用的"正座"会引起胫骨内旋，导致"内八字脚"而影响走路、跑步。因此，美国医学专家建议不要让小孩学这种姿势。参见 William Sears and Marsha Sears, *The Baby Book*, New York: Little, Brown, 1993, pp.506–507。

美学可以让哲学超越其传统学院限度的领域,同时也利于滋养富有成效的东西对话。在这一对话中,我们西方的实用主义哲学家必须学会耐心地、仔细地倾听,因为我们不仅需要向亚洲同仁及其智慧的祖先学习,而且实则往往缺乏理解他们的基本文化能力。

第十一章
作为生活艺术的哲学实践：文本抑或行动

一

哲学往往被认作阅读、写作和对话，诸如此类长期统治哲学的文本实践。然而尤在古代，哲学曾毅然声称自身有别于并超越于文本操练，是一种完整的生活方式、一种全心追寻智慧的生活之艺（如哲学"philosophia"一词意指），而且投身践行这种追寻的应含之义。20世纪末期此种哲学形象的发现，实则极大地来自皮埃尔·阿多的另辟蹊径，他也惠及福柯等人。[1] 此章意在探究，将哲学拓展为实践或生活之艺需要文学或更为一般的文本形式，也指出为何它又不应该自囿于话语之域。

---

[1] 阿多关于这个问题的许多文本，尤见，*Philosophy as a Way of Life: Spiritual Exercises from Socrates to Foucault*, ed., Pierre Hadot and Arnold Davidson, Oxford: Blackwell, 1995。虽然深深受惠于阿多的研究与洞见，但我还是质疑他对柏拉图观念"精神修炼"的片面理解，即将之理解为一种将心灵从身体解放出来的手段。这种方式往往排除精神的身体维度。它也忽略了古代"作为一种生活方式的哲学"中的身体修炼，无论东方还是西方。此外，对于他认定作为一种生活方式的禁欲主义哲学排除了审美维度，我也不敢苟同。我认为，审美与禁欲并不是不可兼容的，正如许多极少主义美学所示。这些观点见 Richard Shusterman, *Practicing Philosophy: Pragmatism and the Philosophical Life*, London: Routledge, 1997; "Pragmatism and East-Asian Thought", 收入 *The Range of Pragmatism and the Limits of Philosophy*, ed., Richard Shusterman, Oxford: Blackwell, 2004; Richard Shusterman, *Body Consciousness: A Philosophy of Mindfulness and Somaesthetics*, Cambridge: Cambridge University Press, 2008。

不消说，哲学曾运用多种多样的已有文体：散文、对谈、诗歌、沉思录、专论、演讲、忏悔录、回忆录、书信、日志、评论、传道、札记、断片、格言、提纲、速写；这个单子还可以一直罗列下去，新的文体也会加入阵营，比如博客等等。

为辩明哲学并非文学或非同于单纯的文本实践（无论是诗意抑或修辞的，文字抑或口头），古代哲学家经常宣称他们的事业实质上是生活之道，并不是语言形式；哲学必须彰显在行动之中，而不是单纯的表达或文本记录。在这一传统中，譬如西塞罗（Cicero）、伊壁鸠鲁（Epicurus）、塞涅卡（Seneca）以及文艺复兴哲学家（蒙田 [Michel de Montaigne]），皆对那些"热衷演说，而疏怠生活""传授论证，而非生活"的哲学家报以轻嗤，认为他们不过是一介"语法学家"或"数学家"而已。在此传统之内，哲学的价值与"超越其他艺术的威名"，在于它是"一切艺术乃至一切生活艺术之中最为珍贵者"。塞涅卡说，"哲学的目标乃在于幸福境界"，实非阅读或文本生产，炽热地追逐后者实是有害之为。

第欧根尼·拉尔修（Diogenes Laertius）察见，杰出的古代哲学家中，苏格拉底并非唯一的"述而不作"者，通过典范性生活——而非体系学说——进行训教的，也并非仅此一人。近时代哲学渐趋体制化，沦为学院派理论写作，纵然如此，其余响却仍回荡在梭罗著名的"抱怨"之中："现今满地哲学教授，却不见哲学家。既然从前的哲学生活是可敬的，如今授教哲学也仍勉强可敬罢。"[1] 当代哲学家福柯、维特根斯坦和

---

[1] 见 Epictetus, *The Handbook*, trans., Nicolas White, Indianapolis: Hackett, 1983, p.28; Seneca, *Letters from a Stoic*, trans., Robin Campbell, London: Penguin, 1969, pp.160, 171, 207; Michel de Montaigne, *The Complete Essays of Montaigne*, trans., Donald Frame, Stanford: Stanford University Press, 1992, p.124（引自西塞罗）and pp.850–851; Diogenes Laertius, *Lives of Eminent Philosophers*, trans., R. D. Hicks, Cambridge: Harvard University Press, 1991, vol.1, p.17; Henry David Thoreau, *Walden*, 收入 *The Portable Thoreau*, New York: Viking, 1969, p.270。

杜威,亦郑重申明,作为生活方式的哲学其实超出了文本实践。[1]

故此可见,实践和写作哲学之间本无抵牾。最成功的古代哲学家无疑总是兼顾话语和行动、理论和实践,从不顾此失彼。譬如,纯净地遵循自然并平静地接纳起源的斯多葛式生活,证实并促生自身的哲学话语,即,整个世界是一个完美、生动的有机整体,诸部分皆为整体所需,因此也必得接纳。同样,纯洁、平静、欢乐的伊壁鸠鲁式的生活,也与伊壁鸠鲁哲学论及自然、人类感知的限度的话语共生共栖。假若哲学本该谈论真理,那么它必须经由某种文学形式,某种话语性的语言表述。断言哲学更是生活方式而非文学形式,也表明哲学需要越超单纯的话语并参与那个超越文字的世界。即使哲学家的真实的具身化生活比其话语更为重要,但若并无话语论证的文本形式的绵绵实存,其生活的典范性意义也行之不远。因之,具身化的哲学生活传统需要传记化(包括自传)的文学类型,而哲学最初似乎正是通过柏拉图描写苏格拉底为哲学生死的光辉文字而笃然屹立的。

倘说哲学理论和哲学历史两者皆要求文学阐述,那么,哪种哲学类型可以不借助文学形式而存在呢?最可信的候选者或许是苏格拉底所说的最基本、最本质的哲学之务,那激发他哲学探索的德尔斐神庙箴言:"认识你自己"——苏格拉底也将之与自我关怀相联络。[2] 不像叙述哲学人生,或表述知识、存在、公平和美的理论,自我认识和自我关怀的任务与其说是语言上的解释与阐说,不如说是无言的反省与纪律。如是而言,哲学显然无需具体文学阐述。

譬如,在《斐德若篇》(*Phaedrus*)中,苏格拉底说,他绝不可能沉

---

1 见 Richard Shusterman, *Practicing Philosophy: Pragmatism and the Philosophical Life*, London: Routledge, 1997。
2 当然,自我认识也是哲学计划的一个本质部分。比如,笛卡尔在他的一般认识理论中,把自我主体的自我认识当作重要的第一步。

沉湎于五花八门的思辨知识，因为他纵然全心全意却仍无法做到"德尔斐神庙箴言的律令所言：认识我自己；还未认识我自己之前而探究其他东西，在我看来是极可笑的。这就是为何我无法沉湎于那些知识。我接受一般的信念，正如我说过的，我探究的不是它们，而是我们自己"[1]（230A）。自我检省才是哲学的"卓越"要务，在这同一篇，柏拉图又最猛烈地抨击了哲学上的书写。但苏格拉底倒并不谴责一般意义上的书写；他甚至确认文字艺术的价值，因为它提供了"消遣的文学花园"（276A）。

然而，不像文学，哲学这东西过于严肃，很难拿来当作"高贵的娱乐"，因为它涉及心灵的康健。知识的书面阐述令心智昏暗，因为它破坏了记忆的教化。书写又令人扬扬得意于自个儿的智慧，可是，没有记忆的智慧必定是肤浅短暂的。书面哲学在认识论上又是有缺陷的，因为脱离了那个具有解释、界定能力的作者的声音，就不可能回答种种质询并终将无望地陷入误读的命运。最终，书面文字就是口头交流的形而上学意义上低级的、无生命的形象，因此仿佛是"从一个有识之士的生机活泼的话语"，"以知识在灵魂上书写的话语"搬移了两次。在此译作"话语"但也常被译作"词语"（在这里和其他语境）的希腊词，实是"逻格斯"的主要概念。这个术语的含义并不仅仅是思想的话语性表达（或词语），而是未经表达的"内在思想自身"。[2]

如果无言思想的可能性毋庸置疑（甚至维特根斯坦似乎也认同这种可能性），那么逻格斯（尽管它与文字有着亲密联结）也同样指示了这种沉默无言的思想。[3] 而且，即使沉默的思想要求借助于概念或文字，也

1　Plato, *Phaedrus*，收入 *Plato: Complete Works*, ed., John Cooper, Indianapolis: Hackett, 1997, p.510。引文皆来自此版本，但文中夹注为斯特方码，下同。

2　见 *An Intermediate Greek-English Lexicon, Founded upon the Seventh Edition of Liddell and Scott's Greek-English Lexicon*, Oxford: Oxford University Press, 1997, pp.476–477。

3　参见 Ludwig Wittgenstein, *Zettel*, trans., G. E. M. Anscombe, Oxford: Blackwell, 1967, para. 122。

无法视作文学,如此,追寻哲学的自我认知显然可经由内省,无需文字形式,无论书写文本抑或口头独白。而且,在柏拉图对话《亚西比德篇》(*Alcibiades*)(131B)和《卡尔米德篇》(*Charmides*)(164D)中,认识自己的哲学任务与其说是关于自我或心灵的特定的话语性知识,不如说是"自制"或"敦厚"。以完善自制力为目标的哲学工作似乎不需要任何真正的文字实践。

我虽然认同这种不借文字的哲学选择,但还是想对之进行批判性思考。即使哲学的自我检省和自我把握是内省原则的主要内容,我还是要说,为了最成功地完成这种内省,其实需要细致的文学阐述。而且,哲学的自我检省和自我把握要求的不止是内省。但是最后,我还提出,这些哲学活动超越了文学手段,从而哲学是文学的而又不仅仅是文学。

二

应该从强调这种沉默内省的心理危险开始。首先,我们来回忆一下,德尔斐神庙"认识你自己"箴言的重要古代意义实际上在于,警示世人认识到他们远逊于神祇,并了解自己的位置与界限。因此,自我认识的工程甫一开始即与自我批评相捆绑,正如自我关怀总是促使我们马上意识到自己的不足之处。在《亚西比德篇》,苏格拉底奉劝那位多才、骄傲、野心勃勃的雅典青年,指责他的政治野心几乎是无稽之谈,因为他的自我认识和自我教化贫乏得可怜呢。他其实需要一个像苏格拉底那样的朋友,通过对话式的批评和友好的鼓励,带他走上正途。

孤独的自我沉溺及其不足似乎促生抑郁和挫败感。甚至蒙田,一位最伟大的孤独的自我研究的倡导者,也曾对孤独的心理后果深怀忧虑。因为,诚实的自我检省总是暴露"一个令人不满的对象;我们在自己身上看到的,唯有悲惨和自大。为了不至于过于沮丧,自然天性适当地把我们推向行动"[1]。同样，康德一边坚称"在一切针对自我的义务中，首要的……是认识（审查、检测）你自己"，一边警告，这"将坠落到自我认识的苦境之中"，即使这种坠落，于"通向神性"乃不可或缺。[2] 尼采同样提醒这种内省的"深掘自我，这种径直的、狂暴的朝向存在之坑的堕落，是一桩痛苦而危险的任务"。因此，尼采偏好创造性的、动态的自我转化，通过改变当下的自我而"生成自我"；而内省性的"认识你自己则导致破坏"。[3] 歌德（J. W. von Goethe）甚至走得更远，他断言，孤独的自我检省导致"心理折磨"，而且病态般地把我们"从外在世界的活动引向那内部的错误沉思"。而且他认为，一个人可以通过认识自己的世界而更好地认识自己，包括认识自己在他物、他人中的位置。比起孤独的内省来，把自己和别人的生活观进行比较，也可收获更加客观、微妙的自我认识。[4]

现在来看孤独内省的认识论上的不足。有效的自我认识要求某种形式的自觉的文学实践，尤其是写作。首先，有必要以某种形式将自己客观化以检省自我。这种进行检省的主体性（或"I"）必须指向自我（"me"）的某种呈现。对自我的言辞上的描述和表达提供这种呈现。虽然说无言的感受和非语言形象贯穿意识之始终，但是对自我的最精确、清晰、可检省的呈现存在于语言之中，存在于话语和意义之中，而语言和意义恰恰是公共的、共同的。

---

1 *The Complete Essays of Montaigne*, p.766.
2 Immanuel Kant, *The Metaphysics of Morals*, trans., Mary Gregor, Cambridge: Cambridge University Press, 1991, p.191.
3 Friedrich Nietzsche, *Nietzsche's werke*, eds., G. Colli and M. Montinari, Berlin: de Gruyter, 1999. 见 "Schopenhauer als Erzieher"（section 1）, vol.1, p. 340; "Über Wahrheit und Lüge im aussermoralischen Sinne", vol.1, p.877; *Ecce Homo*, vol. 6, p.293。
4 译自 J. W. von Goethe, *Maximen und Reflexionen*, 收入 *Goethes Werke*, ed., Erich Trunz, vol.12, Christian Wegner Verlag: Hamburg, 1966, p.413; *Zur Naturwissenschaft im Allgemeinem*, 收入 *Goethes Werke*, vol.13, Christian Wegner Verlag: Hamburg, 1966, p.38。

第三篇　实用主义、宗教与生活艺术　　　235

其次，口头的或书面的阐述给予思想外在的表达形式，使主体与之保持批评性的距离。思想内部看似正确的东西，一旦被真正地说出或写下，或许会是错误的或不足的。如果说，批评性思考（而不是单纯的思考）是哲学的自我检省的核心，那么文字表达亦然。此外，正如贺拉斯（Horatius）所言，"文字绵远"（*littera scripta manet*），书面作品的持久性与可及性是沉默的思想或口头表达无法给予的，即使如今的记录技术提供的口头文学具有与书面文本类似的恒久性和可生产性。这种持久性使得持续的商讨和自我分析的重审成为可能，这于衡量一个人的自我认识和自我教化的程度，乃至为关键。纵然它或许会削弱自发记忆的力量，但写作和其他记录技艺的使用，实则通过持久的提醒物而拓展了记忆能力。

写作及其文字的空间特征，在自我认识、自我完善的漫漫大道上尤见功效。来看本杰明·富兰克林（Benjamin Franklin）对他的"德性小书"的自传式说明。这本书是他为着"自省"和"道德完善"而设计的。每一页上竖排罗列十三种德性，与之垂直的横排是一周七日，之间形成空格，在这些空格中，"每一天他检查那天'德性'的完成情况，若有瑕疵，他即画下一个黑点"。[1] 这种方法让他避免了自欺和进步的幻觉，尽管他自我拔高自己的念头总是暗引记忆去遗忘错误。这些错误标以刺目的黑色，清晰可见，只要他轻轻　瞥，即会提醒他哪些德性最为薄弱，须精进不休。

1　Benjamin Franklin, *The Autobiography and Other Writings*, London: Penguin, 1986, pp.126-127. 其中描述了这13种品德：1. 节制。食不过饱，饮不至醉。2. 沉默。言必利人利己，不琐语。3. 秩序。物有所归。凡事有时。4. 决断。决意执行所应之事。无误执行决意之事。5. 俭省。所费必益人益己，即从不浪费。6. 勤奋。不浪费时间。做有用之事。切断任何不必要之事。7　真诚。不欺骗。思无邪且正，言及义。8. 正直。不误伤人，不逃责。9. 中庸。避免过度。10. 清洁。身体、服饰、住处无不净。11. 平静。不受扰于琐事、寻常的或必然的意外。12. 贞洁。少纵欲，为之唯求健康或子孙。不至暗浊虚弱或损害人己之平静、名誉。13. 谦逊。效仿耶稣与苏格拉底。我在此附上富兰克林自己的"节制"一页。

FORM OF THE PAGES

	S	M	T	W	T	F	S
	\multicolumn{7}{c}{Temperance.}
	\multicolumn{7}{c}{*Eat not to Dullness*}
	\multicolumn{7}{c}{*Drink not to Elevation.*}
T							
S	••	•		•		•	
O	•	•	•		•	•	•
R			•			•	
F		•			•		
I			•				
S							
J							
M							
Cl.							
T							
Ch.							
H							

图 11-1　富兰克林"德性小书"的"节制"一页

有人反对说，富兰克林的书算是一种计算图表而不是传统意义上的文学，虽然书上为每一种德性赋上一段箴言，还有著名作家的劝诫性断片。但是，以精致的文学风格写就的书，也一样可以是自我检省及记忆的持久工具。当口头或书面文本携有动人的文学品质，则更易珍视、谈论、保存、铭记，并更好地服务于哲学研究。无怪乎，哲学家竭尽全力以动人的文学形式表达自我检省的思想，哪怕初衷是为了私人化的沉思之用。想一想维特根斯坦的精彩绝伦、发人深思的格言和文学碎片吧，他所谓的"密码笔记"，身后解码、出版的《文化与价值》![1]

在文学形式中寻求个人的自我检省还有第四种好处。模糊的感受通过文学表现变得准确、精细。一个人尝试赋予自己的思想、感受以充分而动人的文学表现，本身亦可促进、携引思想进入新的洞见。语言与其说是镜现思想，不如说是塑造思想。詹姆斯说过，形形色色的葡萄酒的

---

[1] Ludwig Wittgenstein, *Culture and Value*, trans., Peter Winch, Oxford: Blackwell, 1980.

名称帮助我们辨别其间微妙的区别，艾略特则认为诗人铸造的新语言令我们更好地感受事物，"使得各种情感和知觉对他人成为可能，因为诗人更好地表达了事物"。[1]

至此关注了审慎的文学表达之过程、原则和技巧，以及如何提高个体操练孤独的哲学上的自我检省和自我关怀的效能。但是，以精湛的文学阐述表达自我检省的主要优点在于这种文学表达可以感染他人，尤其是那些从中得到鼓励、建议、抚慰或增获自我认知、自我完善的个体。

如前所述，对自我的诚实的批评性审视似乎是痛苦的过程，个人的令人困扰的缺陷、痼疾、罪感和恐惧会渐次浮现出来，意识还会因为自我的精神健康和稳定性而备受压抑。在此情状下，拥有挚友或对话者诚然可喜。你可以跟他（她）推心置腹，不管你有多少缺点，悠久的友谊和尊重确认你的价值；你的严格的自我检省、自我完善也将得到赞赏。自我认识、自我完善的过程需要一位对话者，这显见于柏拉图的《大希庇阿斯篇》(*Alcibiacles*)。苏格拉底以旁观者的角度指出大希庇阿斯缺乏自我认知，需要进行一番自我教化，但是他反复表达他对大希庇阿斯的赞美，申说他对大希庇阿斯的爱，并忠实地、充满温情地支持他的艰苦卓绝的自我完善："只要你保持进步，爱你的人不会离弃你。"（131D）在对话的结尾，苏格拉底希望，作为回馈，他的挚友也会关怀他的自我教化之业（135E）。此外，当朋友之间的自我披露式的对话以一种动人的文学形式表现出来，这种文学风格又平添了愉快，为交流增加了热情甚至深化友情的纽带和彼此的激赏。

向一个挚爱和忠诚的朋友披露自己，亦会激励（情感的和道德的）你去尽力诚实、清晰、敏锐地表达自己。在许多互依互补的亲密关系中，彼此之间的责任会驱使自我更加坦诚并在自我检省中精进、谨慎。

---

[1] William James, *The Principles of Psychology*, 1890, Cambridge: Harvard University Press, 1983, p.483; T. S. Eliot, *To Criticize the Critic*, London: Faber, 1978, p.134.

而且，当你不必担心在表达时会面对一张尴尬、厌倦或失望的面孔，因为对话者并不在现场，而在信纸之间，自我曝露就可以更为自由。在今天这个截然不同的世界，细密的自我揭示则通过邮件实现，也许远比实时的面晤更为深入吧。

因此，也就难怪这种与友人诚挚、动人、风格化的交流，这种苏格拉底式的自我检省和自我转化，从古代的对话形式演变成了书信。书面表达具有明确的优势。它允许一个人费时构思而制出更为仔细的、批评性的、动人的形式，而不必使得对话者在沉默中等待。这使得一个人在回顾性分析中探得更深，心境描述得更详细、微妙，研究做得更详尽，实非口头交流可比。因此，"内省"的书面技术或许正在改变着哲学自我检省的实践与经验。比如，福柯在年轻的马可·奥勒留（Marcus Aurelius）和他的修辞老师弗龙托（Marcus Cornelius Fronto）之间充满爱意的通信中（类似于大希庇阿斯和苏格拉底），看见"一种发展于写作与警觉之间的关系。信中关心的是生活的幽微、心境、阅读，自我经验在书写中的加强、扩展"[1]。

此外，书写是记录，因此可以超越生产的直接语境而存留下来。灵魂之旅的消息可以在悠闲平静中构制，无需对话者的在场。而且，书面形式可以方便收信者不时检阅或再检阅，确保更好的领会并向这位写作的哲学家朋友提供更好的批评性反馈。这种类型最显著的例子要属塞涅卡著名的《道德书简》（与给朋友卢西里乌斯（Lucilius）的124封信，论及伦理问题）。[2] 既然词语并不是思想的简单外衣，而是参与塑造思想，那么，创制这些信件的高超的文学技巧应可提高自我分析的启示性洞见，也可作反复的说服之用，且从书信获得更殷勤、灵敏的反馈。

这种书信体的力量以及直接的、私人化的交流，甚至被用作哲学书写的虚构工具，哲学家友人之间以哲学之名互通鸿雁。自我检省、自

---

[1] Michel Foucault, *Technologies of the Self*, Amherst: University of Massachusetts Press, 1988, p.28.

[2] Seneca, *Letters from a Stoic*, trans., Robin Campbell, London: Penguin, 1969.

我教化的友谊书信,于古人寻求哲学生活之艺的作用不言而喻,故此圣·奥古斯丁(St. Augustine)的《忏悔录》虽非书信体,却到底是写给上帝的信(虽不是一般读者),上帝如同一位满怀爱意的、殷勤无倦的朋友,哪怕实际上身居高位,也可以跟他尽情地分享最深沉的秘密、痛苦,分享自我认识、自我增进和自我拯救的愿望,在追求善的过程中给予最坚实的支持,同时又是最终审判者。在这部独具一格的哲学-"文学作品"中,拉丁修辞传统的韵律与基督教祷告的甜蜜、神圣的语言相融合,代词 tu——您(Thou)或你(You)在 453 个忏悔段落中出现了 381 次。[1]

自我分析外化于文学形式的心理学优势是明显的,而其认识论优势也同样昭然。出于自我分析和自我关怀的孤独内省面临这一不可逃脱的质问:一个人对自己的看法总是片面的,无论是在"偏见"还是"不完全"的意义上(法语将其区分为"partial"和"partiel")。若无一面镜子或其他反射设备,我们甚至无法看见身体的表面。灵魂的深度、人格的复杂层面、怪癖、弱点更难向自己的意识纤毫毕现,或是因为它们本质上遭受压抑,或是因为作为第二天性而过于靠近以至于无法觉察。即使一个人屈从于自己的批评理性所集聚的最严格审查,也仍然只是在自己的主观能力之内周旋。因此以主体为中心的理性必须屈从于更大交流理性的力量,包括在自我求知的过程中。

我们记得,歌德尖锐地批评了内省的自我检省的传统观念,他认为,健康而可靠的自我认知不仅可以通过向外观察世界点滴获取,包括获得自我及其世界中的位置的知识,而且更可以借着他人的证据而认识自己。"尤其有益的是邻居,他们从自己的立场出发,将我们与这个世界比较,甚至比我们自己更认识我们。我在青春期曾十分关注别人怎么看我,这宛如借了许多面镜子,我自己和我的内在更加明朗了。"虽

---

[1] 见 Peter Brown, "Introduction", 收入 St. Augustine, *Confessions*, trans., F. J. Sheed, Indianapolis: Hackett, 1992, p.xiii。

然有些建议由于某种否定性的偏见而难以接纳,但他说道,他"乐意无限信赖"这些"朋友的指导"并"全然信任他们的启发"[1]。当代心理学中的经验研究也确认,良师益友比起自我反思更能提供对于自我能力的确定感知。一个学生试图诚实、稳定地自我评价时,往往会高估自己的能力甚至现实的实践,而老师和同行却会给予更为准确的判断,同行(和老师)的反馈还往往会提升学生的自我认知和实践。[2]

然而我们从他人获得的自我认识,并不囿于他人抒发的观点或对自我分析的反应。他人对一系列关涉广大世界的问题所表达的意见,亦同样重要。自我的信念如此隐蔽,难以觉察;但认识他人的观点,尤其是与自己相异的观点和兴趣,则有助于更为清晰地发现并更为深刻地了解自己的观点、价值。

邂逅不同观点,一向是文学为哲学思考和个人洞察提供的最值得炫耀的好处。艾略特、阿多诺等人认为,阅读一部文学作品,为解其义或获得审美体验,须设身处地沉浸于它的世界(至少在其起始阶段)及其构造它的信念,即使接着会进入第二阶段,即从自身视角质询这些观点的阶段。[3] 然而,我们自己的视角也会被强大的作者改变:"你必须放弃你自己,尔后发现你自己。"[4] 艾略特认为,广泛的阅读尤其珍贵,因为它阻止自我膨胀,"诗人那强大的人格……侵入(读者)羽翼未丰的人格"[5]。出于自我关怀的广泛阅读不是为积累知识,而是"因为接受一连串

---

1 J. W. von Goethe, *Zur Naturwissenschaft im Allgemeinem*, p.38.
2 David Dunning, *Self-Insight: Roadblocks and Detours on the Path to Knowing Thyself*, London: Psychology Press, 2005.
3 见 T.W. Adorno, *Aesthetic Theory*, London: Routledge, 1984, pp.346, 387, 479。一方面,"一个人必须进入作品"并"将自己交付给作品";但另一方面,"只入乎其内,则不能真正理解艺术"。关于艾略特和阿多诺论阅读第二阶段理论,见 Richard Shusterman, *Surface and Depth*, Ithaca: Cornell University Press, 2002, ch.8。
4 引自艾略特致斯蒂芬·斯彭德(Stephen Spender)的信,见 Stephen Spender, "Remembering Eliot",收入 *T. S. Eliot: The Man and his Work*, ed., Alan Tate, New York: Delacorte Press, 1966, pp.55–56。
5 Ibid.

伟大人格的濡染，我们就不再受制于任何一人或少数几人。各不相同的生活观念共筑于心灵之中，相互感发，我们自己的人格则自我确认，令这些观念在与自我的关系中各就其位"[1]。

三

艾略特的阅读笔记显示了他调和自我认知和自我教化的倾向，这两者之间的关系在柏拉图的《大希庇阿斯篇》及古代其他篇什中已被强调。自我教化的希腊词"epimeleia"意谓：关心或认真关注某物，管理、控制某物。既然德尔斐神庙的箴言"认识你自己"首先意味着谦逊地注意到自己的人性的、个人的局限，而不至于因为傲慢而遭到上帝的惩罚，自我认知与自我关怀的关系就此昭然可见。但若是将自我认识理解为严苛分析自我及其内在品质，则自我检省与自我关怀之间的关系就显得紧张，因为过多的反思性自我分析反而会损害心理健康。

正是这种担忧使得尼采和歌德偏爱通过人的活动进行创造性的自我转化，而不是内倾性地参与个人意识。詹姆斯和杜威也表达过这种担忧，福柯（明显是基于尼采）更为坦率地表示，自我关怀较之自我认知更加重要，哲学文本（尤其是有关自我的文本）理应更加关注自我转化来摆脱（而非沉思）当下状态的限度。倘若"想要让自我改变成为生活和工作的主要兴趣"，则文学写作提供了绝佳的方式，既转化自身，又将自己藏进语词无面貌（faceless）的迷宫之中。福柯宣称："我无疑不是唯一一位为了掩藏自己的面貌而写作的人"，"不要问我是谁，不要期待我总是一个样子"。[2] 既然创造了一种文本性人格（textual persona）

---

[1] T. S. Eliot, *Essays Ancient and Modern*, London: Faber, 1936, pp.103-104.
[2] Michel Foucault, *Technologies of the Self*, ed., L. H. Hutton, H. Gutman, and P. H. Hutton, Amherst: University of Mass. Press, 1988, p.9; *The Archeology of Knowledge*, New York: Pantheon, 1972, p.17.

来藏匿，自我检省的自我就不必曝露于众（这种曝露可能是令人压抑的、不安全的），且想象性的实验更加自由，质询自我、质询界定自我的社会陈规，在自我转化的激动人心的探索中勘测自我（和社会）的限度。自柏拉图借用苏格拉底形象以来，哲学一直在使用这种文本性人格。[1]

尽管文学形式将个体隐藏在文本结构背后，但它依然不啻是将自我投向公众并生产性地自我转化的重要方式。正是通过公共性的曝露，文学作品将自我还给主体，从而将她从自己的思想、感受与自我知识、自我关怀的想象性努力中解放出来。我在此蓄意使用"她"这个阴性代词，是因为两位20世纪最重要的女性哲学家，阿伦特（Hannah Arendt）和波伏娃，坚持文学解放女性的事业：摆脱自我反思的牢笼，私人的、转瞬即逝的内在性的令人窒息的牢笼，求得自我实现。

阿伦特在论及19世纪犹太沙龙知识分子拉结·范哈根（Rahel Varnhagen）的书中强调，于拉结的自我实现的诉求而言，她的书信写作的文学实践具有非凡的意义与必要性。阿伦特确信，拉结丰富的内在生活在文学形式中找到了外显的表达，而不再只是转瞬即逝或私密的。同样，她阅读文学作品（尤其是歌德）也使得她更为精微地经历生活，且

---

[1] 当代专业哲学忘却对非文本或超越文本的小说人格的使用，即用实验方式探索哲学家的日常的、习惯性的自我，并检测界定它的社会常规与规范。最近几年，我以哲学的行为艺术方式做了探索。我在其中扮演"金衣人"（Man in Gold），在公共场所做沉默的、即兴的表演，在剧院和画廊的语境之外，身穿原为巴黎舞蹈演员设计的金色莱卡紧身衣，表演的姿势和动作非为我平日常规角色所有，既非专业，也非私人。这表演是沉默的，因为《金衣人》再现了无言哲学家这一富有挑战性的观念。我在这里以传统的哲学形式即文本形式，批评性地检查了这一观念。对《金衣人》更为详细的探讨及其哲学、美学意义，见 Richard Shusterman, "Photography as Performative Process", *Thinking Through the Body: Essays in Somaesthetics*, Cambridge: Cambridge University Press, 2012, ch.11；"Le philosophe sans la parole: La philosphie comme art performative dans les gestes de l'Homme en Or", *Quand le geste fait sens*, ed., Lucia Angelino, Paris: Mimesis, 2015, pp.143-157；尤其是双语书 *Les Aventures de l'homme en or*: *Passages entre l'art et la vie/The Adventures of the Man in Gold*: *Paths between Art and Life*, Paris: Hermann, 2016。

以准确的语言把握、传达经验。"语言的功能是保存",文学表达更"比无常的人类恒久得多"。拉结耽于文学"用语之精准","渴望掌握纯熟地(向他人)再现她自身生活的艺术",从而更为自信地超越自己的世界,进入真正的"社会生活的复杂性"。"她知道,从某个角度承载世界的纯粹主体性是宿命的,因为这个内在世界"过于狭隘地依赖于个体经验的纯粹偶然性,得不到更广大的社会存在和认同的充足支持。[1] 通过文学写作甚至她在友人间传播的信件,她获得了社会对自身独特人格的认同,而且通过这种被认同的过程,她的自我获得了转化。

波伏娃在《第二性》中时时警惕内省式的自我检省会给女性带来各种危险。女性远离公共行动,囿于照顾家庭、丈夫、孩子的私人领域,已然习惯于在一个沉思的内在性领域中"与自己相伴","研究自己的感觉,解析感觉的意义"。[2] 女性基本上沦为装饰,其价值往往在于提供迷人的外表,因此沉溺于对自己和外表的批评性的自我分析,以求转变在世上的境遇。"她仍然只是视生活是一种内在性的事业",一种"主观性成就"。"若要去成就伟大的事业,今天的女性本质上欠缺的是对自我的忘却",唯有摆脱那种批评的、主观的内在性,才可以将自我大胆地、强行地投射到行动世界中,使超验性成为可能。[3]

社会陈规压制着女性在世界上打下公共烙印的可能性,就此而言,写作的实践提供了一种超越性和公共认可的极其重要的方式。波伏娃总是骄傲地自我界定为作家,而不是哲学家。从她大量的自传写作中可见,写作是一种将自我分析转变为公共领域的积极超越性的必不可少的工具。"这是我的事业背后的意义,"她在反省她早年生活时说,"我倒

---

1 Hannah Arendt, Rahel Varnhagen, *The Life of a Jewess*, Baltimore: Johns Hopkins University Press, 1997, pp.170–173.
2 Simone de Beauvoir, *The Second Sex*, New York: Vintage, 1989, p.623.
3 Ibid., pp.623, 626, 702.

愿意重新握住自己的童年，把它制作成一个完美无瑕的艺术品。我视自己为自己出神入化的基础。"[1] 因此，以文学形式誊写自己的生活、感受和思想，是可以转化自我的。这不仅是因为这超越了内在体验而产生公共影响，而且也因为将自己重塑为更连贯的、有效的叙事，进而支持转化性的超越性活动。[2]

四

至此我已然申明文学在自我检视、自我关怀的哲学任务中的意义，现在我简略指出，这个意义上的哲学其实必定超越文学。话语，无论多么强大、精致，仍是不足。认识一个人既要了解其言语也要了解其行动，正如判断他人除了考虑到他说话或写作中的言语行为之外，还得考虑其行动。哲学精神的构造必须经受经验的审判，尤其是哲学家的观点常常是与其个人生活相对立的补偿物，而非个人经验或个性的忠实表达。[3] "人身批评"（Argumentum ad hominem）在今天被认为是刺眼的逻辑谬误，与哲学家的形式的、抽象的问题沾不上边。但在另外的时代，从生活方式去检测哲学家的观点，乃是稀松平常之事，特别是关注他如何面对死亡。蒙田盛赞苏格拉底、克莱安西斯（Cleanthes）和塞涅卡如何安排、终结人生，而多少为西塞罗的可怜的、懦弱的死亡感到惋惜。事实上，苏格拉底并无著述存世，其言论唯通过他人阐释而为人知。他对哲学的启发在于他英雄的生死之道彰显的对智慧义无反顾的追求，更甚于任何具体的学说或文字杰作。同样，柏拉图《斐德若

---

1 Simone de Beauvoir, *Memoirs of a Dutiful Daughter*, New York: Harper, 1959, p.57.
2 见 John Leland, "Debtors Search For Discipline Through Blogs", *New York Times*, February 18, 2007, pp.1, 23.
3 关于这一点的更多内容，见《哲学实践》的导言。

篇》用苏格拉底的文本性人格争论灵魂不朽，但苏格拉底以欢乐而不是惊恐迎接死亡的范例，赋予柏拉图的话语性论证某种更加强大的可信性光晕。[1]

至此，我只是论及西方语境中的哲学和文化。在结尾处，我则要提醒读者，在亚洲哲学传统中哲学与文学也紧相缠绕，柏拉图那种对模仿性艺术的结构性批评（模仿艺术本质上是欺骗性、道德败坏的）并不曾沾染过亚洲哲学传统。亚洲哲学传统更强调，哲学对于自我认知、自我完善的追求不可能仅是一纸之事。《薄伽梵歌》（或"上帝之歌"）——《摩诃婆罗多》中的一首诗——是瑜伽和吠檀多学说的主要文本，堪称印度哲学的基本向导，其所说的真正的瑜伽哲学实践，无论是行动瑜伽、奉献瑜伽还是沉思瑜伽（这些都在《薄伽梵歌》中得到详述），显然并不是将哲学实践局限于单纯的文字领域。

哲学是文学又超越文学，这同样显见于儒家传统。一方面，儒家认定诗歌的意义，不断重申《诗经》指引思想与行动的自我教化功能："小子！何莫学夫诗？诗，可以兴，可以观，可以群，可以怨。"（《论语·阳货》）另一方面，儒家反复强调，美言并不充足，需要善行令它具说服力，若非如此即不可信。"巽与之言，能无说乎？绎之为贵。说而不绎，从而不改，吾末如之何也已矣？"（《论语·子罕》）"君子耻其言而过其行。"（《论语·宪问》）对于儒家而言，正义的行动不仅实践了恰当的行动，而且需要表现恰当态度的"容貌"或"颜色"。儒家传统还强调，自我教化的哲学艺术之最具说服力的传达，是无言之教，是老师的仪态与优雅行动的无言的、光辉的力量，通过他的存在和行动的范例来教导学生，同时亦解释并补足了他的教言。孔子告诉弟子，"予欲无言"，效行"天"的沉默（《论语·阳货》）；孟子论道，"四体不言而喻"

---

[1] 福柯、杜威和詹姆斯是其中三例。参见我在《哲学实践》和《身体意识与身体美学》中的讨论。

(《孟子·尽心上》)。

倘若哲学不仅需要言语而且超越言语,那么作为生活之道的哲学就面临双重挑战。以逻辑、文字技巧,构制文本、精纯语言,不足矣。须苦心孤诣践行哲学,精细构造言行举止、内在修为,赋予其和谐优美、动人而不造作的风格。

图书在版编目(CIP)数据

情感与行动:实用主义之道/(美)理查德·舒斯特曼著;
高砚平译. —北京:商务印书馆,2018
(复旦中文系文艺学前沿课堂系列)
ISBN 978-7-100-16438-2

Ⅰ.①情… Ⅱ.①理… ②高… Ⅲ.①实用主义-美学-研究 Ⅳ.①B83-069

中国版本图书馆 CIP 数据核字(2018)第 172609 号

权利保留,侵权必究。

情感与行动:实用主义之道
〔美〕理查德·舒斯特曼 著
高砚平 译

商 务 印 书 馆 出 版
(北京王府井大街36号 邮政编码100710)
商 务 印 书 馆 发 行
苏州市越洋印刷有限公司印刷
ISBN 978-7-100-16438-2

2018年8月第1版 开本 640×960 1/16
2018年8月第1次印刷 印张 16½
定价:58.00 元